"十二五"普通高等教育本科国家级规划教材

电视原理

（第7版）

侯正信　吕卫　褚晶辉　编著

国防工业出版社

·北京·

内 容 简 介

本书系普通高等教育电气信息类国家级规划教材,适合电子信息工程、通信工程和相近专业的相关课程教学使用。

全书以彩色电视为主线,系统讲述了视觉特性与三基色原理、电视传像基本原理、模拟与数字彩色电视制式、图像信息的获取、模拟与数字电视信号的形成、处理、传输,以及接收与显示的原理。由于电视技术已发展到高清晰度、数字阶段,因而在此次修订中以数字电视为重点,对全书内容作了更新和调整。每章末附有习题和思考题,并列出参考文献。

《电视原理实验》是与本书配套的实验教材。

本书也可供从事电视技术研发、生产以及维护工作的研究生和科技人员参考。

图书在版编目(CIP)数据

电视原理/侯正信,吕卫,褚晶辉编著 . —7 版 .
—北京:国防工业出版社,2019.9(重印)
"十二五"普通高等教育本科国家级规划教材
ISBN 978-7-118-11068-5

Ⅰ.①电… Ⅱ.①侯… ②吕… ③褚… Ⅲ.①电视
—理论—高等学校—教材 Ⅳ.①TN94

中国版本图书馆 CIP 数据核字(2016)第 245123 号

※

国防工业出版社出版发行

(北京市海淀区紫竹院南路 23 号 邮政编码 100048)
三河市天利华印刷装订有限公司印刷
新华书店经售

*

开本 787×1092 1/16 插页 1 印张 16¾ 字数 397 千字
2019 年 9 月第 7 版第 2 次印刷 印数 3001—6000 册 定价 43.00 元

(本书如有印装错误,我社负责调换)

国防书店:(010)88540777   发行邮购:(010)88540776
发行传真:(010)88540755   发行业务:(010)88540717

前　言

本教材属教育部"十二五"普通高等教育本科国家级规划教材。

全书共分6章。第1章、第2章介绍彩色电视的基础知识和电视传像的基本原理,包括视觉特性、光度学和色度学、彩色重现原理、电视系统的组成、扫描和同步、电视图像的基本参量,以及彩色电视的摄像和显示原理等。第3章讲解模拟彩色电视,主要包括NTSC制和PAL制的原理、编解码方法和主要性能,PAL制接收机的组成、信号处理方法和相关电路,以及模拟电视接收机中的数字处理技术。第4章至第6章涉及有关数字电视的内容。第4章在介绍模拟电视信号的数字化和分量编码的基础上,以MPEG-2视频压缩标准为主阐述预测编码、变换编码和熵编码原理,同时介绍 H.264/AVC、H.265/HEVC 和 AVS 等视频压缩编码标准。第5章介绍数字电视传输原理,内容涉及 ATSC 制、DVB 制、ISDB-T 制和 DTMB 制 4 种数字电视制式的特点与性能,以及它们所采用的传送层的功能和格式、信道编码与调制技术的原理。第6章介绍数字地面、卫星、有线电视的接收原理,以及数字电视广播中的条件接收、数字电视机顶盒和中间件的工作原理。每章均附有习题与思考题。

本教材的参考学时数为48~64,可根据专业培养目标和教学计划所规定的学时数对讲授内容作必要的取舍或增补。

考虑到电视技术迅速发展,必须增加数字电视及其新技术的教学比重,同时又考虑到专业课程的学时有限,必须精简教学内容,本教材根据第6版教材使用的经验,对原教材的结构和内容进行了幅度较大的更新和修编。

本教材的第1章~第3章、第4.1~4.6节、第5.1.1~5.1.3节、第5.2~5.4节、第6.1~6.2节由侯正信负责修编,第4.7节、第4.8节、第5.1.4节、第5.5节、第6.3节由吕卫负责修编,由褚晶辉审校全稿。

本教材是在俞斯乐主编《电视原理》第1版至第6版基础上的更新和发展,对本书前几版做出过贡献的还有郭福云、李桂苓、黄元、张春田、王兆华、刘意松、雒靖华、李文元、冯启明、杨兆选等,这里一并向他们表示诚挚的感谢。由于编者水平有限,书中难免存在一些缺点和错误,殷切希望广大读者批评指正。

编　者

2016 年 1 月

目　录

第1章　视觉特性与三基色原理

电视通指根据人眼视觉特性,以一定的信号形式,远距离传送活动景物图像及其伴音的技术和设备。在发送端,电视摄像机通过光-电转换把景物的光图像转变成相应的电信号,电信号通过处理设备变换成适合于信道传输的形式,通过信道传输到接收端,经过接收设备处理后,由电视显示器进行电-光转换,重现出原景物的光像,如图1-1所示。

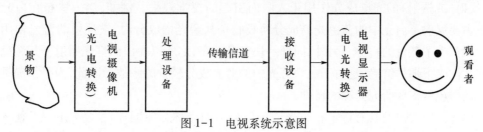

图 1-1　电视系统示意图

电视技术研究如何用经济、有效的信号转换和处理方法,使重现光像逼真地模拟实际景物。电视技术体现了物理学和生理学的结合。因此,在具体地研究电视技术之前,需要首先了解光的物理特性以及人眼感觉光像的生理特性。

1.1　光的特性

1.1.1　电磁波与可见光

光或称可见光是一种人眼可见的电磁波,其波长范围为380~780nm,只占电磁辐射波谱的很小一部分。电磁波的波谱范围很广,包括无线电波、红外线、可见光、紫外线、X射线、γ射线等,如图1-2所示。

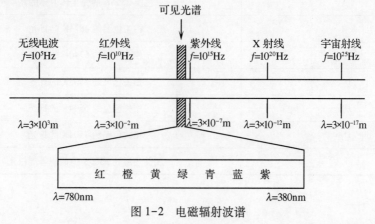

图 1-2　电磁辐射波谱

除了特殊用途的紫外电视、红外电视外，广播电视只利用可见光谱范围。由图 1-2 可见，不同波长的光呈现出的颜色各不相同，随着波长由长到短，呈现的颜色大致依次为红、橙、黄、绿、青、蓝、紫。只含有单一波长成分的光称为单色光（或谱色光），包含有两种或两种以上波长成分的光称为复合光。太阳辐射的光含有各种单色光，给人以白光的综合感觉。颜色感觉是由人眼的主观视觉功能和物体、光源的客观属性相结合产生的。

1.1.2　光源

用于照明的发光物体称为光源。某一景物所呈现的色彩是该景物在特定光源照射下，反射（或透射）的光谱成分作用于人眼而引起的视觉效果。例如，当一块布在白光照射下主要反射了白光中的蓝色光谱成分而吸收了其余光谱成分时，被反射的蓝光作用于人眼就产生了蓝色的视觉。另外，同样一块蓝色的布，之所以在白炽灯光照射下其颜色不如在太阳光下那样鲜艳，是由于白炽灯光中的蓝光成分较少的缘故。因此，为了正确重现景物的颜色就需要研究光源的特性。

由光源所发出的具有特定相对光谱功率分布的光称为照明体。"等能白光"是一个假想的照明体，它包含可见光的所有光谱成分，而且各光谱成分的辐射功率都相同。实际上，无论是在室外照明中所采用的太阳光，还是在室内照明中所使用的人造白光，其各光谱成分的辐射功率并不完全相同。通常使用色温这一术语来描述用于照明的白光即照明体的品位。当完全辐射体（指既不反射也不透射而完全吸收入射波的理想物体）在某一绝对温度下，其辐射的相对光谱功率分布与某一照明体的光谱相同（或最接近）时，这一绝对温度就定义为该照明体的色温（或相关色温）。色温的单位用 K（Kelvin，开尔文）表示。国际照明委员会（Commission Internationale de l'Eclairage，CIE）定义的 6 种标准照明体以及等能白光如表 1-1 所列。图 1-3 示出了不同温度下完全辐射体和标准照明体的相对光谱功率分布。

表 1-1　标准照明体

名称	标准照明体及其色温
A	色温 2856K 的完全辐射体的光
B	相关色温约 4874K 的日光
C（$C_白$）	相关色温约 6740K 的日光
D_{55}	相关色温约 5503K 的日光
D_{65}	相关色温约 6504K 的日光
D_{75}	相关色温约 7504K 的日光
E（$E_白$）	相关色温约 5500K 的假想等能白光

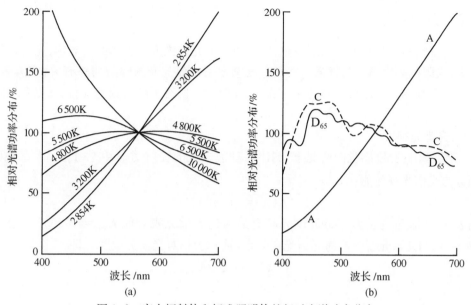

图 1-3 完全辐射体和标准照明体的相对光谱功率分布

(a)不同温度下完全辐射体的相对光谱功率分布;(b)标准照明体的相对光谱功率分布。

1.2 人眼的视觉特性

电视是供人观看的,电视图像质量最终要由人的主观感觉做出鉴定。为了高质量、高效率地重现景物,电视系统的特性应与人眼的视觉特性相适应。

1.2.1 眼睛的构造和视觉的产生

眼睛是一个构造复杂的器官,图 1-4 画出了眼睛水平断面的主要部分。为了便于理解,我们可以把眼睛比作一个摄像机。其中,巩膜比作机壳,角膜比作镜头,瞳孔比作光圈,虹膜比作光圈控制,晶状体比作变焦透镜,玻璃体比作滤光器,脉络膜比作暗箱,视网膜比作感光体,视神经比作信号线。眼睛观看景物时,由景物反射或透射的光线经角膜、晶状体、玻璃体成像在视网膜上。视网膜由大量连接到视神经末梢的光敏细胞组成。光敏细胞受到光的刺激产生生物信号,生物信号沿着视神经传递到视神经中枢,形成视信息。视信息与眼肌调节信息、记忆信息等一起,经大脑综合处理后形成对景物的视觉。

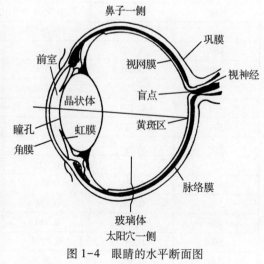

图 1-4 眼睛的水平断面图

1.2.2 亮度视觉

亮度视觉是人眼对光的明暗感觉,它是由可见光刺激人眼引起的。显然,光的辐射功率越大,人眼的亮度感觉就越强。然而亮度感觉不仅仅与光的辐射功率有关,实验表明,对于辐射功率相同而波长不同的光,人眼不仅感觉它们有不同的颜色,而且感觉有不同的亮度。

1. 光谱光视效率

在产生相同亮度感觉的情况下,测出各种波长光的辐射功率 $\Phi_e(\lambda)$,并定义 $\Phi_e(\lambda)$ 的倒数为光谱光视效能:

$$K(\lambda) = 1/\Phi_e(\lambda) \tag{1-1}$$

实测表明,人眼对波长为 555nm 的光具有最大的光谱光视效能 $K_{max} = K(555)$。定义以 K_{max} 归一化的光谱光视效能为光谱光视效率(或称为相对光谱灵敏度),即

$$V(\lambda) = K(\lambda)/K_{max} \tag{1-2}$$

显然,$0 \leqslant V(\lambda) \leqslant 1$。

由式(1-1)和式(1-2)可见,对于不同波长的光,$V(\lambda)$ 越接近于 1,在相同的亮度感觉下,所需该波长光的辐射功率就越小;而在相同的辐射功率下,人眼感觉该波长光的亮度就越大。当 $V(\lambda) = 0$ 时,产生有限的亮度感觉需要无穷大的辐射功率,而在有限的辐射功率下,人眼对该波长的光已没有亮度感觉。表1-2列出了1933年由CIE测量公布的光谱光视效率数据,由此画出的光谱光视效率曲线如图1-5所示。

表1-2 明视觉与暗视觉的光谱光视效率

λ/nm	明视觉 $V(\lambda)$	暗视觉 $V'(\lambda)$	λ/nm	明视觉 $V(\lambda)$	暗视觉 $V'(\lambda)$
400	0.0004	0.00929	590	0.757	0.0655
410	0.0012	0.03484	600	0.631	0.03315
420	0.0040	0.0966	610	0.503	0.01593
430	0.0116	0.1998	620	0.381	0.00737
440	0.023	0.3281	630	0.265	0.003335
450	0.038	0.455	640	0.175	0.001497
460	0.060	0.567	650	0.107	0.000677
470	0.091	0.676	660	0.061	0.0003129
480	0.139	0.793	670	0.032	0.0001480
490	0.208	0.904	680	0.017	0.0000715
500	0.323	0.982	690	0.0082	0.00003533
510	0.503	0.997	700	0.0041	0.00001780
520	0.710	0.935	710	0.0021	0.00000914
530	0.862	0.811	720	0.00105	0.00000478
540	0.954	0.650	730	0.00052	0.000002546
550	0.995	0.481	740	0.00025	0.000001379
560	0.995	0.3288	750	0.00012	0.000000760
570	0.952	0.2076	760	0.00006	0.000000425
580	0.870	0.1212			

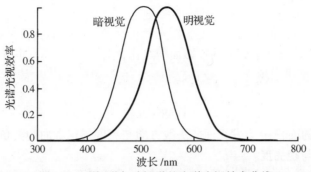

图 1-5　明视觉与暗视觉的光谱光视效率曲线

在表 1-2 和图 1-5 中分别包含有明视觉和暗视觉两种过程的数据和曲线,这与在人的视网膜上存在两种光敏细胞(椎状细胞和杆状细胞)有关。椎状细胞只在环境亮度比较大的情况下起作用,它既能辨别光的强弱,又能辨别颜色。明视觉过程是在白天正常光照下主要由椎状细胞完成的。杆状细胞的灵敏度较高,可在低照度下起作用,但它只能辨别光的强弱,不能辨别颜色。暗视觉过程是在夜晚或微弱光线下主要由杆状细胞完成的。由图 1-5 可见,暗视觉的光谱光视效率曲线与明视觉相比要向左偏移。

2. 亮度的度量

由前面的介绍可以了解到,人眼观看某一景物的亮度感觉不仅与该景物所反射的各波长成分光的辐射功率有关,而且与各波长光的光谱光视效率有关。下面介绍几个与亮度有关的度量单位,它们与国际计量局的最新规定是一致的。

1) 光通量

光通量是按人眼的亮度感觉来度量的光源的辐射功率,用符号 Φ 表示。其单位名称为流明(lumen),单位符号为 lm。若光源发出波长为 555nm 的单色光,辐射功率为 1W,则产生的光通量为 683lm(或称 1 光瓦)。一般而言,对于波长为 λ 的单色光,辐射功率为 $\Phi_e(\lambda)$,产生的光通量为 $\Phi = \Phi_e(\lambda) V(\lambda)$ 光瓦 $= 683\Phi_e(\lambda) V(\lambda)$(lm)。非单一波长光源的光通量是其各波长的光通量总和。对于由 N 个不同波长 $\lambda_1, \lambda_2, \cdots, \lambda_N$ 的单色光组成的光源,其光通量为

$$\Phi = 683 \sum_{i=1}^{N} \Phi_e(\lambda_i) V(\lambda_i) \text{ (lm)} \tag{1-3}$$

对于具有连续光谱功率分布密度 $\Phi_e(\lambda)$ 的光源,其光通量为

$$\Phi = 683 \int_{380}^{780} \Phi_e(\lambda) V(\lambda) \mathrm{d}\lambda \text{ (lm)} \tag{1-4}$$

式(1-4)中的积分下限和上限分别为 380 和 780,是考虑到人眼只对波长为 380～780nm 的可见光有亮度感觉。

2) 发光强度

光源在给定方向上单位球面立体角(1sr)内的光通量称为该光源在此方向上的发光强度,用符号 I 表示,其单位为坎德拉(Candela,简写为 cd)。1cd = 1lm/1sr,也就是说,若光源在某方向上一个单位球面立体角内的光通量为 1lm,则在此方向上的发光强度为 1cd。发光强度可表示为

$$I = \mathrm{d}\Phi / \mathrm{d}\Omega \tag{1-5}$$

3）亮度

亮度用来表示发光面的明亮程度。发光面在给定方向上的亮度是它在该方向的发光强度与它在垂直于该方向平面上的投影面积之比,用符号 L 表示。其单位为 cd/m² (坎德拉每平方米)。亮度可表示为

$$L = \frac{I}{S \cdot \cos\theta} \tag{1-6}$$

式中:S 为发光面的面积;θ 为发光面的法线方向与亮度指定方向的夹角。

3. 视觉范围与视亮度

视觉范围是指能够被人眼感觉的亮度范围。由于瞳孔和光敏细胞具有随光的强弱而自动调节的能力,因此视觉范围非常宽,从百分之几到几百万坎德拉每平方米。然而,人眼并不能同时感觉这样大的亮度范围。当人眼适应了某一环境亮度时,所能感觉的亮度范围将变小。例如,在白天 10000cd/m² 的环境亮度下,人眼能感觉的亮度范围约为 100~20000cd/m²,低于 100cd/m² 的亮度感觉为黑色。而在夜间 30cd/m² 的环境亮度下,能感觉的亮度范围约为 1~200cd/m²,这时 100cd/m² 的亮度就可产生相当亮的感觉。这说明人眼在一定环境亮度下观看景物时的亮度感觉,即所谓视亮度,虽然与景物的亮度有关,但不直接由它所决定,还与周围环境亮度有关。

在不同的背景亮度 L 下,人眼所能觉察的最小亮度变化 ΔL_{min} (称为可见度阈值)也不相同。实验表明,按如下定义的相对对比度灵敏度阈值 ξ 为一个常数:

$$\xi = \Delta L_{min}/L \tag{1-7}$$

ξ 在 0.005~0.05 范围内取值。这就意味着,视亮度增量 dS 应该用相对亮度增量来衡量,即 $dS = k'dL/L$。将此式积分后得到视亮度:

$$S = k\lg L + k_0 \tag{1-8}$$

式中:k 和 k_0 均为常数。式(1-8)表明,视亮度与亮度的对数成线性关系。

设人眼可分辨的景物图像的第 1 级亮度为最小亮度,$L_1 = L_{min}$,由式(1-7)知,人眼能分辨出来的第 2 级亮度为

$$L_2 = L_1 + \xi L_1 = (1+\xi)L_{min}$$

依此类推,人眼能分辨出来的第 n 级亮度(设其为最大亮度)为

$$L_n = (1+\xi)^{n-1}L_{min} = L_{max} \tag{1-9}$$

定义景物图像中最大亮度 L_{max} 与最小亮度 L_{min} 的比值 C 为对比度:

$$C = L_{max}/L_{min} \tag{1-10}$$

由式(1-9)和式(1-10),并考虑到 $\xi \ll 1$,得到所能分辨的亮度层次级数为

$$n = 1 + \frac{\ln C}{\ln(1+\xi)} \approx \frac{1}{\xi}\ln C = \frac{2.3}{\xi}\lg C \tag{1-11}$$

即人眼所能分辨的亮度层次级数与图像对比度的对数成正比。

图 1-6 示出了视亮度与亮度的关系曲线,横坐标为对数亮度,纵坐标为视亮度,单位为(亮度层次)级。实线对应亮度变化足够慢的情况,与式(1-8)所示的对数线性关系一致,显示了在很宽的视觉范围内人眼的亮度感觉。曲线的下部有相交的两分支,表示两种光敏细胞不同的亮度感觉。图中穿过实线上某些点的虚线则对应人眼在适应某一环境亮度下小得多的视觉范围,与式(1-11)所示的对数线性关系一致。由图可见,同一亮度在不同的环境亮度条件下可产生完全不同的视亮度。例如,A 点的亮度对适应于 C 点的视

亮度是非常明亮,而对适应于 B 点的视亮度则是非常黑暗。

视亮度的相对视觉特性为景物图像的传送和重现提供了方便。首先,重现图像的亮度范围无需与实际景物的相等,只要二者具有相同的对比度和亮度层次级数,就能给人以真实的感觉。例如,在通过电视机屏幕观看运动会的实况转播时,设现场的亮度范围是 $200\sim20000\mathrm{cd/m^2}$,屏幕的亮度范围仅有 $2\sim200\mathrm{cd/m^2}$,尽管如此仍可获得真实的亮度感觉,因为二者的对比度同为 100。其次,人眼不能觉察的亮度差别,在重现景物图像上也无需精确复制出来,这就为在数字图像编码中采用有限的量化级数提供了依据。最后,它为在电视技术中方便有效地表示景物图像的亮度提供了可能。景物图像可看作是由很多具有相同的微小面积的像素组成的,各个

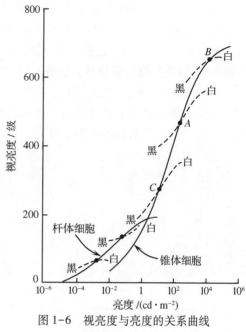

图 1-6　视亮度与亮度的关系曲线

像素对光源照射的光所具有的不同的反射能力,所产生的不同的反射光通量,是使人眼产生不同亮度感觉的内在原因。由前面的介绍可知,在发光面积以及人眼观看的角度等条件给定的情况下,光度学中所定义的亮度是与光通量成正比的。因此,在电视技术中通常是借用光通量的单位(流明)来表示景物的各个像素的亮度。这样表示的优点是排除了发光面积和观看角度等不确定因素影响,能有效地传送图像对比度和亮度层次信息。另外,光通量直接与光的辐射功率有关,便于用相应的电视信号表示和控制。

1.2.3　彩色视觉

1. 彩色三要素

彩色视觉是人眼的明视觉功能。描述彩色光的三个基本参量(或称彩色三要素)包括亮度、色调和饱和度。

如前所述,亮度是光作用于人眼所引起的明亮程度的感觉。光源的亮度取决于人眼所能感觉的光源辐射功率的大小,非发光物体的亮度取决于在光源的照射下,其反射(或透射)并被人眼感觉到的光功率的大小。

色调表示颜色的种类,通常所说的红色、绿色、蓝色等,指的就是色调。当某一波长的单色光作用于人眼时,所产生的相应的颜色感觉称为该单色光的色调。若复合光是由某一单色光与白光混合产生的,其中单色光的颜色也称为该复合光的色调。

饱和度表示彩色光所呈现颜色的深浅程度(即纯度)。同一色调的彩色光,例如红色光,可具有从深红到浅红等多种不同的饱和度。若复合光是由某一单色光与白光混合产生的,饱和度取决于其中单色光在该复合光中所占的比例,介于 0 和 100% 之间。若只有单色光,饱和度为 100%;若只有白光,饱和度为 0。色调和饱和度合称为色度。因此,色度既表示彩色光的颜色类别,又表示颜色的深浅程度。

实验表明,人眼对彩色光的色调和饱和度只具有有限的分辨能力。对于不同波长的单色光,人眼能分辨出色调差别的最小波长变化量称为色调分辨阈,其数值随波长而改变,如图1-7(a)所示。色调分辨阈越小,色调分辨力越强。由图中可见,人眼对480~640nm区间色光的色调分辨力较强。

对于某一色调的彩色光使其饱和度由100%逐渐变化到0,视觉所能分辨的饱和度变化的等级数称为该色调彩色光的饱和度分辨力(或灵敏度)。饱和度分辨力随波长而改变,数值大约在4~25之间,如图1-7(b)所示。由图中可见,在红色、蓝色区域饱和度分辨力较强。

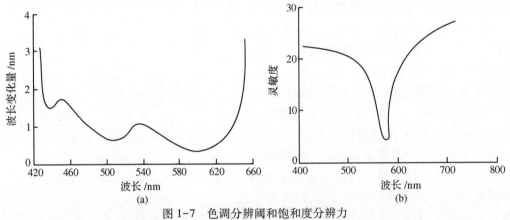

图1-7 色调分辨阈和饱和度分辨力
(a)色调分辨阈与波长的关系;(b)彩色饱和度分辨阈与波长的关系。

人眼的色调和饱和度分辨能力对电视系统色调失真和饱和度失真的控制提供了技术依据。

2. 三基色原理

不同波长的单色光会引起不同的彩色感觉,然而相同的彩色感觉却可以来源于不同的光谱成分组合。例如,由适当比例的红光和绿光混合,可以产生与黄单色光相同的视觉效果;以适当比例混合起来的红、绿、蓝3种单色光,可以产生与具有连续光谱的白光相同的视觉效果。从视觉效果来讲,自然界中的所有彩色几乎都能由红、绿、蓝3种基本彩色光混合配出,这就是对彩色电视具有重要意义的三基色原理。

三基色原理是基于人眼的这样一种彩色视觉假说:视网膜上有红、绿、蓝3种椎状光敏细胞,它们具有各自的光谱光视效率。如图1-8所示,$V_R(\lambda)$、$V_G(\lambda)$、$V_B(\lambda)$分别表示红、绿、蓝3种光敏细胞的光谱光视效率曲线,三者相加即得到图1-5中的明视觉光谱光视效率曲线:

$$V(\lambda) = V_R(\lambda) + V_G(\lambda) + V_B(\lambda) \tag{1-12}$$

设某彩色光的功率分布为$\Phi_e(\lambda)$,对应三种光敏细胞的光通量分别为

$$\begin{cases} \Phi_R = 683 \int_{380}^{780} \Phi_e(\lambda) V_R(\lambda) \mathrm{d}\lambda \\ \Phi_G = 683 \int_{380}^{780} \Phi_e(\lambda) V_G(\lambda) \mathrm{d}\lambda \\ \Phi_B = 683 \int_{380}^{780} \Phi_e(\lambda) V_B(\lambda) \mathrm{d}\lambda \end{cases} \tag{1-13}$$

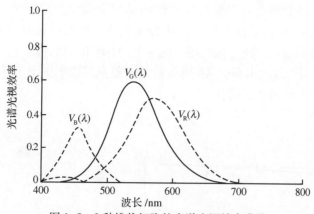

图 1-8　3 种锥状细胞的光谱光视效率曲线

总光通量为

$$\Phi = \Phi_R + \Phi_G + \Phi_B \tag{1-14}$$

人眼对该彩色光的亮度感觉决定于总光通量 Φ，而色度感觉决定于三者的比例 Φ_R：Φ_G：Φ_B。具有不同光谱功率分布的光，只要 Φ_R、Φ_G、Φ_B 相同，其彩色视觉就完全等效。

由于彩色重现并不要求恢复景物的原始光谱成分，只需获得与原景物相同的彩色感觉，因此三基色原理对于彩色电视极为重要，它把传送无数彩色的任务简化为传送 3 个基色光信号。按不同比例将 3 种基色光相加而获得各种彩色光的方法称为相加混色法，如图 1-9 所示（见书末插页）。在相加混色法中，红色和绿色相加得到黄色，绿色和蓝色相加得到青色，蓝色与红色相加得到品色，按一定比例将红、绿、蓝 3 色相加得到白色。如果两个彩色相加得到白色，则这两个彩色互为补色。例如，红、绿、蓝的补色分别为青、品、黄。

需要附带说明的是，与电视中采用的相加混色法不同，在彩色印刷、绘画中采用的是相减混色法，选用青、品、黄为三基色。按不同比例将青、品、黄相混，在白光照射下，其补色光红、绿、蓝被相应地吸收，从而呈现出不同的彩色，如图 1-10 所示（见书末插页）。

1.2.4　视觉的空间分辨力

人眼对景物细节的分辨能力是有限的，用视觉的空间分辨力加以表征，包括黑白细节分辨力和彩色细节分辨力。

1. 黑白细节分辨力

在图 1-11 中，人眼观看与人眼距离为 D 的在白色背景下的两个黑点，d 表示人眼所能分辨的两个黑点之间的最小距离，θ 表示观测点与这两点所形成的夹角（称为分辨角）。设 θ 以分为单位，根据图示的几何关系，$d/(2\pi D) = \theta/(360 \times 60)$，得到

$$\theta = 3438d/D \tag{1-15}$$

黑白细节分辨力可用分辨角的倒数描述，一般来说它会受环境亮度、景物与背景的对比度，以及被观看物体的运动速度等因素的影响。实验表明，具有正常视力的人，在中等背景亮度和中等对比度下观看静止图像时，分辨角 $\theta \approx 1' \sim 1.5'$。

人眼的黑白细节分辨力可以用视觉空间频率响应曲线加以表示,如图 1-12 所示。图中横坐标为空间频率,即单位视角(1°)内按正弦变化的黑白条纹周期数;纵坐标为视觉的相对空间频率响应。对应于最大相对响应下降 6dB 的空间频率 ν_1 为 9.3 周/(°),称为高端截止频率。定义 $\nu_0 = 1.5\nu_1 = 14$ 周/(°)为上限空间频率。图 1-12 的曲线表明,视觉空间频率响应具有低通滤波特性。

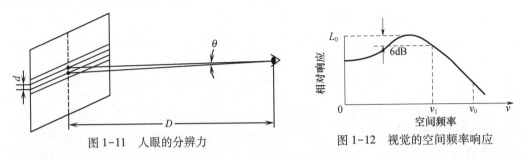

图 1-11 人眼的分辨力 　　　图 1-12 视觉的空间频率响应

2. 彩色细节分辨力

实验表明,人眼的彩色细节分辨力远比黑白细节分辨力低,而且对不同色调细节的分辨力也不相同。若将黑白细节分辨力定为 100%,则各种彩色细节的分辨力如表 1-3 所列。

表 1-3　视觉的彩色细节分辨力

细节色别	黑白	黑绿	黑红	黑蓝	绿红	红蓝	绿蓝
分辨力	100%	94%	90%	26%	40%	23%	19%

人眼有限的空间细节分辨能力可作为相关电视技术的设计依据。以下是三个应用的例子:电视图像可以在空间水平和垂直方向离散化,只要空间采样频率与视觉空间分辨力相适应,人眼仍感觉是空间连续的;可以在距离足够近的 3 个点上分别发出红、绿、蓝 3 种基色光,靠人眼有限的细节分辨力将其合成一个彩色光点,这就是所谓的空间混色法。根据人眼对彩色细节比对黑白细节分辨力低的特点,电视系统传送彩色图像时,细节部分可只传送亮度信息,而不传彩色信息,从而节省信号带宽。

1.2.5 视觉惰性与闪烁感觉

实验表明,当一定强度的光作用于人眼时,不能瞬间形成稳定的视亮度,而存在一个短暂的过渡过程;光源消失后,视亮度也不会瞬时消失,而是按近似指数速率逐渐减小。人眼的这种视觉特性称为视觉惰性。图 1-13 示出了一个窄的光脉冲及其引起的视亮度。

将周期性光脉冲作用于人眼,在较低的重复频率下,会产生忽明忽暗的闪烁感觉,而当重复频率高于某值时,由于视觉惰性,人眼觉察不到是脉冲光源,会产生与均匀的不闪烁光源一样的感觉。不引起闪烁感觉的光脉冲最低重复频率称为临界闪烁频率,可用经验公式近似表

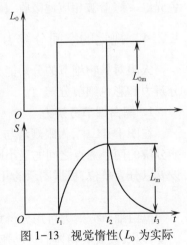

图 1-13 视觉惰性(L_0 为实际亮度,S 为视亮度)

示为

$$f_c = 9.6 \lg L_m + 26.6 \tag{1-16}$$

式中：L_m 为光脉冲亮度。当 $L_m = 100 \text{cd/m}^2$ 时，$f_c \approx 45.8 \text{Hz}$。实际上，除了光脉冲亮度外，光脉冲占空比，光脉冲幅度的变化，以及观看环境等，也会对临界闪烁频率有所影响。

在电视技术中，可以利用人眼的视觉惰性，将时间上连续的景物画面在时间上离散化。例如，每秒只显示 50 幅相继出现的静止画面，由于重复频率大于临界闪烁频率，视觉上仍有很好的连续画面感觉。另外，还可以利用人眼的视觉惰性，通过将红、绿、蓝 3 种基色光轮流投射到同一个表面上实现相加混色，这就是所谓的时间混色法。

1.3 彩色计量原理

为了在电视屏幕上正确地重现所摄取景物的彩色，首先要解决彩色的计量问题。计量彩色的理论基础是前面所介绍的三基色原理。1931 年 CIE 公布了 RGB 色度系统，并在此基础上建立了彩色电视常用的 XYZ 色度系统。随着科学技术的发展，CIE 又相继在 1960 年和 1976 年公布了 CIE1960UCS 和 CIE1976LUV、CIE1976LAB 等均匀色标制。

1.3.1 RGB 色度系统

在 RGB 色度系统中，分别选波长为 700nm、546.1nm、435.8nm 的红光（Re）、绿光（Ge）、蓝光（Be）为 3 个基色光。这 3 个基色是真实存在的光谱色，称为物理三基色。

1. 颜色方程和混色曲线

选定了物理三基色以后，对某彩色光的计量是通过配色实现的。所谓配色，就是调节 3 个基色光的光通量，直到由它们混合所得到的彩色光与待配彩色光完全相同为止。配色中需要确定 3 个基色单位，分别用 [Re]、[Ge]、[Be] 表示。规定 1[Re] 的光通量为 1lm，并规定当 3 个基色光的光通量分别为 1[Re]、1[Ge]、1[Be] 时，将配出等能白光（即 E 白）。按上述规定，实验测得的 1[Ge] 和 1[Be] 的光通量分别为 4.5907lm 和 0.0601lm。

以 [Re]、[Ge]、[Be] 3 个基色单位作为度量，某彩色光 F 可以用颜色方程表示为

$$F = Re[Re] + Ge[Ge] + Be[Be] \tag{1-17}$$

式中：Re、Ge、Be 称为三刺激值。在 3 个基色单位确定后，彩色光 F 的色度和亮度就由三刺激值完全确定。

配出单位辐射功率、波长为 λ 的单色光所需要的三刺激值称为光谱三刺激值，分别用 $\bar{r}_e(\lambda)$、$\bar{g}_e(\lambda)$、$\bar{b}_e(\lambda)$ 表示。在图 1-14 中绘出了一组测量得到的光谱三刺激值曲线，称为混色曲线。

值得注意的是，在某些波长区间混色曲线出现了负值，表明某些谱色光不能由所选择的物理三基色直接相加混色配出，需将带负号的基色光与该谱色光相加，才能与其余基色光相加得到的彩色光匹配。

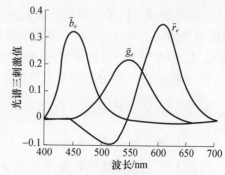

图 1-14 RGB 色度系统混色曲线

2. RGB 色度图

在 3 个基色单位确定后,三刺激值就包含了彩色光 F 的亮度和色度的全部信息。F 的亮度 $|F|$ 与它们的数值有关,根据 3 个基色单位的光通量,RGB 色度系统的亮度公式可表示为

$$|F| = Re + 4.5907Ge + 0.0601Be (\text{lm}) \qquad (1-18)$$

F 的色度由三刺激值 Re、Ge、Be 的比例关系所决定。为了提取色度信息,可对 Re、Ge、Be 用其总量 m(称为色模)进行归一化。令

$$m = Re + Ge + Be \qquad (1-19)$$

$$r_e = Re/m, g_e = Ge/m, b_e = Be/m \qquad (1-20)$$

显然有

$$r_e + g_e + b_e = 1 \qquad (1-21)$$

式(1-20)中的 r_e、g_e、b_e 称为色度坐标,表示彩色光的色度。另外,根据式(1-21)所示的约束关系,3 个色度坐标中只有 2 个是独立的,因此可以在 $g_e \sim r_e$ 二维坐标中表示彩色色度。图 1-15 示出了 RGB 色度图,图中由 [Re]、[Ge]、[Be] 3 个基色单位的色度坐标连成的直角三角形称为彩色三角形,由它们直接相加混合所配出的各种彩色均在此三角形内。根据混色曲线可计算出各谱色光的色度坐标,由这些色度坐标所对应的点形成的曲线称为谱色轨迹(图中实线)。将谱色轨迹的两端点相连(图中虚线),形成一个封闭的舌形区域,自然界中的所有彩色(也称实色)的色度坐标都在此区域之内。

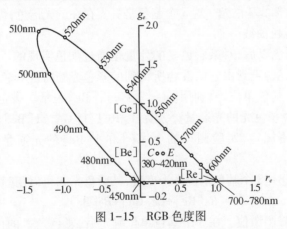

图 1-15 RGB 色度图

RGB 色度系统采用物理三基色,能够通过实验对自然界中的所有彩色给出定量的描述,但其使用不大方便。由于某些彩色具有负的刺激值,色度坐标不在色度图的彩色三角形之内,因此不是严格意义上的相加混色,也给计算和作图带来不便。为克服 RGB 色度系统的缺点,CIE 在 RGB 色度系统的基础上制定了 XYZ 色度系统。

1.3.2 XYZ 色度系统

1. 计算三基色单位的确定

在 XYZ 色度系统中取 X、Y、Z 为 3 个基色,它们并不是真实存在的彩色,而是一组虚色,只能通过数学运算求得,称为计算三基色。在 XYZ 色度系统中,彩色光 F 的颜色方程

表示为

$$F = X[\,X\,] + Y[\,Y\,] + Z[\,Z\,] \qquad\qquad (1\text{-}22)$$

式中：[X]、[Y]、[Z]为 XYZ 色度系统的三基色单位；X、Y、Z 为三刺激值。

从 RGB 色度系统到 XYZ 色度系统实际上是一种坐标变换。确定[X]、[Y]、[Z]要求满足以下 3 个条件：

（1）对于任何实色光，3 个刺激值 X、Y、Z 均为正值。

（2）为便于亮度表示，规定 1[Y]的光通量为 1lm，[X]和[Z]的光通量均为 0。这样，合成彩色光 F 的亮度仅由 Y 直接表示。

（3）合成彩色光的色度仍由三刺激值 X、Y、Z 的比例决定，当 $X = Y = Z$ 时，仍合成等能白光 E 白。

根据条件（1）和（2），RGB 色度图中的谱色轨迹应在由[X]、[Y]、[Z]所构成的三角形之内，如图 1-16 所示。该三角形的[X][Z]边是零亮度线，[X][Y]边是过对应波长 640nm 和 700nm 两点的直线，[Y][Z]边是与对应波长 504nm 的点相切的直线。表 1-4 列出了经过计算求得的[X]、[Y]、[Z]在 RGB 色度图中的色度坐标。

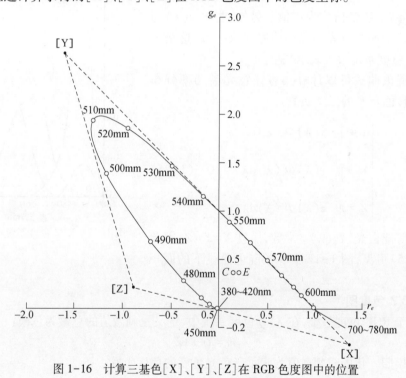

图 1-16　计算三基色[X]、[Y]、[Z]在 RGB 色度图中的位置

表 1-4　[X]、[Y]、[Z]在 RGB 色度图中的色度坐标

	r_e	g_e	b_e
[X]	1.2750	−0.2778	0.0028
[Y]	−1.7393	2.7673	−0.0280
[Z]	−0.7431	0.1409	1.6022

设[X]、[Y]、[Z]在 RGB 色度系统中的色模分别为 m_1、m_2、m_3，根据条件（2）和（3），

得到 $m_1 = 0.3282, m_2 = 0.0912, m_3 = 0.1114$,并进一步得到 $[X]$、$[Y]$、$[Z]$ 在 RGB 色度系统中的颜色方程:

$$\begin{bmatrix} [X] \\ [Y] \\ [Z] \end{bmatrix} = \begin{bmatrix} 0.4185 & -0.0912 & 0.0009 \\ -0.1580 & 0.2524 & -0.0025 \\ -0.0828 & 0.0157 & 0.1786 \end{bmatrix} \begin{bmatrix} [Re] \\ [Ge] \\ [Be] \end{bmatrix} \tag{1-23}$$

2. 混色曲线

将某一彩色同时用由式(1-17)和式(1-22)所示的两种色度系统的颜色方程表示,并考虑到由式(1-23)所示的两种色度系统三基色单位之间的关系,可得到两种色度系统三刺激值之间的关系:

$$\begin{bmatrix} X \\ Y \\ Z \end{bmatrix} = \begin{bmatrix} 2.7689 & 1.7518 & 1.1302 \\ 1.0000 & 4.5907 & 0.0601 \\ 0.0000 & 0.0565 & 5.5943 \end{bmatrix} \begin{bmatrix} Re \\ Ge \\ Be \end{bmatrix} \tag{1-24}$$

通过式(1-24),可由 RGB 光谱三刺激值得到 XYZ 色度系统的光谱三刺激值 $\bar{x}(\lambda)$、$\bar{y}(\lambda)$、$\bar{z}(\lambda)$ 及其混色曲线,如图 1-17 所示。在该混色曲线中,光谱三刺激值均为正值。另外,曲线 $\bar{y}(\lambda)$ 与图 1-5 所示的明视觉光谱光视曲线完全一致,这是因为在 XYZ 色度系统中 Y 表示亮度。

利用混色曲线可以计算具有任意光谱功率分布 $\Phi_e(\lambda)$ 的彩色光 F 的三刺激值:

$$\begin{cases} X = \int_{380}^{780} \bar{x}(\lambda) \Phi_e(\lambda) \, \mathrm{d}\lambda \\ Y = \int_{380}^{780} \bar{y}(\lambda) \Phi_e(\lambda) \, \mathrm{d}\lambda \\ Z = \int_{380}^{780} \bar{z}(\lambda) \Phi_e(\lambda) \, \mathrm{d}\lambda \end{cases} \tag{1-25}$$

对于等能白光,$\Phi_e(\lambda) = $ 常数,而且 $X = Y = Z$,因此由式(1-25)可见,图 1-17 中 3 条混色曲线下的面积相等。

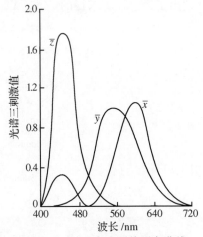

图 1-17 XYZ 色度系统混色曲线

3. XYZ 色度图

类似于 RGB 色度系统,在 XYZ 色度系统中,定义三刺激值的总量为色模:

$$m = X + Y + Z \tag{1-26}$$

定义用色模归一化的三刺激值为表示彩色光色度的色度坐标:

$$x = X/m, y = Y/m, z = Z/m \tag{1-27}$$

且有

$$x + y + z = 1 \tag{1-28}$$

利用上述定义,式(1-22)所示的颜色方程可表示为

$$F = X[X] + Y[Y] + Z[Z] = m\{x[X] + y[Y] + z[Z]\} \tag{1-29}$$

同样,由式(1-28)的约束,可在 $y \sim x$ 二维坐标中表示彩色的色度,形成如图 1-18 所示的 XYZ色度图。图中,由谱色光的色度坐标构成的谱色轨迹已全部在第一象限,实现了

规范化的色度表示。

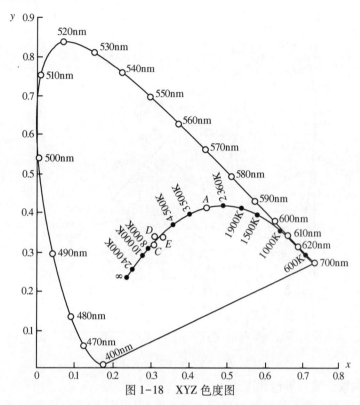

图 1-18　XYZ 色度图

在图 1-18 中,舌形区域中间的一条曲线称为黑体轨迹或普朗克轨迹(planckian locus),它是根据当完全辐射体的温度由低到高连续变化时辐射光的色度坐标画出的。在黑体轨迹中标明了所对应的完全辐射体的绝对温度。

利用图 1-3(b)所示的标准照明体相对光谱功率分布曲线和 XYZ 色度系统混色曲线,按式(1-25)和式(1-27)可求出它们的色度坐标,如表 1-5 所列。图 1-18 标明了它们在 XYZ 色度图中的位置,其中 D 点表示 D_{65}。

表 1-5　标准照明体的色度坐标

标准照明体	色度坐标		
	x	y	z
A	0.4476	0.4075	0.1450
C	0.3101	0.3162	0.3737
E	0.3333	0.3333	0.3333
D_{65}	0.313	0.329	0.358

4. 在 XYZ 色度图上表示色度变化

1)色域图

为了能在 XYZ 色度图中大致确定各种彩色的色度坐标,可以将舌形曲线所包围的区域划分成若干个小区域,在每个区域中都标出一个彩色名称。这种大致描述彩色的色度坐标分布的图形称为色域图,如图1-19所示。

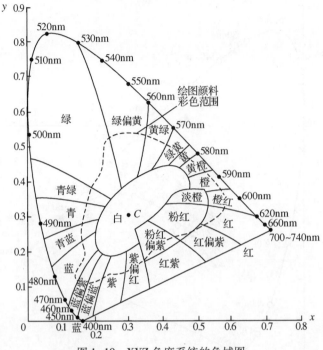

图1-19　XYZ色度系统的色域图

2）等色调波长线与等饱和度线

为了能够直观地表示某彩色的色调和饱和度,可以在XYZ色度图中画出等色调波长线与等饱和度线,如图1-20所示。图中W为E白的坐标点,此点与谱色轨迹(包括连接谱色轨迹两端点的线段)上的各点的连线,称为等色调波长线。在某一等色调波长线上各点所对应的彩色,都可以认为是由相应的谱色轨迹上的单色光与E白相混配出的,具有相同的色调。相应的单色光的波长就称为该等色调波长线上各彩色的色调波长。例如F点所表示的彩色的色调波长为G点的波长520nm。值得注意的是,对于图中三角形BWR内的彩色其色调波长要用"补色波长"来表示。例如,K点所对应彩色的补色波长,是由K点向W点作直线并延长到与谱色轨迹相交的M点所对应的波长540nm。

在等色调波长线上,越靠近W点,表示白光成分越多,饱和度越低,而越靠近谱色轨迹饱和度越高。以图中F点所对应的彩色为例,其饱和度按下式计算:

$$S = \frac{\overline{WF}}{\overline{WG}} \times 100\% \tag{1-30}$$

由色调波长不同而饱和度相同的各点连成的曲线称为等饱和度线。

3）等色差域图

在1.2.3节已经提到,人眼具有有限的色度分辨力以及分辨力随色调而变化的特性。这种特性可以用等色差域图直观地表示,如图1-21所示。从色度图上的某点沿某一方向改变色度,人眼刚刚觉察出色度变化的两点之间的距离称为1级刚辨差。1级刚辨差随色度坐标和色度变化方向的不同而异,例如,在图1-21（a）中,用$\overline{PQ}$和$\overline{PQ'}$的长度示意地表示出P点沿两个不同方向的1级刚辨差。

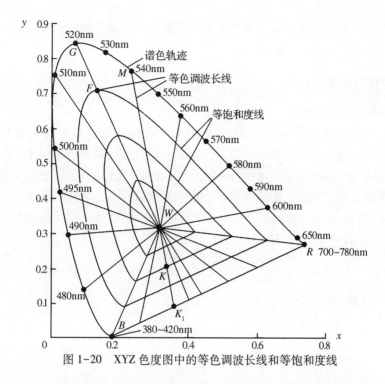

图 1-20　XYZ 色度图中的等色调波长线和等饱和度线

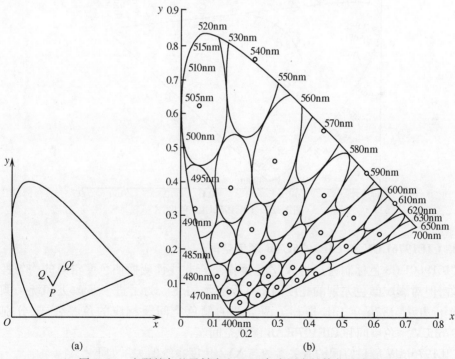

图 1-21　人眼的色差灵敏度和 XYZ 色度图中的等色差域图

(a)色度 1 级刚变差示意图;(b)等色差域图。

通过实验对整个彩色范围绘出了具有相同级数刚辨差的一些椭圆形曲线,如图 1-21(b)所示。每一椭圆边界上各点与其内部小圆点之间色度差别的级数是相同的,因而这些椭圆区域称为等色差域。等色差域图反映出人眼对各种色度改变的不同的分辨力,可以用来确定重现色度失真的容限。

1.3.3 均匀色标制

1. CIE1960UCS 色标制

由图 1-21 可见,在 XYZ 色度图中,各区域刚变差所对应的坐标变化量有很大的差别。这种色度空间的不均匀性给衡量颜色差别和制定色度失真的容限带来不便。人们希望将 XYZ 坐标系进行某种变换得到色差域比较均匀的新坐标系,在该坐标系中相同长度的线段所代表的色度差别给人的感觉基本一致。为此,CIE 在 1960 年建议了一种均匀色标制(Uniform Chromaticity Scale,UCS),即 CIE1960UCS 色标制。在该色标制中用 u、v、w 表示色度坐标,它们与 x、y、z 色度坐标的转换关系为

$$u=\frac{4x}{-2x+12y+3};v=\frac{6y}{-2x+12y+3};w=1-u-v \tag{1-31}$$

图 1-22 示出了 CIE1960UCS 色度图。

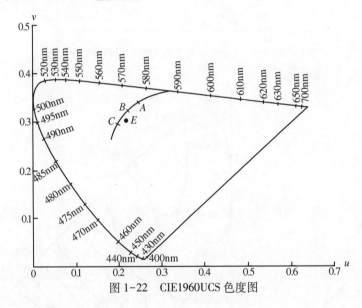

图 1-22　CIE1960UCS 色度图

2. CIE1976LUV 和 CIE1976LAB 颜色空间

CIE1960UCS 色标制通过将 XYZ 色度图进行非线性变换使色度空间的均匀性得到了改善,但对影响颜色差别的亮度因子并没有均匀化。为了进一步改进和统一颜色差别的评价方法,1976 年 CIE 推荐了两个新的颜色空间及相应的色差公式,分别称为 CIE1976LUV 颜色空间和 CIE1976LAB 颜色空间。

CIE1976LUV 颜色空间的有关参数与 XYZ 色度系统的关系如下:

$$L^*=\begin{cases}(29/3)^3(Y/Y_0),Y/Y_0\leqslant(6/29)^3\\116(Y/Y_0)^{1/3}-16,Y/Y_0>(6/29)^3\end{cases} \tag{1-32}$$

$$u^*=13L^*(u'-u_0'),v^*=13L^*(v'-v_0') \tag{1-33}$$

其中

$$u' = \frac{4X}{X+15Y+3Z} = \frac{4x}{-2x+12y+3} , v' = \frac{9Y}{X+15Y+3Z} = \frac{9y}{-2x+12y+3} \quad (1-34)$$

$$u_0' = \frac{4X_0}{X_0+15Y_0+3Z_0} = \frac{4x_0}{-2x_0+12y_0+3} , v_0' = \frac{9Y_0}{X_0+15Y_0+3Z_0} = \frac{9y_0}{-2x_0+12y_0+3}$$

$$(1-35)$$

在式（1-32）～式（1-35）中：X、Y、Z 和 x、y 分别为颜色样品在 XYZ 色度系统中的三刺激值和色度坐标，$0 \leqslant Y \leqslant 100$；$X_0$、$Y_0$、$Z_0$ 和 x_0、y_0 分别为 CIE 标准照明体（如 C 白）在 XYZ 色度系统中的三刺激值和色度坐标，其中 $Y_0 = 100$；u'、v' 和 u_0'、v_0' 分别为颜色样品和标准照明体在 CIE1976LUV 颜色空间的色度坐标；L^* 和 u^*、v^* 分别为颜色样本在 CIE1976LUV 颜色空间的心理亮度和心理色度，$0 \leqslant L^* \leqslant 100$，$u^*$ 和 v^* 的取值区间一般为 ± 100。

CIE1976LUV 颜色空间是由 u^*、v^* 和 L^* 组成的三维空间，其中任意两个颜色的色差为它们之间的欧几里得距离（Euclidean distance）：

$$\Delta E_{CIE1976LUV} = \left[(\Delta L^*)^2 + (\Delta u^*)^2 + (\Delta v^*)^2 \right]^{1/2} \quad (1-36)$$

另外，对比式（1-31）和式（1-34），CIE1960UCS 中的色度坐标 u、v 与 CIE1976LUV 中的 u'、v' 存在如下关系：$u' = u$；$v' = 1.5v$。图 1-23 示出了在 CIE1976LUV 空间的 u'、v' 平面的色度图。

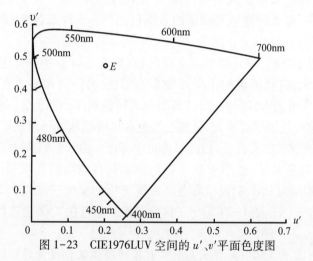

图 1-23　CIE1976LUV 空间的 u'、v' 平面色度图

CIE 推荐的另一个均匀颜色空间 CIE1976LAB 由心理亮度 L^*（$0 \leqslant L^* \leqslant 100$）和心理色度 a^*、b^* 组成。它们与 XYZ 色度系统的关系如下：

$$L^* = \begin{cases} (29/3)^3 (Y/Y_0), & Y/Y_0 \leqslant (6/29)^3 \\ 116(Y/Y_0)^{1/3} - 16, & Y/Y_0 > (6/29)^3 \end{cases} \quad (1-37)$$

$$a^* = 500 \left[(X/X_0)^{1/3} - (Y/Y_0)^{1/3} \right] = 500 (Y/Y_0)^{1/3} \left[\left(\frac{y_0 x}{x_0 y} \right)^{1/3} - 1 \right] \quad (1-38)$$

$$b^* = 200 \left[(Y/Y_0)^{1/3} - (Z/Z_0)^{1/3} \right] = 200 (Y/Y_0)^{1/3} \left\{ 1 - \left[\frac{y_0(1-x-y)}{(1-x_0-y_0)y} \right]^{1/3} \right\}$$

$$(1-39)$$

在式(1-37)~式(1-39)中 X、Y、Z、X_0、Y_0、Z_0，x、y 以及 x_0、y_0 所代表的意义与在 CIE1976LUV 颜色空间所说明的相同。

由式(1-32)和式(1-37)可见，CIE1976 的两个颜色空间中的心理亮度 L^* 是相同的，但心理色度坐标 a^*、b^* 和 u^*、v^* 之间不存在简单关系。

在 CIE1976LAB 三维颜色空间中任意两个颜色的色差为它们之间的欧几里得距离：

$$\Delta E_{\text{CIE1976LAB}} = \left[(\Delta L^*)^2 + (\Delta a^*)^2 + (\Delta b^*)^2 \right]^{1/2} \tag{1-40}$$

1987 年，我国发布的 GB 7921—1987 将 CIE1976LAB 颜色空间作为国家标准。

1.4　彩色重现原理

1.4.1　显像三基色及重现色域

XYZ 色度系统为自然界中的各种彩色提供了一种规范的计量方式，但其采用的计算三基色是并不存在的虚色，不能作为电视显示器重现彩色景物的 3 种基色。从工程实现上考虑，RGB 色度系统中的单一波长的物理三基色，也很难用作电视显示器的基色光。实际上，电视显示器是以显像三基色，即由红、绿、蓝 3 种荧光粉发出的非谱色光，或白光经红、绿、蓝 3 种滤色片滤出的非谱色光作为 3 种基色光，通过相加混色重现景物彩色的。

在选择显像三基色时，一方面要求重现色域(即在色度图中由显像三基色形成的彩色三角形)尽可能大，以便能混配出尽可能多的彩色；另一方面要求在同样的辐射功率下，基色光的亮度尽可能大，以便获得较高的电光转换效率。然而，上述两个要求是存在矛盾的。为了使重现色域尽可能大，显像三基色应尽可能靠近物理三基色，但在物理三基色 R、B 附近光谱光视效率又很低，因此只能折中考虑。由于自然界中高饱和度彩色出现概率较小，从视觉效果来看，适当缩小一点色域而获得较高的重现彩色亮度是合理的。表 1-6 给出了 NTSC 制与 PAL 制模拟彩色电视所选用的显像三基色([R]、[G]、[B])和标准照明体的色度坐标。图 1-24 示出了这些显像三基色在 XYZ 色度图中的位置及其相应的重现色域。

表 1-6　显像三基色和标准照明体的色度坐标

制　式		NTSC				PAL			
基色与光源		R_1	G_1	B_1	$C_白$	R_2	G_2	B_2	D_{65}
色度	x	0.67	0.21	0.14	0.310	0.64	0.29	0.15	0.313
坐标	y	0.33	0.71	0.08	0.316	0.33	0.60	0.06	0.329

1.4.2　显像三刺激值与亮度方程

电视显示的彩色图像是用显像三基色进行计色的，现以 NTSC 制模拟彩色电视为例加以说明。在显像计色系统中，与前面介绍的色度系统一样，也需要确定 3 个基色单位：[R]、[G]、[B]。彩色光 F 的颜色方程表示为

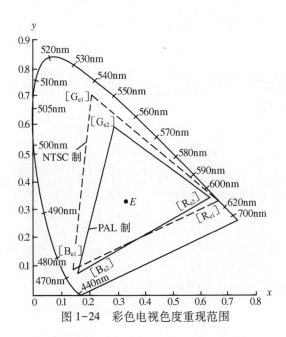

图 1-24 彩色电视色度重现范围

$$F = R[R] + G[G] + B[B] \tag{1-41}$$

式中:R、G、B 为显像三刺激值。NTSC 制规定当显像三基色各为一个单位时相混配出 1lm 的 $C_白$,即

$$[R] + [G] + [B] = C_白(1lm) \tag{1-42}$$

需要确定显像三刺激值与计算三刺激值之间的转换公式,以便在 XYZ 色度系统中表示的某种彩色能够用显像三基色配出;或者反过来,能够确定用显像三基色配出的彩色在 XYZ 色度系统中的参数。为此,按式(1-29),写出显像三基色单位的颜色方程:

$$\begin{cases} [R] = m_1 \{ x_1[X] + y_1[Y] + z_1[Z] \} \\ [G] = m_2 \{ x_2[X] + y_2[Y] + z_2[Z] \} \\ [B] = m_3 \{ x_3[X] + y_3[Y] + z_3[Z] \} \end{cases} \tag{1-43}$$

将式(1-43)写成矩阵形式:

$$\begin{bmatrix} [R] \\ [G] \\ [B] \end{bmatrix} = \begin{bmatrix} m_1 & 0 & 0 \\ 0 & m_2 & 0 \\ 0 & 0 & m_3 \end{bmatrix} \begin{bmatrix} x_1 & y_1 & z_1 \\ x_2 & y_2 & z_2 \\ x_3 & y_3 & z_3 \end{bmatrix} \begin{bmatrix} [X] \\ [Y] \\ [Z] \end{bmatrix} = \boldsymbol{M} \begin{bmatrix} [X] \\ [Y] \\ [Z] \end{bmatrix} \tag{1-44}$$

式中:$\boldsymbol{M}$ 为从计算三基色单位到显像三基色单位的转换矩阵:

$$\boldsymbol{M} = \begin{bmatrix} m_1 & 0 & 0 \\ 0 & m_2 & 0 \\ 0 & 0 & m_3 \end{bmatrix} \begin{bmatrix} x_1 & y_1 & z_1 \\ x_2 & y_2 & z_2 \\ x_3 & y_3 & z_3 \end{bmatrix} \tag{1-45}$$

同样,写出 $C_白(1lm)$ 的颜色方程,注意到 $m_c y_c = 1$,有

$$C_白 = m_c \{ x_c[X] + y_c[Y] + z_c[Z] \} = \frac{1}{y_c} \{ x_c[X] + y_c[Y] + z_c[Z] \} \tag{1-46}$$

将式(1-43)和式(1-46)代入式(1-42),有

$$(m_1x_1+m_2x_2+m_3x_3)[X]+(m_1y_1+m_2y_2+m_3y_3)[Y]+(m_1z_1+m_2z_2+m_3z_3)[Z]$$

$$=\frac{1}{y_c}\{x_c[X]+y_c[Y]+z_c[Z]\}$$

比较等式两边的系数,得到

$$\begin{bmatrix} x_1 & x_2 & x_3 \\ y_1 & y_2 & y_3 \\ z_1 & z_2 & z_3 \end{bmatrix}\begin{bmatrix} m_1 \\ m_2 \\ m_3 \end{bmatrix}=\frac{1}{y_c}\begin{bmatrix} x_c \\ y_c \\ z_c \end{bmatrix}$$

由上式和表1-6中NTSC制的数据,解得

$$\begin{bmatrix} m_1 \\ m_2 \\ m_3 \end{bmatrix}=\frac{1}{y_c}\begin{bmatrix} x_1 & x_2 & x_3 \\ y_1 & y_2 & y_3 \\ z_1 & z_2 & z_3 \end{bmatrix}^{-1}\begin{bmatrix} x_c \\ y_c \\ z_c \end{bmatrix}=\begin{bmatrix} 0.9060 \\ 0.8286 \\ 1.4320 \end{bmatrix}$$

将上式及表1-6中NTSC制的数据代入式(1-45),得到

$$\boldsymbol{M}=\begin{bmatrix} m_1 & 0 & 0 \\ 0 & m_2 & 0 \\ 0 & 0 & m_3 \end{bmatrix}\begin{bmatrix} x_1 & y_1 & z_1 \\ x_2 & y_2 & z_2 \\ x_3 & y_3 & z_3 \end{bmatrix}=\begin{bmatrix} 0.607 & 0.299 & 0.000 \\ 0.174 & 0.587 & 0.066 \\ 0.200 & 0.114 & 1.116 \end{bmatrix} \tag{1-47}$$

由式(1-44),并令同一彩色光在XYZ色度系统和显像计色系统中的配色相等,有

$$\boldsymbol{F}=\begin{bmatrix} R & G & B \end{bmatrix}\begin{bmatrix} [R] \\ [G] \\ [B] \end{bmatrix}=\begin{bmatrix} R & G & B \end{bmatrix}\boldsymbol{M}\begin{bmatrix} [X] \\ [Y] \\ [Z] \end{bmatrix}=\begin{bmatrix} X & Y & Z \end{bmatrix}\begin{bmatrix} [X] \\ [Y] \\ [Z] \end{bmatrix}$$

比较上式中最后一个等式两边的系数,得到从NTSC制显像三刺激值到计算三刺激值的转换公式:

$$\begin{bmatrix} X \\ Y \\ Z \end{bmatrix}=\boldsymbol{M}^{\mathrm{T}}\begin{bmatrix} R \\ G \\ B \end{bmatrix}=\begin{bmatrix} 0.607 & 0.174 & 0.200 \\ 0.299 & 0.587 & 0.114 \\ 0.000 & 0.066 & 1.116 \end{bmatrix}\begin{bmatrix} R \\ G \\ B \end{bmatrix} \tag{1-48}$$

式中:$\boldsymbol{M}^{\mathrm{T}}$是$\boldsymbol{M}$的转置矩阵。式(1-48)还可以表示成:

$$\begin{bmatrix} R \\ G \\ B \end{bmatrix}=[\boldsymbol{M}^{\mathrm{T}}]^{-1}\begin{bmatrix} X \\ Y \\ Z \end{bmatrix}=\boldsymbol{A}_{\mathrm{NTSC}}\begin{bmatrix} X \\ Y \\ Z \end{bmatrix}=\begin{bmatrix} 1.910 & -0.532 & -0.288 \\ -0.985 & 1.999 & -0.028 \\ 0.058 & -0.118 & 0.879 \end{bmatrix}\begin{bmatrix} X \\ Y \\ Z \end{bmatrix} \tag{1-49}$$

式中:$\boldsymbol{A}_{\mathrm{NTSC}}$是$\boldsymbol{M}^{\mathrm{T}}$的逆矩阵。

在XYZ色度系统中只有Y表示亮度,由式(1-48),用显像三基色配出的彩色光的亮度为

$$Y=0.299R+0.587G+0.114B\approx0.30R+0.59G+0.11B \tag{1-50}$$

式(1-50)是NTSC制亮度公式,PAL制也沿用此亮度公式。在亮度公式中当显像三刺激值$R=G=B=1$时,$Y=1$,参见式(1-42),此时所配出的是1lm的$C_{白}$。由此可知,显像三基色单位[R]、[G]和[B]的亮度分别为0.299lm、0.587lm和0.114lm。

若按照表1-6中PAL制所用显像三基色和标准照明体D_{65}进行上述运算,则可以得到从计算三刺激值到PAL制显像三刺激值的转换矩阵:

$$A_{\text{PAL}} = \begin{bmatrix} 3.0634 & -1.3934 & -0.4758 \\ -0.9693 & 1.8760 & 0.0416 \\ 0.0679 & -0.2288 & 1.0691 \end{bmatrix} \qquad (1\text{-}51)$$

1.4.3 显像混色曲线和摄像光谱响应曲线

根据从计算三刺激值到显像三刺激值的转换公式,可以由 XYZ 色度系统的光谱三刺激值得到显像计色系统的光谱三刺激值。例如,对于 PAL 制有

$$\begin{bmatrix} \bar{r}(\lambda) \\ \bar{g}(\lambda) \\ \bar{b}(\lambda) \end{bmatrix} = A_{\text{PAL}} \begin{bmatrix} \bar{x}(\lambda) \\ \bar{y}(\lambda) \\ \bar{z}(\lambda) \end{bmatrix} \qquad (1\text{-}52)$$

由此可以画出显像混色曲线,如图 1-25 所示。利用显像混色曲线可以计算具有任意光谱功率分布 $\Phi_e(\lambda)$ 的彩色光 F 的显像三刺激值:

$$\begin{cases} R = \displaystyle\int_{380}^{780} \bar{r}(\lambda) \Phi_e(\lambda) \, \mathrm{d}\lambda \\ G = \displaystyle\int_{380}^{780} \bar{g}(\lambda) \Phi_e(\lambda) \, \mathrm{d}\lambda \quad (1\text{-}53) \\ B = \displaystyle\int_{380}^{780} \bar{b}(\lambda) \Phi_e(\lambda) \, \mathrm{d}\lambda \end{cases}$$

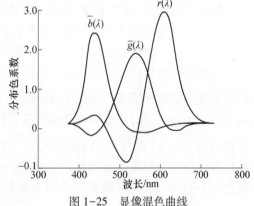

图 1-25　显像混色曲线

前已述及,在电视系统中,景物图像的重现要经过电视摄像机光-电转换和电视显示器电-光转换的过程。电视显示器接收来自信道的 3 路基色电压 E_R、E_G、E_B,把它们分别转换成 3 个基色光 F_R、F_G、F_B,并通过相加混色重现图像。设显示器的电-光转换特性是线性的,即

$$F_R = k_R E_R, \quad F_G = k_G E_G, \quad F_B = k_B E_B \qquad (1\text{-}54)$$

式中:k_R、k_G、k_B 为 3 个电-光转换系数。设它们与 3 个基色单位具有相同的比例关系:

$$k_R = k_1[R], \quad k_G = k_1[G], \quad k_B = k_1[B] \qquad (1\text{-}55)$$

这时,为正确重现图像就要求 3 路基色电压与显像三刺激值具有相同的比例关系:

$$E_R = k_2 R, \quad E_G = k_2 G, \quad E_B = k_2 B \qquad (1\text{-}56)$$

因为将式(1-55)和式(1-56)代入式(1-54)并相加,便可得到正确重现的图像:

$$F_d = F_R + F_G + F_B = k_1 k_2 R[R] + k_1 k_2 G[G] + k_1 k_2 B[B] = kF \qquad (1\text{-}57)$$

其中,常数 $k = k_1 k_2$,k 不影响图像的色度和视亮度,即不影响重现图像的真实感。

在摄像机中,彩色光先经过分光系统分解成红、绿、蓝 3 个光分量,再分别通过 3 个摄像管转换成 3 路电信号。设光-电转换特性是线性的,为使经光-电转换的三基色电信号与显像三刺激值具有相同的比例关系,要求摄像机 3 条分光光路的光谱响应曲线(即对各光谱成分的相对灵敏度曲线)$\bar{r}_0(\lambda)$、$\bar{g}_0(\lambda)$、$\bar{b}_0(\lambda)$ 应与显像混色曲线一致。在理论上,令

$$\bar{r}_0(\lambda) = k_3 \bar{r}(\lambda), \quad \bar{g}_0(\lambda) = k_3 \bar{g}(\lambda), \quad \bar{b}_0(\lambda) = k_3 \bar{b}(\lambda) \qquad (1\text{-}58)$$

注意到式(1-53),摄像机 3 条分光光路的光信号强度分别为

$$\begin{cases} R_0 = \int_{380}^{780} \overline{r}_0(\lambda)\Phi_e(\lambda)\mathrm{d}\lambda = k_3 R \\ G_0 = \int_{380}^{780} \overline{g}_0(\lambda)\Phi_e(\lambda)\mathrm{d}\lambda = k_3 G \\ B_0 = \int_{380}^{780} \overline{b}_0(\lambda)\Phi_e(\lambda)\mathrm{d}\lambda = k_3 B \end{cases} \tag{1-59}$$

经线性光-电转换得到的电信号分别为

$$E_{R0} = k_4 R_0, E_{G0} = k_4 G_0, E_{B0} = k_4 B_0 \tag{1-60}$$

设信道的传输系统特性也是线性的,为简单起见设比例系数为 1,注意到式(1-59),并令 $k_3 k_4 = k_2$,到达显示器的三基色电信号为

$$E_R = E_{R0} = k_4 R_0 = k_3 k_4 R = k_2 R, E_G = E_{G0} = k_2 G, E_B = E_{B0} = k_2 B \tag{1-61}$$

式(1-61)与式(1-56)一致,从而使图像正确重现。

值得注意的是,如图 1-25 所示的显像混色曲线有负值存在,而摄像机从镜头到摄像管各部分的光谱响应都只有正值,因此式(1-58)所示的关系实际上是不能直接实现的。为了解决由此带来的彩色失真问题,需要采取适当的彩色校正措施。

近代彩色摄像机的彩色校正方法是把光器件所丢掉的光谱响应曲线的负区,通过电信号合成予以近似恢复。由图 1-25 可见,在 $\overline{r}(\lambda)$、$\overline{g}(\lambda)$、$\overline{b}(\lambda)$ 这 3 条光谱响应曲线中,每条曲线的负区都对应着另一条曲线的正区。例如,$\overline{g}(\lambda)$ 在短波段和长波段的两个负区分别对应着 $\overline{b}(\lambda)$ 和 $\overline{r}(\lambda)$ 的正区。因此,通过把 R、B 摄像管输出的电信号 E_{R0} 和 E_{B0} 反转极性并以适当的幅度与 G 管输出信号 E_{G0} 相加,便可得到接近理想的已校正的光-电转换输出 $E_{Gc} \approx k_2 G$,如图 1-26 所示。用类似方法还可以得到已校正的 E_{Rc}、E_{Bc}。

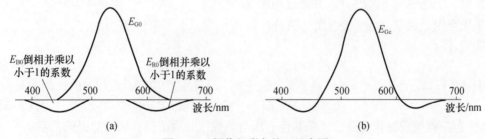

图 1-26　摄像机彩色校正示意图

(a) E_{G0} 和反转极性的 E_{R0}、E_{B0} 信号;(b) 通过电信号合成得到具有负区的 E_{Gc}。

1.4.4　显像计色三角形

采用麦克斯韦(Maxwell)显像计色三角形(简称显像计色三角形)可以简单而直观地表示彩色光在显像计色系统中的色度。类似于前面讨论的色度系统,定义三刺激值的总量为色模:

$$m = R + G + B \tag{1-62}$$

定义用色模归一化的三刺激值为计色三角形的色度坐标:

$$r = R/m, g = G/m, b = B/m \tag{1-63}$$

且有

$$r+g+b=1 \qquad (1-64)$$

利用上述定义,式(1-41)所示的颜色方程可表示为

$$F=R[R]+G[G]+B[B]=m\{r[R]+g[G]+b[B]\} \qquad (1-65)$$

由式(1-65)可见,r、g、b 可以看作是具有单位色模的彩色光的三刺激值。

显像计色三角形如图 1-27 所示。它是一个等边三角形,从顶点到对边垂线的长度为 1,三个顶点分别代表 3 个基色单位[R]、[G]和[B]。三角形中的任何一点,例如图中的 F,到[R]、[G]和[B]对边的距离分别表示该点所对应的彩色的色度坐标 r、g 和 b。在几何上不难证明,$r+g+b=1$,与式(1-64)一致。例如,三角形 3 个顶点[R](红)、[G](绿)和[B](蓝)的按(r,g,b)顺序排列的色度坐标分别为$(1,0,0)$,$(0,1,0)$ 和 $(0,0,1)$;黄、青和品分别位于三角形 3 个边的中点,色度坐标分别为$(1/2,1/2,0)$,$(0,1/2,1/2)$ 和 $(1/2,0,1/2)$;白($C_白$或 D_{65})对应三角形的重心 W 点,该点的色度坐标为$(1/3,1/3,1/3)$。

一旦给定了某彩色光的色度坐标(r,g,b),就唯一地确定了三角形中的一点 F,而由式(1-65)可见,也就确定了具有单位色模的该彩色的颜色方程:

$$F=r[R]+g[G]+b[B] \qquad (1-66)$$

因此,三角形中的每一点对应单位色模的一种彩色。例如,具有单位色模的蓝光、黄光和白光的颜色方程可分别表示为

$$F_蓝=1[B] \qquad (1-67)$$

$$F_黄=\frac{1}{2}[R]+\frac{1}{2}[G] \qquad (1-68)$$

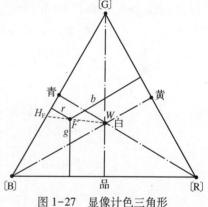

图 1-27 显像计色三角形

$$F_白=\frac{1}{3}[R]+\frac{1}{3}[G]+\frac{1}{3}[B] \qquad (1-69)$$

显像计色三角形中的任何一条线段上的一点所对应具有单位色模的彩色,都可以由该线段两端具有单位色模的两个彩色按线性比例混合配出。例如,白位于[B](蓝)和黄的连线上,单位色模的白光可以由单位色模的蓝光和黄光按它们之间的相对距离混合配出,注意到式(1-67)和式(1-68),有

$$F_白=\frac{\overline{白黄}}{\overline{蓝黄}}F_蓝+\frac{\overline{蓝白}}{\overline{蓝黄}}F_黄=\frac{1}{3}F_蓝+\frac{2}{3}F_黄=\frac{1}{3}[B]+\frac{1}{3}[G]+\frac{1}{3}[B] \qquad (1-70)$$

结果与式(1-69)一致。顺便说明,穿过点 W 的任意直线连接三角形边上的两个点,这两点所对应的彩色可以按线性比例混合配出白色,称为互补色,如上面例子中的黄和蓝即为互补色。

如图 1-27 所示,对于显像计色三角形中的任意一点 F,W 与 F 连线的延长线与三角形的边相交于点 H_F。根据上面的讨论,F 所对应的单位模的彩色可以由单位色模的白光和 H_F 按线性比例混合配出:

$$F=\frac{\overline{WF}}{\overline{WH_F}}H_F+\frac{\overline{FH_F}}{\overline{WH_F}}F_白=S_F H_F+(1-S_F)F_白 \qquad (1-71)$$

式中:S_F 表示彩色光 F 中混入白光的程度,称为饱和度:

$$S_F = \frac{\overline{WF}}{\overline{WH_F}} \tag{1-72}$$

F 的色调则由 H_F 决定。值得注意的是,式(1-72)是在电视显像中定义的饱和度,它与 XYZ 色度系统中饱和度的定义不同。在 XYZ 色度系统中,100%饱和度的光为单波长光,位于 XYZ 色度图的谱色轨迹上。而在电视显像中,100%饱和度的光不是单波长光,位于显像计色三角形的三个边上。事实上,在电视屏幕上不能重现显像三角形之外的绝对饱和色。在下文中凡涉及电视系统中的彩色饱和度时,均指按显像计色三角形确定的相对值。

1.4.5 电视系统非线性对重现彩色的影响及 γ 校正

在讨论电视系统非线性失真对重现彩色的影响之前,首先根据 1.4.4 节的介绍,推导对于任意彩色光 F,其三刺激值 R、G、B 与其色调 H_F 及饱和度 S_F 的关系。不失一般性,设 $R \geq B, G \geq B, R$ 和 G 不同时等于 B(即非白光)。根据 F 的颜色方程,有

$$\begin{aligned} F &= R[\text{R}] + G[\text{G}] + B[\text{B}] \\ &= (R-B)[\text{R}] + (G-B)[\text{G}] + 3B\left(\frac{1}{3}[\text{R}] + \frac{1}{3}[\text{G}] + \frac{1}{3}[\text{B}]\right) \\ &= (R+G-2B)\left(\frac{R-B}{R+G-2B}[\text{R}] + \frac{G-B}{R+G-2B}[\text{G}]\right) + 3BF_{白} \\ &= (R+G-2B)H_F + 3BF_{白} \\ &= (R+G+B)\left(\frac{R+G-2B}{R+G+B}H_F + \frac{3B}{R+G+B}F_{白}\right) \\ &= m[S_F H_F + (1-S_F)F_{白}] \end{aligned}$$

由以上推导可见,F 的色调为

$$H_F = \frac{R-B}{R+G-2B}[\text{R}] + \frac{G-B}{R+G-2B}[\text{G}] = \frac{R-B}{m-3B}[\text{R}] + \frac{G-B}{m-3B}[\text{G}] \tag{1-73}$$

F 的饱和度为

$$S_F = \frac{R+G-2B}{R+G+B} = \frac{m-3B}{m} = \left(1-\frac{3B}{m}\right) \times 100\% \tag{1-74}$$

式中:m 为色模。

在 1.4.3 节中,为了无失真重现图像曾假定摄像机的光-电转换特性、显示器的电-光转换特性,以及传输系统特性都是线性的。然而在实际的电视系统中,虽然摄像机的光-电转换特性近似为线性,但是显示器的电-光转换特性是非线性的,转换得到的三基色光亮度与输入的三路基色电压的 γ 次方成正比($\gamma>1$),式(1-54)变成

$$F_R = k_R E_R^\gamma, F_G = k_G E_G^\gamma, F_B = k_B E_B^\gamma \tag{1-75}$$

注意到式(1-55)和式(1-56),重现彩色为

$$F_d = k_1 k_2^\gamma R^\gamma[\text{R}] + k_1 k_2^\gamma G^\gamma[\text{G}] + k_1 k_2^\gamma B^\gamma[\text{B}] = k_\gamma R^\gamma[\text{R}] + k_\gamma G^\gamma[\text{G}] + k_\gamma B^\gamma[\text{B}] \tag{1-76}$$

其中 $k_\gamma = k_1 k_2^\gamma$,重现彩色的三刺激值由原来的 R、G、B 变成了 $k_\gamma R^\gamma$、$k_\gamma G^\gamma$、$k_\gamma B^\gamma$。在一般情况下,$R^\gamma : G^\gamma : B^\gamma \neq R : G : B$,若不加校正会使重现图像产生非线性彩色失真,称为 γ 畸变。

将 $k_\gamma R^\gamma$、$k_\gamma G^\gamma$、$k_\gamma B^\gamma$ 代入式(1-73)和式(1-74),并将结果与式(1-73)式(1-74)相比较,容易分析在电视系统存在 γ 畸变的情况下,重现彩色的色度和饱和度的变化(作为练习留给读者完成)。现将 $\gamma>1$ 时的分析结果归纳如下(参见图1-28):

(1) 三基色及其三补色的色度以及 $C_白$,不受电视系统非线性系数 γ 的影响,重现彩色在显像计色三角形中的坐标位置不变。

(2) 位于显像计色三角形三条边上100%饱和度的非三基色,经 $\gamma>1$ 的系统传输后,饱和度不变,即仍位于三条边上,但坐标位置(色调)将向距离该彩色较近的基色偏移。

(3) 位于显像计色三角形之内的非100%饱和度的其他彩色,经 $\gamma>1$ 的系统传输后,饱和度将增大,色调将向距离该彩色较近的基色偏移,即坐标位置将向距离该彩色较近的三角形的边和顶点移动。

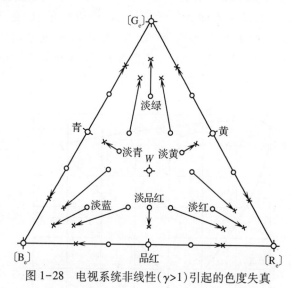

图1-28 电视系统非线性($\gamma>1$)引起的色度失真

γ 畸变不仅会引起重现彩色的色度失真,还会引起亮度失真。由于后者不易被察觉,此处不作详细分析。

色度的 γ 畸变对重现图像的影响较大,必须采取校正措施,使其限制在人眼刚辨差容限之内(参见图1-21)。尽管 γ 畸变主要是由接收端显示器的非线性电-光转换特性所致,从经济上考虑,在 γ 的数值已知的情况下(如 CRT 彩色显像管的 $\gamma=2.8$),电视系统可将校正 γ 畸变的任务放在发送端,将摄像机光-电转换和彩色校正后的电信号进行与接收端相反的预失真处理,此时式(1-61)变成:

$$E_R = E_{Re}^{1/\gamma} = k_2^{1/\gamma} R^{1/\gamma}, E_G = E_{Ge}^{1/\gamma} = k_2^{1/\gamma} G^{1/\gamma}, E_B = E_{Bc}^{1/\gamma} = k_2^{1/\gamma} B^{1/\gamma} \tag{1-77}$$

代入式(1-75),经显示器电光转换后的三基色光为

$$F_R = k_R E_R^\gamma = k_R k_2 R, F_G = k_G E_G^\gamma = k_G k_2 G, F_B = k_B E_B^\gamma = k_B k_2 B \tag{1-78}$$

由式(1-78)并注意到式(1-56),重现彩色为

$$F_d = F_R + F_G + F_B = k_1 k_2 R[R] + k_1 k_2 G[G] + k_1 k_2 B[B] = kF \tag{1-79}$$

与式(1-57)一致,彩色得到无失真地重现。经过发送端的预失真处理后,电视系统总的传输特性是线性的。

　　如上所述,为了校正由接收端的非线性电-光转换特性所引起的彩色γ畸变,使电视系统总的传输特性保持线性,在发送端对光-电转换后的电信号所进行的与接收端相反的预失真处理称为γ校正。

　　随着电视技术的发展,目前已出现多种新型显示器件,如液晶显示器、等离子显示屏等。这些显示器件的γ参数各不相同,单纯在发送端采用统一的电路进行γ校正难以实现,通常还需在接收端附加与特定显示器相适应的γ校正电路。

1.4.6　高清晰度电视的色域

　　在NTSC制和PAL制等模拟彩色电视中的彩色重现色域称为常规色域。随着高清晰度电视(High Definition Television,HDTV)和新型显示器的出现,希望扩展电视系统的色域,以便重现自然界中更宽范围的彩色。1980年,M. R. Pointer通过实验分析得到了一个在三维颜色空间表示的真实表面颜色的色域,即Pointer色域,自然界中绝大多数真实表面彩色都在Pointer色域内。1989年,CCIR将Pointer色域定为HDTV的目标色域。图1-29示出了在CIE1976LUV的u'、v'色度坐标下,常规色域与Pointer色域的对比。由图可见前者不能完全覆盖后者,因此在HDTV中需要研究色域扩展的方法。

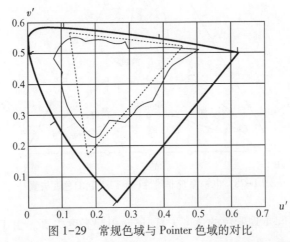

图1-29　常规色域与Pointer色域的对比

——表示Pointer色域;------表示ITU-R BT.709-5建议书所规定的常规色域。

　　为了保持与常规系统的兼容性,并且不限于特定显示器的重现色域,HDTV是在常规色域的基础上,通过增大RGB基色信号的动态范围来传输扩展色域的。显示端根据不同的显示器,通过相应的变换将扩展色域的电视信号重现出来。

　　在ITU-R BT.709-5建议书中规定了常规色域显像三基色的色度坐标,如表1-7所列。

表1-7　ITU-R BT.709-5建议书中规定的常规色域显像三基色的色度坐标

基色与光源		红	绿	蓝	光源(D_{65})
色度坐标	x	0.640	0.300	0.150	0.3127
	y	0.330	0.600	0.060	0.3290

　　与表1-7相对应的亮度方程为

$$Y=0.2126R+0.7152G+0.0722B \qquad (1-80)$$

设电视系统传输的基准白电平的归一化三刺激值电压为 $R=G=B=1$，用 L 表示任意彩色的归一化三刺激值电压(R、G、B)之一，则在常规色域系统中，$0 \le L \le 1$，接收端重现色域限制在如图 1-29 虚线所示的常规色域三角形之内。另外，如图 1-29 所示，Pointer 色域的某些彩色位于常规色域三角形之外，对于这些彩色 L 为负或者大于 1。在 Pointer 色域中，以 10° 为间隔取 36 种色调，每色调取 16 级亮度，所得到的 576 种最大饱和度的真实表面色称为 Pointer 彩色。实验表明，对于 Pointer 彩色 $-0.25 \le L \le 1.33$。显然，只有把这种增大了动态范围 R、G、B 信号传输到接收端，才能实现色域的扩展。为了使扩展色域系统与常规色域系统兼容，在发送端要对 L 进行如下处理。

首先对 L 进行 γ 校正：

$$E' = \begin{cases} 1.099L^{0.45}-0.099 & 0.018 \le L \le 1.33 \\ 4.500L & -0.0045 \le L < 0.018 \\ -[1.099(-4L)^{0.45}-0.099]/4 & -0.25 \le L < -0.0045 \end{cases} \qquad (1-81)$$

γ 校正后的动态范围压缩到 $-0.25 \le E' \le 1.15$。然后形成亮度和色差信号：

$$E'_Y = 0.2126E'_R+0.7152E'_G+0.0722E'_B \qquad (1-82)$$

$$E'_{C_B} = (E'_B-E'_Y)/1.8556 \qquad (1-83)$$

$$E'_{C_R} = (E'_R-E'_Y)/1.5748 \qquad (1-84)$$

所形成的亮度信号 $0 \le E'_Y \le 1$，色差信号 $-0.5 \le E'_{C_R} \le 0.5$，$-0.5 \le E'_{C_B} \le 0.5$，与常规色域系统模拟信号的动态范围(参见 4.2.2 节)兼容。

在扩展色域系统中，接收端根据具体的宽重现色域显示器，将所接收的扩展色域信号变换成重现基色的三刺激值，重现扩展色域的图像。

习题与思考题

1.1 波长分别为 400nm、550nm、590nm、670nm 及 700nm 的五种单色光，每种光通量均为 100lm，计算合成光的光通量及辐射功率。

1.2 光通量相同的光源，其辐射功率波谱是否相同？在同一照明环境中亮度感觉与色度感觉是否相同？在不同的照明环境中又如何？为什么？

1.3 若水平方向上可分辨出 100 根红绿竖线，试问对于黑白、黑红、绿蓝各组竖线的分辨数是多少。

1.4 描述彩色光的三个基本参量是什么？各是什么含义？

1.5 现有黄、品、青三组滤色片和三台白光源投影仪，画出简单示意图，说明如何用它们完成相减混色和相加混色实验？相减混色与相加混色的区别是什么？

1.6 对于不透明体，透明物体和发光光源，人的眼睛是如何感觉它们的颜色的？

1.7 已知两种色光 F_1 和 F_2 的配色方程为

$$F_1 = 1[R]+1[G]+1[B], F_2 = 5[R]+5[G]+2[B]$$

计算合成色光 F_{1+2} 的色度坐标 r、g、b，并在麦克斯韦三角形中标出 F_1、F_2 和 F_{1+2} 的坐标位置。

1.8 物理三基色 $F_1 = 1[Re]+1[Ge]+1[Be]$，计算三基色 $F_2 = 1[X]+1[Y]+1[Z]$，

显像三基色 $F_3 = 1[R] + 1[G] + 1[B]$，说明三个配色方程的物理意义及其区别。

1.9 显像三基色亮度方程的导出与什么因素有关？物理含义是什么？

1.10 色域图与等色差阈图的区别是什么？在彩色电视技术中有什么用途？

1.11 NTSC 制荧光粉红基色 $[R]$ 的坐标为 $x = 0.67$，$y = 0.33$，试求它在 RGB 色度坐标中的坐标 r_e、g_e、b_e。

1.12 用物理三基色混配彩色光，其中红基色光 20lm、绿基色光 55lm、蓝基色光 12lm，求合成彩色光在 RGB 与 XYZ 色度系统中的色度坐标。

1.13 在 NTSC 制接收机荧光屏上发出 68.3lm（0.1 光瓦）的饱和黄光（蓝基色的补色）。试写出该黄色光的颜色方程，并计算出在色度图上的 x、y 坐标数值。

1.14 摄像机彩色校正的意义是什么？试说明用合成法获得理想光谱响应的原理。

1.15 解释下列名词：（1）光谱光视效率。（2）色温。（3）相关色温。（4）对比度。（5）E 光源。（6）三基色原理。（7）相加混色。（8）相减混色。（9）三刺激值。（10）光谱三刺激值。（11）色度坐标（12）谱色。（13）非谱色。（14）实色。（15）虚色。（16）刚辨差。（17）混色曲线。

1.16 说明下列合成光的亮度及在 XYZ 色度系统中的坐标位置：
$$F_1 = 1[Re] + 1[Ge] + 1[Be], \quad F_2 = 1[X] + 1[Y] + 1[Z], \quad F_3 = 1[R] + 1[G] + 1[B]。$$

1.17 为什么要进行 γ 校正？

1.18 电视传输系统非线性系数 $\gamma = 2$，传输系数 $K = 0.5$，被摄取的彩色光为
$$F_0 = 6[R] + 4[G] + 2[B]$$

（1）求 F_0 在显像计色三角形中的色度坐标 r_0、g_0；

（2）求重现彩色光 F_d 方程式及色度坐标 r_d、g_d；

（3）说明重现色光的变化情况。

1.19 设 NTSC 制彩色电视信号传输的某彩色光的三个基色信号 $R > G > B$，试证明要使该彩色光的色调不变，必须保证比值 $\dfrac{R-B}{G-B}$ 不变（要求用数学表达式证明）。

第 2 章　电视传像的基本原理

2.1　电视图像的顺序传送

2.1.1　图像的表示和顺序传送

由前面的介绍可知,彩色电视图像可由显像三基色形成的 3 个基色图像叠加而成。另外,每一个包含运动景物的平面的基色图像都可以表示成空间坐标 x、y 和时间 t 的三维连续函数:

$$F_R(x,y,t), F_G(x,y,t), F_B(x,y,t)$$

显然,直接传送这些三维连续函数是很困难的。

根据人眼对细节分辨力有限的视觉特性,可以把一幅平面图像通过空间采样离散化成许多细小单元,称为像素(pixel),每个像素具有单一的亮度和色度。像素越小,单位面积上的像素数目越多,图像就越清晰。

另外,根据人眼的视觉惰性,可以通过时间采样把连续运动的景物分解成一帧接一帧的静止画面,只要这些画面显示的频率高于临界闪烁频率,就可以获得连续运动景物的感觉。

这样通过空间采样和时间采样,每一个运动的平面基色图像都可以表示成离散空间坐标 m、n 和离散时间 k 的三维离散函数:

$$F_R(m,n,k), F_G(m,n,k), F_B(m,n,k) \quad (m、n、k \text{ 均为整数})$$

通过离散化处理,压缩了需要传送的电视图像的信息量。下面的问题就是如何传送这些离散的三维运动图像。若把图像中不同位置上的像素同时转变成相应的电信号,分别用相应信道并行传送出去,则至少需要 40 万个信道,这样做既不经济也不可能。实际上,电视系统采用的是顺序传送的方式,即在摄像端将各个像素的光信号按一定的顺序变成电信号,使它们在同一个信道内作为一维的时间信号 $E(t)$ 进行传输,接收端再按同样的顺序将电信号变成光信号加以显示。图像的这种顺序传送方式利用了人眼的视觉惰性和显示器件的余辉特性,只要传送得足够快,人眼就会感觉图像是空间完整和时间连续的。图 2-1 给出了这种逐像素顺序传送电视图像的示意图。

2.1.2　扫描和同步

1. 逐行扫描

在图像的顺序传送方式中,发送端将作为空间和时间函数的三维图像转换成一维时间信号,以及接收端把一维时间信号再转换成三维图像的过程称为扫描。常用的两种扫描方式为逐行扫描和隔行扫描。

在图 2-1 中,时间上离散化了的每一帧图像,进一步在空间被离散化为 M 行×N 列

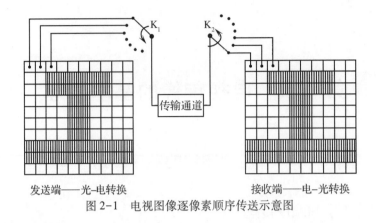

发送端——光–电转换　　　　　　　　接收端——电–光转换

图 2-1　电视图像逐像素顺序传送示意图

个像素。逐行扫描方式是对每个像素按自左至右、自上而下的顺序进行发送和接收,即先自左至右地发送和接收第 1 行的 N 个像素,紧接着再自左至右地发送和接收第 2 行的 N 个像素,直到自上而下地将一帧图像的 M 行发送和接收完毕,再从下一帧的第 1 行的左边第 1 个像素开始,重复上述扫描过程。

　　每一行像素自左至右的扫描过程称为行正程;而在每一行扫描结束后从右端迅速返回左端,准备下一行扫描的过程称为行逆程。同样,对于每一帧的各个行,自上而下的扫描过程称为帧正程;而在每一帧扫描结束后从下端迅速返回上端,准备下一帧扫描的过程称为帧逆程。

　　设行正程时间为 T_{Ht},行逆程时间为 T_{Hr},则行扫描周期(简称行周期)T_H 和行扫描频率(简称行频)f_H 分别为 $T_H = T_{Ht} + T_{Hr}$,$f_H = 1/T_H$。同样,设帧正程扫描时间为 T_{Ft},帧逆程扫描时间为 T_{Fr},则帧周期 T_F 和帧频 f_F 分别为 $T_F = T_{Ft} + T_{Fr}$,$f_F = 1/T_F$。定义行逆程系数 $\alpha = T_{Hr}/T_H$,帧逆程系数 $\beta = T_{Fr}/T_F$。正程扫描时间应占整个扫描周期的大部分,一般取 $\alpha = 18\%$,$\beta = 8\%$。

　　在逐行扫描方式中,各帧扫描的起始点相同,均为第 1 行左边的第 1 个像素。因此,帧周期是行周期的整数倍,或者说一帧的扫描行数为整数,设其为 Z,则帧频与行频的关系为 $f_H = Zf_F$。

2. 隔行扫描

　　根据人眼的视觉特性,为了不产生亮度闪烁感觉和保证有足够的图像清晰度,在逐行扫描的情况下,要求帧频在 48Hz 以上,每帧扫描行数在 500 以上,导致电视图像信号的频带很宽。这样一方面会增加电子设备的复杂程度,另一方面会使在可用频段内所容纳的电视频道数目减少,即占用较多的频率资源。为减少电视信号的带宽,若用降低帧频的办法,则会引起电视画面的大面积闪烁;若用减少每帧扫描行数的办法,又会引起图像清晰度下降。这两种方法都不可取,一个比较妥善的解决方案是采用如下所述的隔行扫描方式。

　　隔行扫描方式是将每一帧电视图像按行序号的奇偶平均分为两场进行扫描,先在一场中自上而下地扫描第 1,3,5,…奇数行,待所有奇数行扫描结束后,再迅速返回上端开始下一场的扫描,自上而下地扫描第 2,4,6,…偶数行。待所有偶数行扫描结束后,再按同样的方法开始下一帧的扫描,依此类推。扫描奇数行的场称为奇场,扫描偶数行的场称为偶场。接收端由奇、偶两场图像均匀镶嵌合成为一帧图像,如图 2-2 所示。

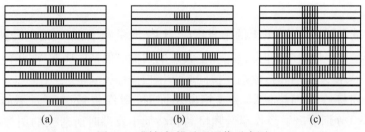

图 2-2　隔行扫描重现图像示意图
(a)奇数行扫描(奇场);(b)偶数行扫描(偶场);(c)两场均匀镶嵌形成一帧图像。

在隔行扫描方式中,行正程、行逆程、行周期、行频和行逆程系数的概念与逐行扫描方式相同,不同的是将每一场自上而下的扫描过程称为场正程,将每一场扫描结束后从下端迅速返回上端的过程称为场逆程,场正程扫描时间记为 T_{Vt},场逆程扫描时间记为 T_{Vr},场周期和场频分别记为 $T_V = T_{Vt} + T_{Vr}$ 和 $f_V = 1/T_V$,场逆程系数则为 $\beta = T_{Vr}/T_V$。

在隔行扫描方式中,将一帧图像全部扫描完毕所需的时间称为帧周期,其倒数称为帧频,仍分别用 T_F 和 f_F 表示。由于一帧电视图像被平均分为两场进行扫描,因此有 $T_F = 2T_V$ 和 $f_F = 1/T_F = f_V/2$。若使隔行扫描的场频等于逐行扫描的帧频($>48\text{Hz}$),并且使二者每帧的扫描行数相同,则隔行扫描同样能避免电视画面的大面积闪烁,而且具有与逐行扫描近似相同的图像清晰度。然而,此时隔行扫描的帧频仅为逐行扫描帧频的 1/2,行频也相应地降低 1/2,从而使信号的带宽减半。这就是说,在图像显示质量基本不变的情况下,隔行扫描方式比逐行扫描方式可节省一半信号带宽。

隔行扫描在压缩电视信号带宽的同时,也会产生如下一些缺点(称为隔行效应):

(1)行间闪烁效应。设场频取 50Hz,高于临界闪烁频率,因而避免了电视画面的大面积闪烁。然而每一行的亮度是按帧频 25Hz 出现的,低于临界闪烁频率,在观看比较亮的细节时会有不舒适的行间闪烁感觉。

(2)并行现象,包括真实并行和视在并行。真实并行主要发生在传统的利用电子射线扫描的摄像和显像设备中,由于行逆程的存在和扫描电路特性不良,使奇场和偶场的光栅图像不能完全均匀镶嵌,甚至发生重叠。视在并行是当图像中的运动物体在垂直方向有足够大的速度分量,每场刚好下移一行,则后一场图像的细节与前一场相同,看起来好像两行变成了一行。并行现象会引起图像的垂直清晰度下降。

(3)边缘锯齿化现象。当图像中的物体水平运动速度足够大时,物体光滑的垂直边缘会因两场传送的时间差而产生左右错开的锯齿化现象。

(4)在用大屏幕显示标准清晰度(每帧 625 行或 525 行)电视时,能感觉到行数减半的单场光栅及其垂直移动。

以上介绍的隔行扫描是把一帧的扫描行按奇数行和偶数行分为两场,在一场中是隔一行扫描一行,称为 2∶1 隔行扫描。理论上存在把一帧分为两个以上的场,即隔多行的扫描方式。虽然隔多行扫描能进一步减小电视信号带宽,但是隔行越多上述隔行扫描的缺点就越严重。因此,隔多行扫描并未在实际中采用。

实验表明,在扫描行数相同的情况下,2:1隔行扫描的视在垂直分解力相当于逐行扫描时的分解力乘上一个隔行因子K_i,其取值一般为0.6~0.7。

3. 同步

为了正确重现图像,在图2-1的示意图中要求"开关"K_1和K_2的运转速度相同,切换像素的几何位置——对应,即发送端和接收端的扫描应保持同频率、同相位。在图像的顺序传送方式中,使发送端和接收端保持同频同相扫描称为同步。

当发送端和接收端扫描的频率或相位不同时,图像将被破坏而不能正确重现。图2-3(b)和(c)分别示出了当收端行频略高和略低于发端时所造成的图像畸变。例如在图2-3(b)中,由于收端行频略高,发端第n行末的一些像素将显示在收端第$n+1$行的左端,致使垂直黑条图像向右下方倾斜。当收、发两端行频相差很大时,图像畸变会严重得无法辨认。类似地,当收端帧频略高于发端时,发端第n帧下面的若干行像素将显示在收端第$n+1$帧的上边几行,致使重现图像不断向下移动。相反,当收端帧频略低时,重现图像将不断向上移动。帧频相差越大,移动速度越快。

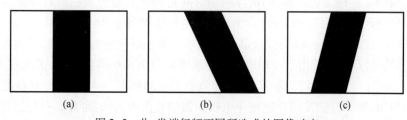

图2-3 收、发端行频不同所造成的图像畸变
(a)待传送图像;(b)收端行频略高时的重现图像;(c)收端行频略低时的重现图像。

当收、发端扫描的行频和帧频相同而起始相位不同时,重现图像将出现分裂畸变,如图2-4所示。

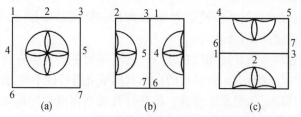

图2-4 收、发端扫描相位不同造成的图像畸变
(a)待传送图像;(b)收、发端扫描相位相差半行,图像左右分裂;
(c)收、发端扫描相位相差半帧,图像上下分裂。

由上述可知,只有收、发扫描保持严格同步,才能正确地重现图像。电视系统所采取的同步方法是在传输的图像信号中加入与发端扫描频率和相位一致的定时基准信号。例如,当每扫描完一行图像时加入一个行同步信号,当每扫描完一场(帧)图像时加入一个场(帧)同步信号。接收端从复合信号中提取出同步信号,并用以控制其扫描的频率和相位,从而实现同步扫描。对于模拟电视和数字电视,同步信号的形式有所不同,这将在以后的章节中讨论。

2.2 视频图像信号组成原理

2.2.1 视频图像信号的组成

1. 视频图像信号

电视摄像机是对所拍摄的景物进行光-电转换,并通过扫描将作为空间和时间函数的三维光图像转换成一维电信号的设备。图 2-5 是三管彩色摄像机的示意图。图中,摄像机的分光系统将被摄景物的三维光图像 $F(x,y,t)$ 分解为 3 个基色光图像 $F_R(x,y,t)$、$F_G(x,y,t)$ 和 $F_B(x,y,t)$;这 3 个基色光图像分别通过扫描由红、绿、蓝 3 个摄像管转换为 3 个一维电信号 $E_{R0}(t)$、$E_{G0}(t)$ 和 $E_{B0}(t)$;这 3 个一维电信号经彩色校正、γ 校正以及其他一些信号处理组成一个复合信号 $E(t)$ 进行传输或存储。为书写简便,将经 γ 校正后的 3 个一维电信号记为 R、G 和 B,并称其为基色视频信号,简称基色信号。

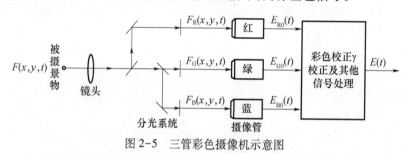

图 2-5　三管彩色摄像机示意图

虽然 R、G、B 基色信号被作为摄像管的输出和显示器的输入所采用,但是电视系统并不直接传送这 3 个信号,而是将它们经适当地组合后进行传送,在接收端再加以恢复。其原因主要有以下两点:

(1) 在广播电视的发展过程中,黑白电视出现在前,彩色电视出现在后,具有兼容性和逆兼容性是对当时彩色电视设计的要求之一。兼容性是指用黑白电视机也能收看彩色电视广播的节目,逆兼容性是指用彩色电视机也能收看黑白电视广播的节目,只不过二者显示的都是黑白图像。从这一点出发,要求彩色电视系统所传送的信号中必须有一个类似于黑白电视信号的、只反映图像亮度的亮度信号。当然,作为彩色电视系统,除亮度信号外还必须传送两个代表色度信息的信号,因为三基色原理和彩色三要素(亮度、色调、饱和度)都指示出:需要由 3 个独立的分量来确定一个彩色。

(2) 即使不考虑兼容性,直接传送 3 个基色信号也不是一个经济、合理的选择。这是因为,若直接传送 3 个基色信号,为了保证图像具有较高的清晰度,即能够呈现较高的空间频率(通过扫描,对应较高的时间频率),要求每一个基色信号都与亮度信号具有相同的带宽,总共需要 3 倍于亮度信号的带宽,显然这是很不经济的。而传送一个亮度信号和两个代表色度的信号,则可以利用人眼的视觉特性大大减少信号带宽。在 1.2.4 节已经指出,人眼对彩色细节比对黑白细节的分辨力低。适当地以一个粗线条的色度加上一个细线条的亮度形成图像,有可能与亮度和色度都是细线条的情况具有相同的视觉效果,这在绘画等领域称为大面积着色原理。从信号频带来看,这相当于用全部视频带宽传送亮度信号,而用较窄的带宽传送两个代表色度的信号。这样,在接收端所恢复的 3 个基色信号中,它们的低频部分能得到完全恢复,而高频部分则是由同一个亮度信号的高频部分来补充的,这就是高频混合原理。

电视系统所传送的一个亮度信号和两个代表色度的信号称为分量视频信号,简称分量信号。它们是对 3 个基色信号进行适当的转换而形成的。为了保证图像的高保真重现和信号的高效率处理,在选择代表色度的信号时,需要考虑以下几个条件:

(1) 两个代表色度的信号应只负责传送色度信息。当传送没有色度信息的黑白图像时,这两个信号应该为零。

(2) 代表色度的信号应不影响亮度信息的传送。重现图像的亮度只由传送亮度信息的亮度信号决定,代表色度的信号在传送过程中产生的变化应不影响重现图像的亮度,这称为恒定亮度原理。

(3) 两个代表色度的信号是互相独立的。

(4) 基色信号与分量信号之间的转换关系要简单。

根据上述条件,彩色电视系统选择下面介绍的两个色差信号作为代表色度的传送信号。

2. 亮度信号和色差信号

色差信号是指基色信号与亮度信号之差所组成的信号。彩色电视系统选用的分量信号包括亮度信号 Y 和两个色差信号 $(R-Y)$、$(B-Y)$。根据亮度方程,它们与 3 个基色信号之间的关系为

$$\begin{cases} Y=0.30R+0.59G+0.11B \\ (R-Y)=R-(0.30R+0.59G+0.11B)=0.70R-0.59G-0.11B \\ (B-Y)=B-(0.30R+0.59G+0.11B)=-0.30R-0.59G+0.89B \end{cases}$$

上式可以写成如下矩阵形式:

$$\begin{bmatrix} Y \\ (R-Y) \\ (B-Y) \end{bmatrix} = \begin{bmatrix} 0.30 & 0.59 & 0.11 \\ 0.70 & -0.59 & -0.11 \\ -0.30 & -0.59 & 0.89 \end{bmatrix} \begin{bmatrix} R \\ G \\ B \end{bmatrix} \tag{2-1}$$

另一个色差信号 $(G-Y)$ 与 $(R-Y)$、$(B-Y)$ 之间不是独立的。由亮度方程有

$$(G-Y)=-\frac{0.30}{0.59}(R-Y)-\frac{0.11}{0.59}(B-Y) \tag{2-2}$$

在统计上 $(G-Y)$ 的数值较小,从改善信噪比考虑,不宜选作传送信号。

在接收端,可先按式(2-2)解出 $(G-Y)$,再将 3 个色差信号与亮度信号相加便可恢复 3 个基色信号。这一过程可表示为如下矩阵形式:

$$\begin{bmatrix} R \\ G \\ B \end{bmatrix} = \begin{bmatrix} 1 & 1 & 0 \\ 1 & -0.30/0.59 & -0.11/0.59 \\ 1 & 0 & 1 \end{bmatrix} \begin{bmatrix} Y \\ (R-Y) \\ (B-Y) \end{bmatrix} \tag{2-3}$$

由式(2-1)和式(2-3)可见,两个色差信号 $(R-Y)$、$(B-Y)$ 是互相独立的,而且基色信号与分量信号之间的转换可以用简单的矩阵电路实现。另外,当传送黑白图像时,因为 $R=G=B=Y$,所以两个色差信号均为零。这说明,前面所提到的选择传送信号的条件(1)、(3)和(4)是满足的。下面说明高频混合原理和恒定亮度原理的实现。

假设显像管的电-光转换特性是线性的(即 $\gamma=1$),传输系统也是线性的,则摄

像端无需进行 γ 校正。设亮度信号的频带为 $0 \sim f_h$，并记为 $Y_{0 \sim f_h}$；两个色差信号的频带均为 $0 \sim f_l$，并记为 $(R-Y)_{0 \sim f_l}$ 和 $(B-Y)_{0 \sim f_l}$；$f_l < f_h$；则按式（2-3）恢复的 3 个基色信号为

$$\begin{cases} R_{\mathrm{d}} = (R-Y)_{0 \sim f_l} + Y_{0 \sim f_h} = R_{0 \sim f_l} + Y_{f_l \sim f_h} \\ G_{\mathrm{d}} = (G-Y)_{0 \sim f_l} + Y_{0 \sim f_h} = G_{0 \sim f_l} + Y_{f_l \sim f_h} \\ B_{\mathrm{d}} = (B-Y)_{0 \sim f_l} + Y_{0 \sim f_h} = B_{0 \sim f_l} + Y_{f_l \sim f_h} \end{cases} \quad (2-4)$$

由式（2-4）可见，3 个基色信号在 $0 \sim f_l$ 区间的低频部分得到了完全恢复，而高频部分则是同一个亮度信号在 $f_l \sim f_h$ 区间的高频部分。设电-光转换系数为 1，则重现图像的亮度的空间频率对应亮度信号的全部带宽 $0 \sim f_h$：

$$Y_{\mathrm{d}} = 0.30 R_{\mathrm{d}} + 0.59 G_{\mathrm{d}} + 0.11 B_{\mathrm{d}} = [0.30 R_{0 \sim f_l} + 0.59 G_{0 \sim f_l} + 0.11 B_{0 \sim f_l}] + Y_{f_l \sim f_h} = Y_{0 \sim f_h}$$

而重现图像的色度则取决于 $0 \sim f_l$ 区间 3 个基色信号的比值 $R_{0 \sim f_l} : G_{0 \sim f_l} : B_{0 \sim f_l}$，从而实现了高频混合原理和大面积着色原理。

设在信号传输过程中，$(R-Y)_{0 \sim f_l}$、$(B-Y)_{0 \sim f_l}$ 和 $Y_{0 \sim f_h}$ 的幅度有所变化，并混入了某种干扰，分别变为 $\overline{(R-Y)_{0 \sim f_l}}$、$\overline{(B-Y)_{0 \sim f_l}}$ 和 $\overline{Y_{0 \sim f_h}}$。由式（2-2），此时 $(G-Y)_{0 \sim f_l}$ 为

$$\overline{(G-Y)_{0 \sim f_l}} = -\frac{0.30}{0.59} \overline{(R-Y)_{0 \sim f_l}} - \frac{0.11}{0.59} \overline{(B-Y)_{0 \sim f_l}}$$

恢复的 3 个基色信号将变为

$$\begin{cases} R_{\mathrm{d}} = \overline{(R-Y)_{0 \sim f_l}} + \overline{Y_{0 \sim f_h}} \\ G_{\mathrm{d}} = -\frac{0.30}{0.59} \overline{(R-Y)_{0 \sim f_l}} - \frac{0.11}{0.59} \overline{(B-Y)_{0 \sim f_l}} + \overline{Y_{0 \sim f_h}} \\ B_{\mathrm{d}} = \overline{(B-Y)_{0 \sim f_l}} + \overline{Y_{0 \sim f_h}} \end{cases}$$

则重现图像的亮度为

$$Y_{\mathrm{d}} = 0.30 R_{\mathrm{d}} + 0.59 G_{\mathrm{d}} + 0.11 B_{\mathrm{d}} = [0.30 \overline{(R-Y)_{0 \sim f_l}} + 0.30 \overline{Y_{0 \sim f_h}}] +$$
$$[-0.30 \overline{(R-Y)_{0 \sim f_l}} - 0.11 \overline{(B-Y)_{0 \sim f_l}} + 0.59 \overline{Y_{0 \sim f_h}}] +$$
$$[0.11 \overline{(B-Y)_{0 \sim f_l}} + 0.11 \overline{Y_{0 \sim f_h}}]$$
$$= \overline{Y_{0 \sim f_h}}$$

上式表明，无论两个色差信号在传送过程中发生怎样的变化都不影响重现图像的亮度，重现图像的亮度只由传送亮度信息的亮度信号决定，从而实现了恒定亮度原理。

值得注意的是，以上结论是在电视系统无需进行 γ 校正的情况下得到的。在有 γ 校正的情况下，恒定亮度原理将不能完全满足。设原始图像 3 个基色信号用 R_0、G_0、B_0 表示，原始图像亮度信号为

$$Y_0 = 0.30 R_0 + 0.59 G_0 + 0.11 B_0$$

γ 校正后的 3 个基色信号和亮度信号为

$$R = R_0^{1/\gamma}, G = G_0^{1/\gamma}, B = B_0^{1/\gamma}, Y = 0.30 R_0^{1/\gamma} + 0.59 G_0^{1/\gamma} + 0.11 B_0^{1/\gamma}$$

对于大面积彩色部分，显示的亮度信号为

$$Y_{\mathrm{d}} = 0.30 [(R-Y)+Y]^{\gamma} + 0.59 [(G-Y)+Y]^{\gamma} + 0.11 [(B-Y)+Y]^{\gamma}$$
$$= 0.30 R_0 + 0.59 G_0 + 0.11 B_0 = Y_0$$

即显示的亮度是正确的。然而,这个显示的亮度是否只与亮度信号 Y 有关呢?为了便于说明问题,取 $\gamma = 2$,将上式展开,有

$$Y_d = Y^2 + 0.30\,(R-Y)^2 + 0.59\,(G-Y)^2 + 0.11\,(B-Y)^2 +$$
$$2Y[\,0.30(R-Y) + 0.59(G-Y) + 0.11(B-Y)\,]$$
$$= Y^2 + Y_s$$

其中色差信号对显示亮度的贡献为

$$Y_s = 0.30\,(R-Y)^2 + 0.59\,(G-Y)^2 + 0.11\,(B-Y)^2$$

可见,显示的亮度既与亮度信号有关,又与色差信号有关,恒定亮度原理已不能满足。在彩色图像实际传送中,当按式(2-2)组成 $(G-Y)$ 信号时,若噪波造成 $(R-Y)$、$(B-Y)$ 增大,会引起 $(G-Y)$ 的减小,起到部分补偿作用,因此色差信号在传输中产生的变化和混入的噪波对重现亮度的影响并不严重。

2.2.2 标准彩条信号

作为例子,本节给出标准彩条的亮度信号和色差信号的数据和波形。标准彩条信号是由彩色信号发生器产生的一种测试信号,常用来测试彩色电视系统的传输特性。它在显示器屏幕上形成由 8 条等宽竖条组成的图案,自左至右依次为白、黄、青、绿、品、红、蓝、黑,如图 2-6(a)所示。标准彩条信号的命名常采用四数码表示法,如 100-0-100-0 彩条,100-0-75-0 彩条等。这种表示法是由欧洲广播联盟(European Broadcasting Union,EBU)提出的,故又称 EBU 彩条。

在四数码表示法中,每一个数码表示经 γ 校正后的信号的百分比幅度,以组成白条的基色信号的幅度为基准。第一和第二数码分别表示组成白条和黑条的 R、G、B 的最大值(%)和最小值(%);第三、第四数码分别表示组成各彩色条的 R、G、B 的最大值(%)和最小值(%)。例如,若组成白条的基色信号的幅度为 1,则 100-0-75-0 彩条的各基色信号具有如下幅度:对应白条为最大值 1,对应黑条为最小值 0,对应各彩色条的最大值为 0.75,最小值为 0。

表 2-1、表 2-2 和表 2-3 分别列出了 100-0-100-0、100-0-100-25 和 100-0-75-0 彩条的基色信号 R、G、B,亮度信号 Y 和色差信号 $(R-Y)$、$(B-Y)$ 的数据,这些数据是以组成白条的基色信号的幅度为 1 作为基准的。根据这些数据可以画出这 3 种彩条的基色信号、亮度信号和色差信号在一个行正程的波形图,分别示于图 2-6(b)、(c)、(d)中。

表 2-1　100-0-100-0 彩条信号数据

	R	G	B	Y	$R-Y$	$B-Y$
白	1.0	1.0	1.0	1.0	0	0
黄	1.0	1.0	0	0.89	0.11	−0.89
青	0	1.0	1.0	0.70	−0.70	0.30
绿	0	1.0	0	0.59	−0.59	−0.59
品	1.0	0	1.0	0.41	0.59	0.59
红	1.0	0	0	0.30	0.70	−0.30
蓝	0	0	1.0	0.11	−0.11	0.89
黑	0	0	0	0	0	0

表 2-2 100-0-100-25 彩条信号数据

	R	G	B	Y	R-Y	B-Y
白	1.0	1.0	1.0	1.0	0	0
黄	1.0	1.0	0.25	0.91	0.09	-0.66
青	0.25	1.0	1.0	0.78	-0.53	0.22
绿	0.25	1.0	0.25	0.69	-0.44	-0.44
品	1.0	0.25	1.0	0.56	0.44	0.44
红	1.0	0.25	0.25	0.47	0.53	-0.22
蓝	0.25	0.25	1.0	0.34	-0.09	0.66
黑	0	0	0	0	0	0

表 2-3 100-0-75-0 彩条信号数据

	R	G	B	Y	R-Y	B-Y
白	1.0	1.0	1.0	1.0	0	0
黄	0.75	0.75	0	0.66	0.09	-0.66
青	0	0.75	0.75	0.53	-0.53	0.22
绿	0	0.75	0	0.44	-0.44	-0.44
品	0.75	0	0.75	0.31	0.44	0.44
红	0.75	0	0	0.22	0.53	-0.22
蓝	0	0	0.75	0.09	-0.09	0.66
黑	0	0	0	0	0	0

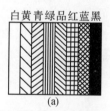

(a)

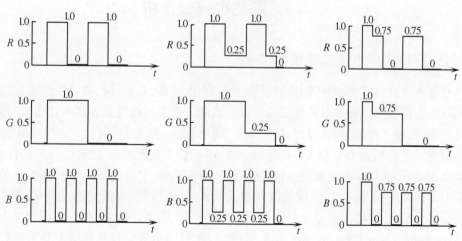

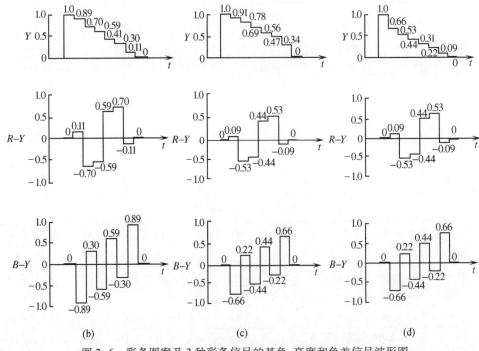

图 2-6　彩条图案及 3 种彩条信号的基色、亮度和色差信号波形图

(a)彩条图案;(b)100-0-100-0 彩条信号波形;

(c)100-0-100-25 彩条信号波形;(d)100-0-75-0 彩条信号波形。

由图 2-6 可见,亮度信号只有正值,是单极性的,而色差信号是双极性的。就单极性的亮度信号而言,有正极性和负极性之分。若图像越亮信号电平越高,则为正极性亮度信号;反之,若图像越亮信号电平越低,则为负极性亮度信号。在图 2-6 中所示的是正极性亮度信号。

2.3　彩色电视摄像机

2.3.1　广播彩色电视摄像机的组成

在彩色电视系统中,对所拍摄的景物进行光-电转换,并通过扫描以及一系列的处理形成视频图像信号是通过彩色电视摄像机完成的。早期的电视摄像机采用电真空器件,如光电像管、超正析像管、视像管、氧化铅管、硒靶管等。随着科学技术的发展,20 世纪 70 年代出现了电荷耦合器件(Charge-Couple Device,CCD)摄像管,目前已得到广泛应用。图 2-7 示出了 CCD 彩色电视数字信号处理(Digital Signal Processing,DSP)摄像机的组成方框图。由图中可见,DSP 摄像机由光学系统、CCD 摄像管、模拟处理、数字处理和视频编码等部分组成,可输出模拟分量信号 Y、C_B(对应 $B-Y$)、C_R(对应 $R-Y$)或彩色全电视信号(Composite Video Blanking and Sync,CVBS),也可输出数字视频的数字分量串行接口(Serial Digital Interface,SDI)信号。

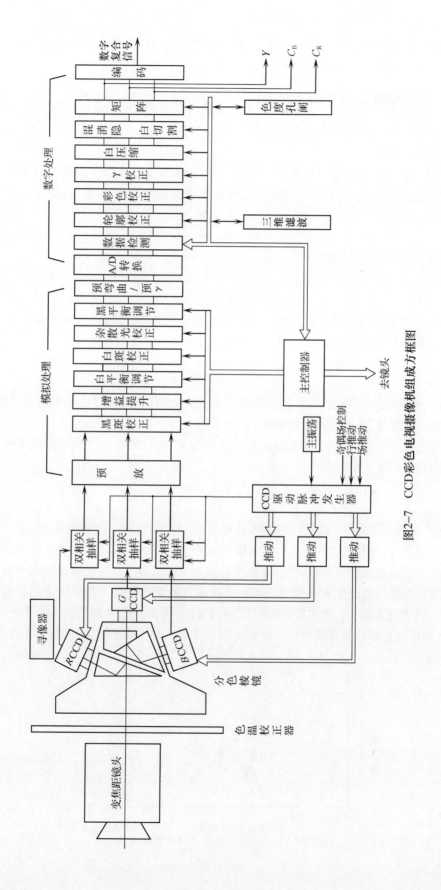

图2-7 CCD彩色电视摄像机组成方框图

有关 DSP 摄像机中信号的模拟处理、数字处理和视频编码等内容将在第 3、4 章的有关小节介绍,这里主要介绍其中的光学系统和 CCD 摄像原理。

2.3.2 彩色电视摄像机的光学系统

光学系统是彩色摄像机的重要组成部分,它由变焦距镜头、分色棱镜和滤光片等组成。

1. 变焦距镜头

与照相机一样,电视摄像机的镜头也是由多个精密设计的凸透镜和凹透镜组成的。根据几何光学原理,透镜的焦距 f、物距 S_1、像距 S_2 之间存在如下关系:

$$\frac{1}{S_1}+\frac{1}{S_2}=\frac{1}{f} \tag{2-5}$$

因此,透镜的放大率 K 可表示为

$$K=\frac{S_2}{S_1}=\frac{1}{(S_1/f)-1} \tag{2-6}$$

另外,镜头的视场角是指镜头对景物边缘的最大张角,记作 2ω,它与成像尺寸(成像面的高度或宽度)H 以及焦距 f 有如下关系:

$$\omega=\arctan\frac{H}{2f} \tag{2-7}$$

式(2-6)和式(2-7)表明,在物距和成像面不变的情况下,通过改变焦距可以改变成像放大率和视场角,获得不同景物范围的光学图像。

根据几何光学原理,对于两个距离为 d、焦距分别为 f_1 和 f_2 的透镜所组成的透镜组,其合成焦距 f 可由下式计算:

$$\frac{1}{f}=\frac{1}{f_1}+\frac{1}{f_2}-\frac{d}{f_1f_2} \tag{2-8}$$

由式(2-8)可见,改变两个透镜间的距离就可以改变合成焦距。图 2-8 示出了一个简单的例子。其中,凸透镜的焦距 $f_1=1$,凹透镜的焦距 $f_2=-1$,横坐标零点为成像面的位置,横坐标表示透镜到成像面的相对距离,纵坐标表示合成焦距 f。当成像面固定不变时,两个透镜与成像面的相对距离应按图 2-8 中所画曲线的规律改变。如果固定凸透镜位置,只靠移动凹透镜来改变合成焦距,则成像面位置将有移动。此时需要加入第 3 个可移动透镜,才能使成像面位置保持不变。电视摄像机中使用的变焦距镜头就是根据这个原理设计的。

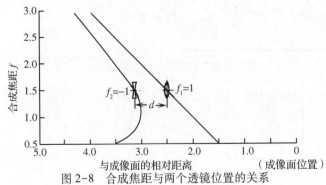

图 2-8　合成焦距与两个透镜位置的关系

变焦距镜头的结构原理如图2-9(a)所示。它是由多种光学透镜组,包括调焦组、变焦组、补偿组、移相组等组成的。每个透镜组又由多片不同曲率、不同材料的透镜组成,目的是校正镜头系统的像差和色差。

图2-9(b)为变焦距镜头光路示例。调整调焦组的位置可使有任意物距的物体S会聚成像在A点位置,移动变焦组位置来改变它与调焦组之间的距离,可实现镜头合成焦距的连续变化,使成像尺寸任意调整。与此同时,成像面位置也将移动。为了补偿成像面的位移,可使补偿组相对于调焦组作相应的位置改变,使物体S经过上述3个透镜组后,成像在固定的B点位置上。然后,通过移相组再将B点位置的像转换到摄像管靶面上。移相组的采用是为了将成像面后移一段距离,以便在镜头与靶面之间装置分色棱镜。

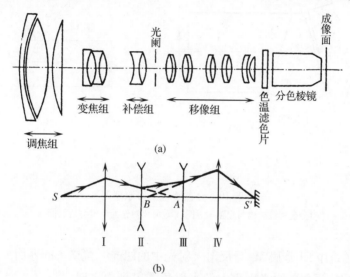

图2-9 变焦距镜头结构原理图与光路图

(a)结构原理图;(b)光路图。

(Ⅰ—调焦组;Ⅱ—变焦组;Ⅲ—补偿组;Ⅳ—移相组;S—物体;S'—像面)

变焦距镜头的最长焦距与最短焦距之比称为变焦比。在演播室内使用的摄像机,变焦比一般在10左右。室外转播时通常使用变焦比更大的镜头,以适应拍摄远景及大场景的需要。随着光学技术的发展,目前能做到的变焦比已超过200,而且大多数摄像机都已采用自动聚焦系统。

2. 分色棱镜

分色棱镜的作用是把镜头射来的光束分解为红、绿、蓝3个基色光束,使它们分别投射到红、绿、蓝摄像管的靶面上。图2-10(a)示出了一个由4块棱镜粘合而成的分色棱镜。在棱镜Ⅰ、Ⅱ的表面上分别镀有薄膜M_g和M_b。薄膜的厚度和折射率决定棱镜的分色性能,使它能反射某些波长的光而透射另一些波长的光。薄膜的分色原理是基于光的干涉现象,因此这种薄膜也称为干涉膜。图2-10(a)示出了薄膜的分光情况。光线从折射率为n_0的介质以入射角i射向薄膜的A点(薄膜的厚度为d,折射率为n_1),反射光为I_1。透射光到达B点又遇到第二界面(此处介质的折射率为n_2),同样产生折射和反射现象。而当反射光到达C点时再一次产生反射和折射,折射光I_2返回到折射率为n_0的原介质中成为间接反射光。

合理选择介质的折射率,可使两束反射光 I_1 和 I_2 的强度相等。两者的光程差 δ 为

$$\delta = 2d\sqrt{n_1^2 - n_0^2 \sin^2 i} \qquad (2-9)$$

当 δ 等于光波波长 λ 时,I_1 和 I_2 同相相加,合成反射光强度最大;而当 $\delta = \lambda/2$ 时,I_1 和 I_2 因相位相反而互相抵消,该波长的反射光不复存在。

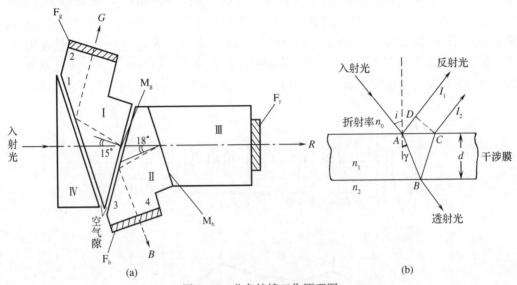

图 2-10　分色棱镜工作原理图

(a)分色棱镜结构与光路示意图;(b)薄膜对光的反射与透射情况。

在图 2-10(a)中,干涉膜 M_g 只反射入射光中的绿光。棱镜 I 的界面 1 与棱镜 IV 之间是空气隙,当由 M_g 反射的绿光以很大的入射角透射到面 1 时,将产生全反射,经面 2 射出,在绿摄像管靶面上成像。入射光中的蓝光被干涉膜 M_b 反射,到达面 3 后也产生全反射,成像在蓝摄像管靶面上。入射光中的红光则径直经棱镜 III 射出,成像在红摄像管靶面上。棱镜 III 的作用是使红、绿、蓝 3 路光程相等。

由式(2-9)可见,反射光 I_1 和 I_2 的光程差随光线的入射角而变,因而干涉膜的反射光谱特性与入射光的投射方向有关。这样,经分色棱镜的单色光所呈现的颜色会产生不均匀现象,导致在屏幕上出现色斑,这种现象称色渐变效应。在分色棱镜中加入了棱镜 IV,可使光线对干涉膜 M_g 和 M_b 的入射角较小,以减弱色渐变效应。另外,在 R、G、B 三条光路后面分别装有一片光修饰片(或称谱带校正滤色片)F_r、F_g 和 F_b。它们对不同波长光的吸收率不同,对通过不同部位的光的吸收率也不同。利用前一特性可以把不需要的光谱成分吸收掉,利用后一特性可以补偿色渐变效应,使总的分色特性得到改善。

3. 中性滤光片和色温滤光片

当摄像管在强光下工作时,应减小光圈。然而有时为达到一定艺术效果不允许减小光圈,这就需要在光路中加入减小光通量的衰减器,即中性滤光片。中性滤光片的透光率有 100%、25%、10%、1.5% 数种,其光谱响应特性应当平直。

为适应不同照明条件,正确地重现彩色,在变焦距镜头和分色棱镜之间加入数片色温滤光片。利用它们的光谱响应特性来补偿因光源色温不同所引起的光谱特性变化。例

如,假定设计分色棱镜时以 3200K 光源为基准,即该色温光源下的滤光片是无色透明的;当光源色温为 4800K 时,光谱中蓝光成分将增多,需要加入浅橘色的 4800K 色温滤光片来降低蓝光透光率,使色温恢复到 3200K。

2.3.3 CCD 摄像管

1. CCD 的工作原理

CCD 是一种金属-氧化物-半导体(Metal-Oxide-Semiconductor,MOS)集成电路器件。一个 MOS 电容器由一个 P 型半导体衬底、一个二氧化硅绝缘层,以及一个铝电极(栅极)所组成,如图 2-11(a)所示。MOS 电容器具有光-电转换功能。当在 MOS 电容器的栅极

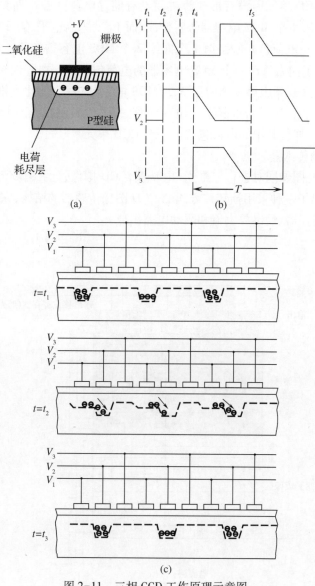

图 2-11 三相 CCD 工作原理示意图

(a)MOS 电容器;(b)三相驱动时钟;(c)电荷转移过程。

加上适当的正偏压时,P 型半导体中的多数载流子(空穴)被电场所排斥,形成一个电荷耗尽层,即一个可以储存电子的势阱。在光的照射下,P 型半导体会产生电子-空穴对,空穴被排斥,电子则储存在势阱中形成一个电子数目与光的能量成正比的电荷包。

MOS 电容器还具有电荷转移功能,图 2-11(c)示出了三相 CCD 的电荷转移过程。在三相 CCD 中,3 个 MOS 电容器组成一个 CCD 单元,对应光图像的一个像素。由若干 CCD 单元组成一个线阵,将如图 2-11(b)所示的三相驱动时钟 V_1、V_2、V_3 分别加在每个 CCD 单元的第 1、2、3 个 MOS 电容器上。

$t_1 \sim t_2$ 是各 CCD 单元进行光-电转换期间,此时 V_1 为高电平,而 V_2、V_3 为低电平,在每个 CCD 单元的第 1 个 MOS 电容器里,储存着因光照射产生的电荷包,其电量与光强成正比,其余两个 CCD 单元因没有形成势阱而没有储存电荷。自 t_2 时刻开始进行电荷转移,此时 V_1 下降,第 1 个 MOS 电容器势阱变浅,而 V_2 变为高电平,第 2 个 MOS 电容器形成较深的势阱,于是电荷包开始由第 1 个向第 2 个 MOS 电容器转移。至 t_3 时刻,$V_1 = 0$,各 CCD 单元完成了向右移动一个 MOS 电容器的电荷包转移。在 t_4 时刻,V_2 下降而 V_3 变为高电平,电荷包又开始由第 2 个向第 3 个 MOS 电容器转移,依此类推。经过一个驱动时钟周期 T 至时刻 t_5,又开始重复上述电荷转移过程。每经过一个时钟周期,CCD 线阵就像移位寄存器一样使其中的电荷包移动一个 CCD 单元。

2. CCD 图像传感器

为了对景物光图像同时进行二维光-电转换,CCD 摄像管的图像传感器采用 CCD 面阵。图 2-12 示出了一种采用帧转移方式的 CCD 图像传感器的结构,它由感光成像区、存储区、输出移位寄存器、输出放大器和驱动电路组成。

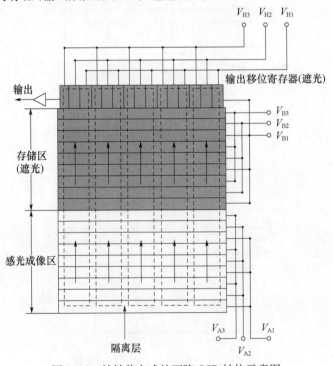

图 2-12 帧转移方式的面阵 CCD 结构示意图

感光成像区和存储区都由 N 列并行排列的 CCD 线阵组成,每个 CCD 线阵有 M 个 CCD 单元,因此都是 $M×N$ 的 CCD 面阵。在帧正程期间,感光成像区的 CCD 面阵将空间连续的光图像分解为 $M×N$ 个像素的离散光图像,并通过各个 CCD 单元的电荷积累,生成由一个个电荷包组成的、其电量与光照射的强度成正比的电图像,从而完成光-电转换。为防止电荷包横向扩散,在各列间设置了隔离层。

存储区起到缓冲存储器的作用,使得在帧正程期间图像传感器既能进行光-电转换,又能同时将转换后的电图像进行扫描输出。在帧逆程期间,感光成像区和存储区的 CCD 线阵时钟端口 $\{V_{A1},V_{A2},V_{A3}\}$ 和 $\{V_{B1},V_{B2},V_{B3}\}$ 被加上相同频率的三相驱动脉冲 $\{f_{Fr1},f_{Fr2},f_{Fr3}\}$,使感光成像区在帧正程生成的电荷包阵列快速地转移到存储区。在下一个帧正程,感光成像区进入下一帧图像的光-电转换和电荷积累,而存储区则完成对所转移进来的一帧电图像的扫描输出过程。由于存储区是遮光的,在整个扫描输出过程中不受外界光的影响。

存储区电图像的扫描输出是借助于顶部的输出移位寄存器实现的。在帧正程起始行的逆程期间,存储区的 CCD 线阵时钟端口 $\{V_{B1},V_{B2},V_{B3}\}$ 被加上三相驱动脉冲 $\{f_{Fr1},f_{Fr2},f_{Fr3}\}$,使存储区第 1 行各单元的电荷包并行移入输出移位寄存器。在随后的行正程期间,输出移位寄存器在三相驱动脉冲 $\{V_{H1},V_{H2},V_{H3}\}$ 的作用下,将这些电荷包从左至右顺序地移至输出放大器,转换为电压信号输出。在下一个行逆程,三相驱动脉冲 $\{f_{Fr1},f_{Fr2},f_{Fr3}\}$ 又使原来位于存储区第 2 行的电荷包移入输出移位寄存器,并在下一个行正程期间被扫描输出,依此类推,直至存储区的电荷包被全部扫描输出。当最后一行信号被输出后又进入了下一个帧逆程,此时感光成像区已完成下一帧图像的光-电转换,继续将该区的电图像转移至存储区。上述过程周而复始地进行,三维光图像便经过扫描转换成了一维电信号。

帧转移方式的 CCD 图像传感器很容易实现隔行扫描,其方法是使奇场和偶场分别在感光成像区的不同 MOS 电容器上积累信号电荷。

2.4 电视图像的基本参量

2.4.1 与扫描有关参数的确定

如前所述,在电视系统中,空间和时间上离散化的图像是通过扫描传送的。因此,合理地确定与扫描有关的参数对于获得高质量的重现图像具有重要意义。

1. 电视图像的几何形状

人眼具有很宽的视场范围,水平和垂直方向上的视角分别约为 160° 和 80°。要求显示器上的电视图像达到这样的视场范围是困难的,也没有必要。根据测量,在水平和垂直视角分别约为 20° 和 15° 的一个矩形范围内人的视觉最清楚。因此,传统上将电视显示器屏幕定为矩形,幅型比(即宽高比)为 4:3,记为 $K=4/3$。

随着现代电视技术向着高清晰度电视和大屏幕平板显示的发展,为使观众获得更强的临场感和真实感,大屏幕显示器的幅型比为 16:9,在 3 倍于屏幕高度的距离观看时,水平和垂直视角分别达到 30° 和 17°。

矩形屏幕的大小可以用宽×高表示,如 120cm×90cm 等;也可以用以英寸(吋)为单位的对角线尺寸来表示,如 21 英寸(54cm)、29 英寸(74cm)等。

如果收发两端电视图像的幅型比不同,那么重现图像不是被压扁就是被拉长,从而产生几何失真。

2. 电视系统的标称分解力

图像清晰度是主观感觉到的图像细节呈现的清晰程度,它与电视系统传送图像细节的能力,即电视系统的分解力有关。设空间离散化的图像由方像素组成,在一定的幅型比下,电视图像的扫描行数越多,每一行相应的像素数就越多,景物细节就呈现得越清楚,图像清晰度就越高。因此,通常用扫描行数(以线为单位)来表征电视系统的分解力,称为标称分解力。标称分解力包括垂直分解力和水平分解力。

垂直分解力是电视系统沿图像垂直方向所能分解的像素数(或黑白相间的条纹数),它受每帧扫描行数 Z 的限制。考虑到在帧逆程期间被消隐的行不分解图像,有效扫描行数为 $Z(1-\beta)$,其中 β 为帧逆程系数。然而并非每一个有效扫描行都能代表垂直分解力,还需要考虑被摄景物相对于摄像感光单元的垂直位置存在着各种随机关系。现以图 2-13 为例加以说明。

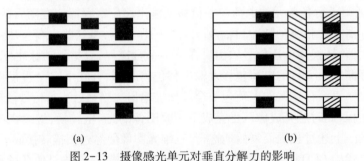

图 2-13 摄像感光单元对垂直分解力的影响

(a)摄像管对具有不同相对位置的黑白条纹扫描摄像;(b)接收端的重现图像。

在图 2-13(a)中被摄景物为黑白条纹图案。若黑白条纹的宽度与摄像感光单元的高度相等,并恰好落在由摄像感光单元组成的扫描线上,如图 2-13(a)左列所示,则摄像得到逐行黑白相间的图像信号,使接收端得以正确地重现图像,如图 2-13(b)左列所示。在这种最佳的情况下,垂直分解力等于有效扫描行数。图 2-13(a)中间一列示出的是最坏的情况,此时黑白条纹各有一半落在扫描线上,摄像得到的每行图像信号均相同,都是黑条和白条的平均值,在接收端重现的是一条灰色带子,如图 2-13(b)中列所示。在这种情况下,电视系统完全失去了垂直分解力。若使黑白条纹的频率降低一半,则在任何情况下都能重现黑白条纹,如图 2-13(b)右列所示,但这时的垂直分解力只有有效扫描行数的 1/2。以上分析的是几种极端情况,实际上,被摄景物与摄像感光单元的相对位置是随机的,垂直分解力应该介于有效扫描行数和 1/2 有效扫描行数之间,平均垂直分解力可表示为

$$M = K_e(1-\beta)Z \tag{2-10}$$

式中: K_e 为凯尔(Kell)系数。国际无线电咨询委员会(International Radio Consultative Committee,CCIR)建议取 $K_e = 0.67$,我国电视标准建议取 $K_e = 0.76$。

对于隔行扫描方式,当隔行效应不可忽略时,还需要考虑由此引起的垂直分解力的下

降。这时的视在垂直分解力相当于逐行扫描时的分解力乘上一个隔行因子 K_i，即

$$M = K_i K_e (1-\beta) Z \tag{1-11}$$

K_i 的取值范围为 $0.6\sim0.7$。

水平分解力是电视系统沿图像水平方向所能分解的像素数(或黑白相间的条纹数)。实验证明,当水平分解力与垂直分解力相当时图像质量最佳。设幅型比为 K，则由式(2-10)和式(2-11),水平分解力为

$$N = KM = \begin{cases} KK_e(1-\beta)Z, & \text{逐行扫描} \\ KK_iK_e(1-\beta)Z, & \text{隔行扫描} \end{cases} \tag{2-12}$$

3. 每帧扫描行数的确定

由以上分析可知,每帧扫描行数越多,电视系统的分解力即传送图像细节的能力就越强。然而,正如 2.4.2 节将要说明的,电视信号的带宽也要与扫描行数 Z 的平方成正比地增加,由此导致电视设备复杂化和在一定的频率资源下电视频道数目的减少。因此应该以适应人眼的空间分辨力为原则,合理地确定扫描行数。

首先讨论在模拟电视和标准清晰度电视(Standard Definition Television,SDTV)中扫描行数的确定。设在图像屏幕垂直方向上人眼能分辨的最多黑、白条纹数即垂直分解力为 M，图像高度为 h，观看距离为 D，则式(1-15)中的分辨角可表示为

$$\theta = 3438h/(MD) \tag{2-13}$$

取 $D/h = 6$，$\theta = 1.5'$，由式(2-13)有

$$M = 3438h/(D\theta) = 382$$

若按逐行扫描考虑,则由式(1-76),并取 $K_e(1-\beta) = 0.7$，得到每帧扫描行数为

$$Z = M/0.7 = 545$$

以上计算结果只是参考数据。在现有的模拟电视和 SDTV 中,每帧扫描行数随制式的不同可能有所差异,例如我国模拟电视标准规定 $Z = 625$。

对于具有临场感的 HDTV,屏幕尺寸和幅型比加大了,相对观看距离减小了,这时要满足人眼的极限分辨力就必须增加扫描行数,并且要考虑隔行效应。下面按 1.2.4 节介绍的视觉空间频率响应来讨论 HDTV 扫描行数的确定。若眼睛能分辨的屏幕上的黑、白条纹数按上限空间频率 ν_0(14 周/度)来考虑,则垂直分解力为

$$M = 2\nu_0\theta_V \tag{2-14}$$

式中: θ_V 为在垂直方向上人眼对电视屏幕的视角。参见图 1-11,有

$$\theta_V = 2\arctan(h/2D) \tag{2-15}$$

取 $D/h = 3$，则由式(2-15)得 $\theta_V = 18.92°$。取 $K_i = 0.7$，$K_e = 0.67$，$(1-\beta) = 0.92$，由式(2-11)和式(2-14),得每帧扫描行数为

$$Z = M/[K_iK_e(1-\beta)] = (2\nu_0\theta_V)/[K_iK_e(1-\beta)] \approx 1228$$

以上计算结果也只是参考数据。现有 HDTV 系统所规定的帧扫描行数一般均在 1000 以上。

4. 场频的确定

在确定隔行扫描的场频(或逐行扫描的帧频)时,应考虑运动图像具有连续感,不出现光栅闪烁,以及尽量节约信号带宽等方面。

较低的场频可以使电视图像信号的带宽较窄,但考虑到运动图像的连续感,场频又不

能任意降低。设一个沿水平方向做匀速直线运动的物体在屏幕上存在的时间为5s,历经640个像素,则场频应在32Hz以上,这时物体在一场内仅移动小于4个像素的距离,借助于视觉惰性,可以产生连续运动的感觉。

视觉的临界闪烁频率与许多因素有关,如屏幕亮度、图像内容的变化、观看条件、显示器余辉时间等。在一般情况下,为使光栅不引起闪烁感觉,场频应大于48Hz。例如,我国模拟电视标准规定场频 $f_V = 50\text{Hz}$。

在 HDTV 和采用大屏幕显示器件的情况下,屏幕亮度提高,尺寸加大,相对观看距离缩短,50Hz 的场频已感觉偏低,在大面积闪烁方面性能较差,隔行扫描的行间闪烁也比较明显。解决的办法一般是在接收端通过数字视频处理使场频加倍,例如,从 50Hz 变到100Hz,或者将隔行扫描信号变成逐行扫描信号,这样可以在不增加传输带宽的前提下,提高图像显示质量。

2.4.2 视频图像信号的频谱

1. 孔阑效应

由于 CCD 图像传感器的感光单元具有一定的面积,每帧光图像又具有一定的电荷积累周期,因此在对被摄景物的光图像进行时空离散化、光-电转换和扫描输出时,会引起图像水平方向、垂直方向和时间轴方向高频分量的衰减,称为孔阑效应。现以亮度信号的水平孔阑效应为例加以说明。为简化起见,设在一个扫描行内的垂直方向上图像无变化,这样在一个扫描行内图像的亮度信号可以用水平方向的一维函数 $g(x)$ 表示,x 为水平空间坐标。令 $G(f)$ 表示 $g(x)$ 的频谱,τ 表示 CCD 感光单元在水平方向的长度以及相邻感光单元的水平距离,并令

$$p(x) = \begin{cases} 1/\tau, & -\tau/2 \leqslant x \leqslant \tau/2 \\ 0, & \text{其他} \end{cases} \tag{2-16}$$

$p(x)$ 的傅里叶(Fourier)变换为

$$P(f) = \frac{\sin(\pi\tau f)}{\pi\tau f} \tag{2-17}$$

CCD 图像传感器输出的电荷包相当于脉冲调幅信号,在空间域,它可以看作 $g(x)$ 与 $p(x)$进行卷积后再进行采样、保持形成的。用 $e(x)$ 表示 $g(x)$ 与 $p(x)$ 的卷积,即

$$e(x) = p(x) * g(x) \tag{2-18}$$

根据卷积定理,$e(x)$ 的频谱 $E(f)$ 可表示为

$$E(f) = P(f)G(f) = \frac{\sin(\pi\tau f)}{\pi\tau f}G(f) \tag{2-19}$$

与 $G(f)$ 相比,$E(f)$ 的高频受到衰减,衰减函数为 $\sin(\pi\tau f)/(\pi\tau f)$。特别地,当 $f = k/\tau$ 时,$E(f) = 0$,$e(x)$ 的最高空间频率近似为 $1/\tau$。为了减少对 $e(x)$ 采样时的频谱混叠,G 路的CCD 感光单元与 R 路和 B 路在水平方向上相互错开半个单元的距离,并用适当的运算产生亮度信号,这称为空间像素偏置技术。采用这种技术后,对 $e(x)$ 的采样周期可近似看作 $\tau/2$,基本满足采样定理。经采样、保持的空间脉冲调幅信号在 CCD 图像传感器的输出放大器中被低通滤波并被转换为时间信号 $e(t)$。$e(t)$ 对应着空间域信号 $e(x)$,是因孔阑效应而导致水平方向高频衰减的亮度信号。

与水平孔阑效应类似,CCD 感光单元在垂直方向具有一定的高度会引起图像亮度在垂直方向的高频衰减,产生垂直孔阑效应;在时间轴方向具有一定的电荷积累周期会引起运动图像的亮度在时间轴方向的高频衰减,产生时间轴孔阑效应。在电视系统中为了更好地重现图像细节,需要设计适当的高频补偿电路以对孔阑效应加以校正。

2. 视频图像信号的频带宽度

首先讨论亮度信号的频带宽度。电视图像具有一定的背景亮度,反映到亮度信号上就是其直流分量,因此通常取亮度信号的频带下限为零频。这样,只要知道了亮度信号的最高频率,也就确定了其频带宽度。

由第 2.4.1 节可知,水平分解力 N 是电视系统在水平方向所能分解的像素数。设行正程对应的屏幕宽度为 L,则一个可分解像素的宽度为 $l_d = L/N$。能够正常显示的亮度信号的最高频率对应于以 $2l_d$ 为周期的黑白相间的条纹图像。这种条纹图像的空间频率包括基频 $1/(2l_d)$ 及其高次谐波,但由于孔阑效应,高次谐波被衰减而可以忽略,经扫描输出得到的亮度信号近似于正弦波。该正弦波的时间周期 T_d 对应于空间周期 $2l_d$,考虑到行正程扫描时间为 T_{Ht},二者的关系为

$$T_d = 2l_d T_{Ht}/L = 2T_{Ht}/N \qquad (2\text{-}20)$$

按照第 2.1.2 节所述的扫描参数,亮度信号的最高频率可以表示为

$$f_{max} = \frac{1}{T_d} = \frac{N}{2T_{Ht}} = \frac{N}{2(1-\alpha)T_H} = \frac{Nf_H}{2(1-\alpha)} = \frac{Nf_F Z}{2(1-\alpha)} \qquad (2\text{-}21)$$

将式(2-12)代入式(2-21),并考虑到在隔行扫描方式中 $f_F = f_V/2$,得到

$$f_{max} = \begin{cases} \dfrac{1}{2} KK_e \dfrac{1-\beta}{1-\alpha} f_F Z^2, & \text{逐行扫描} \\[3mm] \dfrac{1}{4} KK_i K_e \dfrac{1-\beta}{1-\alpha} f_V Z^2, & \text{隔行扫描} \end{cases} \qquad (2\text{-}22)$$

根据我国模拟电视标准,$K = 4/3$,$f_F = 25Hz$,$Z = 625$,取 $K_e(1-\beta) = 0.7$,$1-\alpha = 0.82$,按式(2-22)中的逐行扫描计算,得到亮度信号带宽:

$$\Delta f_0 = f_{max} \approx 5.5MHz$$

我国模拟电视标准规定视频传输的通频带为 6MHz。

对于 HDTV 系统,参考第 2.4.1 节中计算的扫描行数,取 $Z = 1228$,$K = 16/9$,$f_V = 60Hz$,$K_i = 0.7$,$K_e = 0.67$,$1-\beta = 0.92$,$1-\alpha = 0.82$,按式(2-22)中的隔行扫描计算,得到亮度信号带宽:

$$\Delta f_0 = f_{max} \approx 21.1MHz$$

一般 HDTV 系统的亮度信号带宽均不低于 20MHz。

根据高频混合原理,色差信号的频带宽度比亮度信号的要窄,一般大约取为亮度信号频带宽度的 1/2 或 1/4。例如,在 PAL 制模拟电视中两个色差信号的频带宽度均取为 1.3MHz。

3. 视频图像信号的频谱结构

模拟电视的亮度信号和色差信号具有类似的频谱结构,只是色差信号的带宽较窄。由于对视频图像采用了基于行频、场频的周期性扫描,使亮度信号和色差信号具有了周期性特点。下面针对隔行扫描的亮度信号,分几种情况讨论其频谱结构。

（1）图像内容在垂直方向无变化的静止图像，例如，由各种不同亮度、不同宽窄的竖条组成的图像。对这种图像进行扫描所形成的亮度信号是以行频重复的周期信号，可以表示为如下的傅里叶级数：

$$e(t) = \sum_{n=-\infty}^{\infty} a_n e^{j2\pi n f_H t} \tag{2-23}$$

其频谱 $E(f)$ 是以行频 f_H 及其谐波 $n f_H$ 组成的离散谱，图 2-14 是其振幅谱 $|E(f)|$ 的示意图。

我国模拟电视标准规定亮度信号为 6MHz 带宽，因此在图 2-14 中最高谐波次数 $n_{max}=384$。从统计上而言，信号的主要能量集中在低频，同时在图像摄取过程中存在水平孔阑效应。由于这两方面原因，图中所画的离散谱线的幅度是随着频率的增加而逐渐衰减的。这些以行频为间隔的离散谱线称为主谱线。

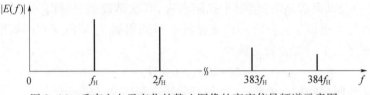

图 2-14　垂直方向无变化的静止图像的亮度信号频谱示意图

（2）图像内容在水平和垂直方向都有变化的静止图像，例如，由各种不同亮度、不同宽窄、不同角度的倾斜条纹组成的图像。对这种图像进行扫描所形成的亮度信号可表示为二维傅里叶级数：

$$e(t) = \sum_{n=-\infty}^{\infty} \sum_{m=-\infty}^{\infty} a_{n,m} e^{j2\pi(n f_H + m f_F)t} \tag{2-24}$$

其频谱 $E(f)$ 是以 $(n f_H \pm m f_F)$ 组成的离散谱，图 2-15 是其振幅谱 $|E(f)|$ 的示意图。在图 2-15 中，每一条以行频为间隔的主谱线两侧出现了以帧频为间隔的副谱线。由于一帧中两场图像在垂直方向的相关性较强，因此在副谱线中，场频及其谐波（偶数倍帧频）的谱线幅度较大，而奇数倍帧频的谱线幅度相对较小。通常图像内容在垂直方向上变化比较缓慢，副谱线的数目一般不超过几十对。另外，在垂直方向上信号的高频分量相对较弱，同时在图像摄取过程中存在垂直孔阑效应，因此调制在每一条主谱线两侧的各副谱线的幅度随着与主谱线距离的增加而逐渐衰减。对于一般的静止图像，其亮度信号的频谱结构都具有如图 2-15 所示的以行频为间隔的一簇簇谱线群的形式，各谱线群之间存在较大的空隙。

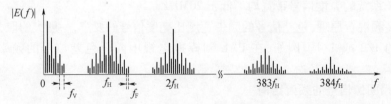

图 2-15　水平和垂直方向都有变化的静止图像的亮度信号频谱示意图

（3）图像内容在水平和垂直方向都有变化且存在时间轴方向运动的图像，即一般的

电视图像。对这种图像进行扫描所形成的亮度信号与静止图像的情况相比,失去了在时间轴方向以场频或帧频重复的周期性,离散的副谱线将变成以场频或帧频为间隔的一簇簇连续频谱,图 2-16 是其振幅谱 $|E(f)|$ 的示意图。

在一般的运动图像中物体的运动速度较慢,相邻的帧之间图像内容变化不大,对应于快速运动的时间轴高频分量相对较弱,同时在图像摄取过程中存在时间轴孔阑效应。由于这些原因,图 2-16 中阴影所示的一簇簇连续频谱是以各副谱线为中心向两侧衰减的,在相邻的连续谱群之间仍存在一定的空隙。相邻的场或帧之间图像内容变化越大,这些空隙将变得越小。

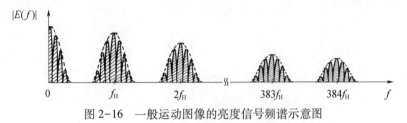

图 2-16 一般运动图像的亮度信号频谱示意图

通常将以上分析简单地表述为,电视图像的亮度信号(或色差信号)的频谱由以行频及其各次谐波为中心的谱线群组成,在各个谱线群之间存在着较大的频谱空隙。模拟电视图像的这种频谱特点为实现色度信号与亮度信号的共用频带传输提供了理论依据。

2.5 电视信号显示原理

2.5.1 CRT 电视机显示原理

1. 自会聚彩色显像管

电视显示器是接收端进行电-光转换,并通过扫描将所接收的一维电信号重新转换为三维光图像的设备。随着电子技术的进步,出现了一些新型显示器,如液晶显示器、等离子体显示屏等,这些将在以后的章节中加以介绍。本节结合传统的彩色显像管(也称阴极射线管,Cathode Ray Tube,CRT)说明在显示器中实现的一种扫描过程。

彩色显像管是一种电真空器件,图 2-17 示出了自会聚彩色显像管的基本结构,它主要由电子枪、荧光屏、偏转线圈、荫罩、色纯磁铁和静汇聚磁铁等组成。R_c、G_c、B_c 是电子枪在水平方向上按一字形排列的 3 个阴极,由它们发射 3 条电子束;G_1 是电子枪的栅极,在栅极和 3 个阴极间分别施加来自信道的 3 路基色电压 E_R、E_G、E_B,用以控制 3 条电子束的能量;G_2、G_3 和 G_4 分别为电子枪的帘栅极(工作电压 0 至数百伏)、聚焦极(工作电压 0 至数千伏)和阳极(工作电压 20~30kV),在这些高、中电压的吸引下,3 条电子束分别高速轰击荧光屏上相应的红、绿、蓝三基色荧光粉,使其激发出与 E_R、E_G、E_B 成比例的三基色光。彩色显像管采用空间混色法进行三基色合成,图 2-18(b)示出了由 R、G、B 三基色荧光粉 3 条一组形成的条状荧光粉屏结构,这些荧光粉条在屏幕上密集而规则地排列,每一组荧光粉条对应图像的一个像素。由于一组中的 3 个荧光粉条距离足够近,可以靠人眼有限的细节分辨力将其合成一个彩色像素,从而实现了电-光转换。为了正确地进行空间混色,需要确保受 3 个基色电压控制的 3 束电子准确地轰击相应的荧光粉条,而不会误射到其他的荧光粉条上,这是由荫罩技术实现的。所谓荫罩是装置在电子枪与屏幕之间的一块布满数十万个小孔的薄钢板,图 2-18(a)示出了这些小孔的开槽结构,图 2-18(c)则示出了汇聚于荫罩孔的 3 条电子束被准确地投射到各自对应的荧光粉条上。色纯磁铁是一对两极磁铁,用来调节 3 条电子束中心在屏幕上的位置。静汇聚磁铁是为了实现 3 条电子束的静态(即未扫描状态)汇聚而设置的。它由两组磁铁组成,其中一组为一对四极磁铁,用来调节 R、B 两边束的汇聚;另一组为一对六极磁铁,用来进一步调节两边束与中束 G 的汇聚。

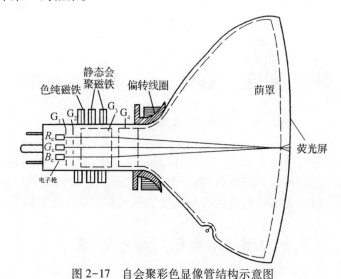

图 2-17　自会聚彩色显像管结构示意图

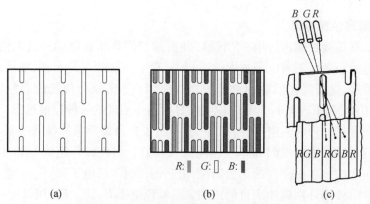

图 2-18　自会聚彩色显像管的电-光转换示意图
(a)开槽荫罩;(b)条状荧光粉屏;(c)电子束轰击荧光粉条。

　　在静态条件下,R、G、B 3 条电子束只能汇聚于屏幕中心的一点,重现来自发端的图像是利用电子束在偏转线圈的交变磁场中产生的扫描运动来实现的。偏转线圈包括行偏转线圈和帧偏转线圈。当在这两个线圈中分别流过行、帧锯齿波扫描电流时,就会产生垂直方向和水平方向的交变磁场,从阴极发射出的电子束在这两个磁场的作用下就会分别产生水平和垂直方向的偏转,自左至右、自上而下地按照与摄像管相同的扫描规律依次使屏幕上不同位置的荧光粉发光,形成一个矩形的扫描光栅。虽然这个扫描光栅是由在不同时间发光的一个个像素组成的,但是只要光栅的重复频率大于人眼的临界闪烁频率,仍能给人以连续图像的感觉。下面进一步说明显像管中的扫描过程。

2. 显像管中的逐行扫描

图 2-19 和图 2-20 分别示出了逐行扫描的电流波形和光栅示意图。当将图 2-19(a)所示的行扫描锯齿波电流输入行偏转线圈时,电子束将进行水平方向的扫描。$t_1 \sim t_2$ 为行正程,其前半段的行扫描电流为绝对值逐渐减小的负值,电子束受到逐渐减小的向左的作用力,从屏幕左端逐渐移到中间。而在其后半段,行扫描电流为逐渐增加的正值,电子束受到逐渐增加的向右的作用力,从屏幕中间逐渐移到右端,从而完成一个行正程的扫描。$t_2 \sim t_3$ 为行逆程,其前半段和后半段的扫描电流分别为迅速减小的正值和绝对值迅速增加的负值,使电子束从屏幕右端迅速返回到左端,完成一个行逆程回扫。在每一个行扫描周期都重复上述扫描过程。当只有行扫描时,将在屏幕中间出现一条水平亮线,如图 2-20(a)所示。

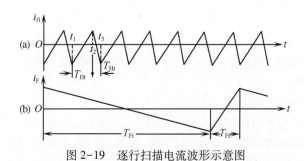

图 2-19 逐行扫描电流波形示意图

(a)行扫描锯齿波电流;(b)帧扫描锯齿波电流。

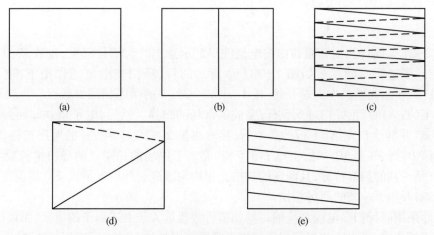

图 2-20 逐行扫描光栅示意图

(a)只有行扫描时,屏幕上只有一条水平亮线;(b)只有帧扫描时,屏幕上只有一条垂直亮线;
(c)帧正程的正常扫描轨迹;(d)帧逆程的正常扫描轨迹;(e)消除逆程后的正常扫描光栅。

当将图 2-19(b) 所示的帧扫描锯齿波电流输入帧偏转线圈时,电子束将进行垂直方向的扫描。在由 T_{F} 标识的帧扫描正程,其前半段的帧扫描电流为逐渐减小的正值,电子束受到逐渐减小的向上的作用力,从屏幕上端逐渐移到中间。而在其后半段,帧扫描电流为绝对值逐渐增加的负值,电子束受到逐渐增加的向下作用力,从屏幕中间逐渐移到下端,从而完成一个帧正程的扫描。在由 T_{F} 标识的帧扫描逆程,其前半段和后半段的扫描电流分别为绝对值迅速减小的负值和迅速增加的正值,使电子束从屏幕下端迅速返回到上端,完成一个帧逆程回扫。在每一个帧扫描周期都重复上述扫描过程。当只有帧扫描时,将在屏幕中间出现一条垂直亮线,如图 2-20(b) 所示。

若同时将行、帧扫描电流分别输入行、帧偏转线圈,电子束将在水平和垂直偏转力的共同作用下进行扫描,形成一个矩形的扫描光栅。图 2-20(c) 和 (d) 分别示出了帧正程和帧逆程期间的扫描轨迹,其中实线和虚线又分别对应行正程和行逆程期间的扫描轨迹。因为发送端在行、帧逆程期间不传送图像信号,所以显像管在行、帧逆程的扫描对重现图像无贡献,保留其回扫轨迹只会对重现图像造成干扰。因此在行、帧逆程期间,显像管的栅极要加入一个消隐脉冲使电子束截止,从而将逆程轨迹消隐掉。图 2-20(e) 示出了将逆程轨迹消隐后的扫描光栅,由一行行略向下倾斜的扫描线组成。扫描线的倾斜是由于在进行自左至右行扫描的同时还进行自上而下帧扫描的缘故。需要指出,在图 2-20 的示意图中,为简化起见行频仅为帧频的 7 倍,因此产生了可觉察的扫描线倾斜。在实际的电视系统中,行频与帧频的比值要比它高两个数量级,行扫描速度远大于帧扫描速度,扫描线近似为水平直线。

3. 显像管中的隔行扫描

在彩色显像管中实现隔行扫描有两个基本要求:其一,各帧的扫描光栅应该重叠,因此每帧的扫描行数必须为整数。其二,相邻奇、偶两场扫描光栅应该均匀镶嵌,以获得最高清晰度;同时保持奇场和偶场的场扫描电流相同,以便于实现。因此,每场的扫描行数必须为整数加 1/2。这样,每帧的扫描行数就必须为奇数,即 $Z = 2n+1$,其中 n 为整数。而行频与场频关系为

$$\frac{f_{H}}{f_{V}} = \frac{Z}{2} = n + \frac{1}{2}$$

图 2-21 是隔行扫描光栅和扫描电流波形的示意图。为简化起见,仅取 $Z = 11$,而且忽略了行、场逆程时间。在如图 1-38(b) 所示的行、场扫描电流的作用下,电子束从图 2-21(a) 所示光栅的左上端开始,按 1→1′,3→3′,⋯的顺序扫描奇数行。当扫到第 11 行的一半(点 a)时,正好扫过 5.5 行,完成了奇场的扫描。然后,电子束立即回到光栅上端的 a' 点,并继续扫完第 11 行的后半行,接着再按 2→2′,4→4′,⋯的顺序扫描偶数行。当扫到第 10 行末(点 10′)时,也扫了 5.5 行,完成了偶场的扫描。两场扫描行数共为 11 行,恰好是一帧的扫描行数,且两场的扫描光栅均匀镶嵌。此后电子束又立即返回到光栅的左上端,开始下一帧的两场扫描。

实际采用隔行扫描电视系统的每场扫描行数要远大于上述例子的情况,而且行、场逆程时间不能忽略。另外,与逐行扫描一样也需要消隐掉逆程的电子束回扫轨迹。

2.5.2　平板电视机显示原理

随着高清晰度电视和数字电视的发展,平板显示器(Flat Panel Display,FPD)已发展

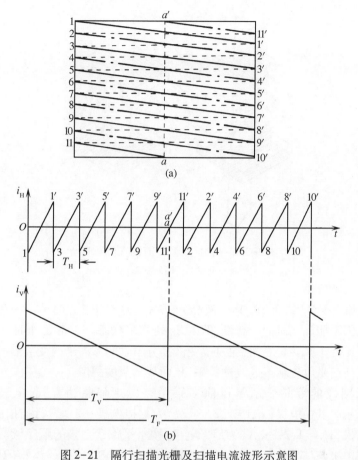

图 2-21　隔行扫描光栅及扫描电流波形示意图

（a）忽略了行、场扫描逆程时间的隔行扫描光栅；（b）忽略了逆程时间的行、场扫描电流波形。

成电视显示技术的主流。通常将显示器深度小于其对角线尺寸 1/4 的显示装置称为平板显示器。与 CRT 显示器相比,平板显示器具有体积小、重量轻、低功耗和无 X 射线辐射等优点。平板显示器种类繁多,本节主要介绍其中技术成熟、应用广泛的液晶显示器(Liquid Crystal Display,LCD)和等离子体显示屏(Plasma Display Panel,PDP)。

1. LCD 显示原理

液晶(Liquid Crystal,LC)是液态晶体的简称,它既有各向异性的晶体双折射性,又有液体的流动性。LCD 是基于液晶电光效应的一种显示器件。LCD 本身不发光,采用透射式显示方式,即通过图像信号调制所透射的外界光强度来实现灰度显示,外界光源通常是安装在其背面的荧光灯。图 2-22 示出了一种扭曲向列型(Twisted Nematic,TN)LCD 的工作原理。

TNLCD 在一对偏振方向相互垂直、平行放置的偏光板间填充液晶,液晶分子在偏光板间排列成多层,与偏光板的偏振方向一致的偏振光垂直射向 TNLCD,如图 2-22 所示。当施加在两偏光板间的电压小于阈值电压 V_{th}(约为 1~3V,典型值 1.8V)时,液晶分子的长轴均平行于偏光板,最上层和最下层液晶分子的长轴取向与所邻接的偏光板的偏振方向一致,而从最上层至最下层液晶分子的长轴取向连续扭转 90°,如图 2-22(a)所示。此时入射的偏振光随液晶分子轴的扭曲而旋转射出,TNLCD 处于亮状态。当施加在两偏光板间

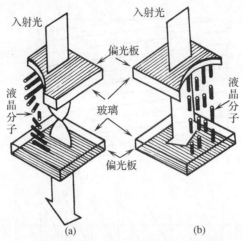

图 2-22　扭曲向列型 LCD 的工作原理

(a)亮状态;(b)暗状态。

的电压大于饱和电压 V_s(约为 $2V_{th}$)时,液晶分子轴变为与电场方向平行,如图 2-22(b)所示。此时液晶因不能旋光而把光遮断,TNLCD 处于暗状态。正常工作时,施加在两偏光板上的信号电压处于 $V_{th} \sim V_s$ 之间,通过改变液晶分子轴的方向来改变液晶的旋光能力,使透射光的强度与信号电压基本成线性关系,从而显示灰度图像。

　　用于显示图像的液晶显示器目前多采用有源矩阵驱动方式,电极排列形式如图 2-23(a)所示。其中电极 $\{x_i, i=1,2,\cdots,M\}$ 为扫描电极,按垂直行扫描的顺序依次加扫描电压。电极 $\{y_j, j=1,2,\cdots,N\}$ 为信号电极,按水平像素扫描的顺序依次加信号电压。在每一个扫描电极与信号电极的交叉处,放置一个由透明的薄膜晶体管(Thin Film Transistor,TFT)开关和液晶像素串联组成的显示单元(液晶阀),如图 2-23(b)所示。每一个液晶阀对应电视图像的一个像素。图中,x_i 为第 i 个扫描电极,y_j 为第 j 个信号电极,BK 为背电极,VT_{ij} 为 TFT,C_{ij} 为液晶像素电容,用来维持该像素的信号电压,R_{ij} 为液晶像素的等效电阻。若不用 TFT 而直接把液晶像素放置在 $\{x_i\}$ 和 $\{y_j\}$ 电极的交叉处,则各个液晶像素的等效 RC 并联电路通过矩阵电极的连接,将形成一个立体电路。当矩阵扫描寻址到某一液晶像素时,邻近的一些非寻址液晶像素会受到干扰,产生不希望有的交叉电

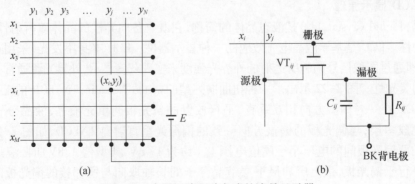

图 2-23　有源矩阵驱动方式的液晶显示器

(a)矩阵驱动电极排列;(b)TFT 有源矩阵驱动的一个 LCD 显示单元。

光效应,导致图像对比度下降。采用 TFT 有源矩阵驱动时,其导通、截止接近理想开关,各个液晶像素的寻址完全独立,可避免交叉串扰,改善显示图像的对比度和清晰度。

采用微彩色膜方式可实现 LCD 的全彩色显示,它主要包括微彩色膜显示器件和背光源两部分,如图 2-24 所示。微彩色膜显示器件将一个图像像素分割为 3 个子像素,并在对应位置的器件内表面设置 R、G、B 3 个微型滤色膜,分别只允许红光、绿光和蓝光通过,通过相加混色得到各种不同颜色的像素。背光源通常使用冷阴极荧光灯,其亮度高、色温合适、温度不高,可以与微彩色膜匹配。

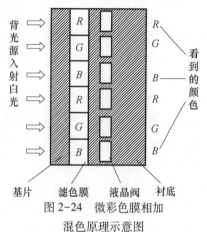

图 2-24　微彩色膜相加
混色原理示意图

液晶显示有如下优点:低压微功耗;平板型结构,使用方便,便于大规模生产;被动显示型,更适合人的视觉习惯;无荫罩的限制,显示信息量大;易于彩色化;无电磁辐射,对人体安全和信息保密都是理想的;几乎无器件劣化问题,寿命长。

2. PDP 显示原理

与 LCD 不同,彩色 PDP 是主动发光器件,通过在不同电极之间施加一定的电压,使气体产生辉光放电,发射紫外线照射红、绿、蓝三基色荧光粉,来实现彩色显示。下面以广泛使用的表面放电式 ACPDP(交流型 PDP)为例,介绍其工作原理。

如图 2-25 所示,在表面放电式 ACPDP 的前基板上(图中上部)用透明导电层制作一组平行的由 X 电极和 Y 电极组成的维持电极。为降低透明电极的电阻,再制作一层金属的汇流电极,并在电极上覆盖透明介质层和 MgO 保护层。放电发生在维持电极所在的前基板表面,荧光粉则在后基板的表面。在后基板上(图 2-25 中下部)先制作一组平行的选址电极(也称 A 电极),其上覆盖一层由白色介质构成的反射层。在反射层上再制作一组与选址电极相平行的条状障壁,其高度约 $100\mu m$,宽度约 $50\mu m$,既作为两基板之间的隔子,又用来防止光串和电串。在障壁的两边和反射层上分别依次覆盖 R、G、B 三基色荧光粉。四周用低熔点玻璃封接,抽真空后充入 Ne-Xe 等混合气体即构成显示器件。

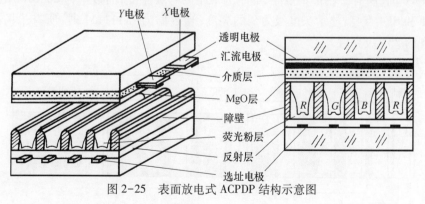

图 2-25　表面放电式 ACPDP 结构示意图

表面放电型 ACPDP 两基板上的两组电极正交相对放置,每一对维持电极与一条选址电极的交叉区域就是一个放电单元(显示单元),每 3 个连续排列的 R、G、B 三基色显示单元构成一个显示像素。下面介绍一种点亮和熄灭显示单元的方法。

首先在被选址的显示单元的 X、Y 电极之间施加维持脉冲序列 V_s,其电压幅值小于点火电压 V_f,因此该显示单元处于熄灭状态。若在维持脉冲序列的间歇期,在 A、Y 电极间施加一个幅值为 $V_{wr}>V_f$ 的书写脉冲,则该单元发生气体放电,放电产生的正离子在电场作用下移向 Y 电极,与此同时电子在电介质表面形成壁电荷 Q_w。Q_w 在 A、Y 电极之间产生与 V_{wr} 方向相反的壁电压 V_{w1}。V_{w1} 随着气体放电的进行逐渐增高,当 $V_{wr}+V_{w1}<V_f$ 时,A、Y 电极之间停止放电。但此时壁电荷 Q_w 的存在也在 X、Y 电极之间产生壁电压 V_{w2},它与维持脉冲 V_s 方向相同。若 V_s 选择适当,满足 $V_s+V_{w2}>V_f$,则伴随维持脉冲的连续出现,在 X、Y 电极之间发生连续放电,维持该单元处于点亮状态。要使一个显示单元由点亮状态返回到熄灭状态,只需擦除该单元中的壁电荷。可在维持脉冲序列的间歇期在 A、Y 电极之间施加一个与书写脉冲 V_{wr} 极性相反的擦除脉冲 V_e,在两电极间产生一次微弱放电,将壁电荷 Q_w 中和,使 V_{w2} 变得很小。尽管此时在 X、Y 电极间仍存在维持脉冲,但由于 $V_s+V_{w2}<V_f$,使该单元停止放电而熄灭。

表面放电型 ACPDP 显示单元的每次放电都在瞬间完成,因此不能用调制脉冲宽度或控制放电强度,而是用调节维持脉冲个数来实现多灰度级显示的。一种常用的驱动方法是寻址与显示期相分离的子场方法(Address Display period-separated Subfield method,ADS)。该方法将基色信号量化为 n 位数据,按位进行显示,每位显示期的维持脉冲个数与该位的权重有关,权重越大维持脉冲个数就越多,显示单元的发光时间就越长,亮度也就越大。显示一位的总时间称为一个子场(Sub-Field,SF)。每个子场包括准备期、寻址期和维持显示期。在准备期使全屏所有显示单元状态一致,为寻址做好准备;在寻址期,顺序扫描各显示行,完成对全屏所有单元的寻址;在维持显示期,全屏所有积累了壁电荷的单元进行维持显示。各子场的准备期、寻址期时间间隔相同,而维持显示期的时间与该子场所对应的数据位有关。

以显示 8 位的数字图像为例,将一场的时间分为 8 个子场 SF1~SF8,分别对应图像数据的最低位至最高位,其维持显示期成 1:2:4:8:16:32:64:128 的关系,如图 2-26 所示。通过不同子场点亮时间的组合可以实现 256 级的灰度显示。例如,当数据为 00000000 时,所有子场都不点亮,显示为最暗的 0 级亮度;当数据为 00001001 时,只有子场 SF1 和 SF4 点亮,显示灰度级为 9 的亮度;当数据为 11111111 时,所有子场都点亮,显示最亮的 255 级亮度。

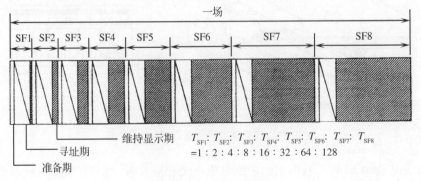

图 2-26　ADS 驱动原理

根据寻址方法的不同,ADS 驱动法分为擦除寻址驱动法和写寻址驱动法。擦除寻址驱动法是在准备期使所有的显示单元处于点亮状态,在寻址期擦除掉不需要点亮的显示单元中的壁电荷,使其转入熄灭状态,在维持期只有那些仍处于点亮状态的显示单元维持发光。写寻址驱动方法是在准备期使所有的显示单元都处于熄灭状态,在寻址期使需要点亮的单元积累壁电荷,在维持期只有积累了壁电荷的单元维持发光。

2.5.3 投影显示原理

投影显示是指用需显示的图像信息控制光源,利用光学系统和投影空间把图像放大并显示在投影屏幕上的方法或装置。投影显示适应了大屏幕显示,特别是 HDTV 的需求。按照图像形成的方式划分,投影显示可分为 CRT 式、光阀式和激光式等类型。

1. CRT 背投影电视

CRT 投影显示技术历史悠久,技术成熟,分辨率调整范围大,几何失真调整功能强。缺点是亮度低,亮度均匀性差,长时间显示静止画面会使投影管产生灼伤。

投影显示技术可分为正面投影式(正投影)和背面投影式(背投影)。采用背投影的电视机简称背投电视,它是将成像显示部件放置在投射屏的背面,用户在投射屏的前面观看。背投电视一般做成 40~75 英寸的中型屏幕规格。图 2-27 是三管式 CRT 投影电视的结构示意图。它采用 3 支基色投影管将代表彩色图像的 R、G、B 电分量变成 3 束基色光,经过透镜投射到显示屏幕上,由空间混色成像。

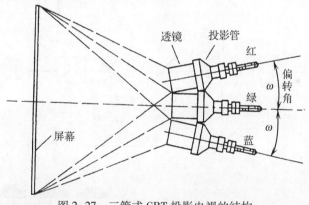

图 2-27　三管式 CRT 投影电视的结构

目前,常用的投影管屏尺寸为 7 英寸,最普及的投影电视屏幕尺寸为 42 英寸,其面积放大率约为 36 倍。由此关系经计算可知,投影管屏的亮度必须是观看屏幕亮度的百倍以上。为了获得高亮度和高分辨率,投影管在结构上不同于普通电视显像管,它的电子枪、荧光屏、荧光粉、聚焦和偏转等都有自己的特点。

相对于普通电视显像管,投影管的电子枪长时间工作在大电流、高电压、高亮度的条件下。例如,电子枪的工作电压约为 32kV、峰值电流约为 5 ~ 7mA(显像管的约为 1~2mA)。这就要求投影管无寄生发射、光点直径小、聚焦特性好;要求荧光粉颗粒足够细、粉层致密且在高亮度条件下不变质等。

由图 2-27 可见,3 个投影管不可能安放在同一空间位置上,红管和蓝管发射的光束,分别以与绿管主光轴线成 ω 角的方向照射在屏幕上,因而使二者所形成的光栅产生梯形失真,显示图像的三基色光束也将产生会聚偏差。为了校正这种失真和会聚偏差,必须进行电子补偿和光学组合透镜校正。精确的会聚校正是 CRT 背投电视的关键技术之一。

2. LCOS 投影电视

在 CRT 投影显示系统中光源与信息源在投影管中是合一的,在提高亮度与提高图像质量之间会产生很多矛盾。下面介绍的一种液晶大屏幕投影显示系统,其光源与信息源是分离的,用信息源控制光阀或称光调制器,而显示亮度由另外的高亮度光源来保证。这类显示系统称为光阀式显示系统。

光阀式投影显示分为液晶式、晶体式、油膜式和金属膜式等类型,其中液晶式技术较成熟。当前,硅基板液晶(Liquid Crystal on Silicon,LCOS)投影电视是液晶投影电视的第五代产品,体现了液晶投影电视的最高水平。

图 2-28 是三片式 LCOS 背投电视组成原理示意图。LCOS 背投电视包括 LCOS 显示控制器、LCOS 屏(也称液晶盒)、光学引擎和投影屏幕 4 个主要组成部分。其中,LCOS 显示控制器将所要显示的图像信号转换成 R、G、B 三基色数字图像信号,用来分别控制红、绿、蓝 LCOS 屏的反射率。红、绿、蓝 3 个 LCOS 屏是整个系统的核心,它们起光调制器的作用,其结构决定了图像的显示模式和显示分辨率。光学引擎包括全色光源、极化分光镜(Polarization Beam Splitter,PBS)、光分离器、光复合器及光学透镜。

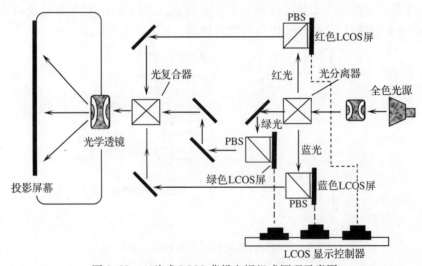

图 2-28　三片式 LCOS 背投电视组成原理示意图

全色光源发出的光由分光分离器分解成 R、G、B 三基色光,进入到各自的 PBS。PBS 由两个 45°等腰直角棱镜粘合而成,它反射 S 偏振光(垂直于入射线平面)而透射 P 偏振光(平行于入射线平面)。PBS 首先将入射的 S 偏振光反射到 LCOS 屏。LCOS 屏起光调制器的作用,它在显示控制器输出的数字图像信号的作用下,将来自 PBS 的 S 偏振光变换成受显示图像信号调制的 P 偏振光,再反射回来。反射回来的三基色 P 偏振光通过各自的 PBS 透射进入光复合器。由光复合器输出复合光经光学透镜投射到投影屏幕上,呈现出需要显示的图像。

LCOS 屏的电路结构由数字信号处理、数模转换、显示驱动(有源 NMOS 矩阵)电路三部分构成。数字信号处理电路包括视频信号处理电路和扫描驱动电路,信号的处理过程与液晶电视驱动显示原理类似。数模转换电路将来自视频处理电路的数字图像信号转换为模拟电压,施加在液晶层极板上,改变液晶分子的排列,从而改变液晶的光学特性,使经 LCOS 反射的光强度图像信号调制而呈现出灰度等级。有源 NMOS 矩阵中的每个显示驱动单元由一个 NMOS 晶体管及一个存储电容构成,每个驱动单元驱动一个显示像素。

LCOS 屏是从整个显示系统的角度出发来设计芯片电路的,它的驱动电路和显示屏被设计成一个完整的集成电路器件,从而减少了信号的中间损耗,降低了功耗,也有效地降低了噪声。

由于 LCOS 器件对像素阵列容量不敏感,可以在不太增加成本的条件下,显著提高显示分辨率,例如,对于 2560×1440 像素显示分辨率,其他器件难以实现,而用 LCOS 却完全可能。因此,LCOS 背投电视适合于 HDTV 和各种大屏幕高分辨率显示的应用场合。

3. 数字光处理投影电视

数字光处理(Digital Light Processing,DLP)投影电视采用全数字化光电显示技术。DLP 显示设备以数字微镜器件(Digital Micromirror Device,DMD)作为关键成像器件。一片 DMD 是由许多个微小的正方形反射镜片(简称微镜)按行列紧密排列,贴在一块硅晶片上形成的。每一个微镜单元对应着生成图像的一个像素,可等效为一个能用二元脉冲控制的高速光开关。与每个微镜单元相应的地址存储器的数据控制它在一帧图像时间内"开"和"关"的时间间隔,这样就实现了对该微镜单元像素点的灰度控制。

图 2-29 是 DMD 三片式 DLP 投影电视的原理图。图中每一片 DMD 完成一种基色的电光转换。由弧光灯射出的光线汇聚到混合棒,将光线均匀化,并改变其界面使之与 DMD 的形状相匹配,然后射向高速旋转的全内反射(Total Internal Reflection,TIR)棱镜,经 TIR 调整后投射到 DMD 上,入射角正好使 DMD 上的微镜单元能准确地将入射光线反射进入投影透镜,并在投影屏幕上显示图像。可见,DLP 投影显示系统是一种基于 DMD 技术的反射式全数字化投影显示设备。利用 DMD 技术显示的图像,在相邻帧的衔接以及显示高速运动物体时不会出现延迟(拖尾)现象,这是由于 DMD 的灰度级完全由时间分割来控制,且这种分割是精确而稳定的。

基于 DMD 的 DLP 投影显示技术采用了对图像中的每一个像素都单独控制的技术,可以看成是对显示方式的一种更新换代。众所周知,DTV 尽管已经实现了图像以数字方式进行传输和解码,但由于末端显示器大多数仍是普通的电视机,数字图像在送到显示器之前不得不又被转换成模拟视频信号,使数字传输和处理的优点得不到充分的发挥。而基于 DMD 的 DLP 显示系统可以直接显示大屏幕 DTV 和 HDTV,让用户欣赏到未经数模转换处理的数字图像,对家庭影院一类的应用场合会产生重大影响。目前,DLP 显示器主要在工业、科研、商业展示和娱乐业等领域用作图像显示设备。

随着 DMD 大规模生产技术的成熟,DMD 的价格将会下降,具有高亮度、高光效率、高精密度及高

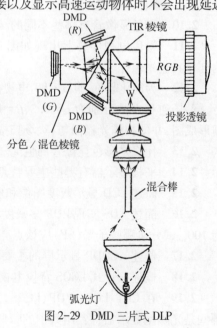

图 2-29 DMD 三片式 DLP
投影电视原理图

性能价格比的全数字化 DLP 投影电视,最终有可能走进消费领域,成为家电新产品。

习题与思考题

2.1 若传送一幅如图 2-30 所示的画面,而电视接收端行频略高于发送端行频时,荧光屏重现图像会有何种情况?

2.2 模拟彩色电视采用隔行扫描的优缺点是什么?

2.3 简述恒定亮度原理和高频混合原理。

2.4 彩色电视传送一个亮度信号和两个色差信号比直接传送 R、G、B 基色信号有什么优越性?

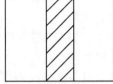

图 2-30 传送画面

2.5 传输 100-0-75-0 彩条信号时,B 基色信号由于断路而为 0:

(1) 计算此时 R、G、B、$(R-Y)$、$(B-Y)$ 的相对幅度值,并画出时间波形图;

(2) 说明各彩条亮度及色调的变化。

2.6 彩色摄像机由哪几部分组成? 说明分色棱镜的工作原理。

2.7 确定电视图像的基本参数与人眼哪些视觉特性有关?

2.8 一隔行扫描电视系统,$\alpha=0.18$,$K=4/3$,$K_i=0.7$,$K_e(1-\beta)=0.7$,$f_V=50Hz$,计算 $Z=405$ 行和 $Z=819$ 行时的行频 f_H 和视频亮度信号频带宽度 Δf_0。

2.9 某高清晰度电视系统,设宽高比为 16∶9,每帧行数为 1125 行,隔行比为 2∶1,场频为 60Hz,$\beta=0.08$,$\alpha=0.18$,$K_i=0.7$,$K_e=0.67$,求:

(1) 系统的垂直分解力;

(2) 系统的水平分解力;

(3) 视频信号带宽。

2.10 彩色显像管有哪些不同的结构? 说明自会聚彩色显像管的特点。

2.11 彩色电视屏幕上出现如图 2-31 所示的彩色图像,试分别画出三个基色光栅的红、绿、蓝光像。

2.12 为简化起见,假设 CRT 电视机每帧扫描行数为 $Z=9$ 行,行、场逆程系数分别为 $\alpha=0.2$,$\beta=1/9$,试画出隔行扫描光栅形成图,并使扫描光栅图与行、场扫描电流波形图相对应。

图 2-31 彩色图像

2.13 什么是彩色显像管的色纯、会聚和白平衡?

2.14 平板显示器有哪些主要特点? 试列出几种类型的 FPD 显示器件。

2.15 简述 LCD 显示灰度图像和彩色图像的工作原理。

2.16 简述 ADS 实现 PDP 多灰度显示的驱动原理。欲使 8bit ACPDP 的显示灰度级为 100,试分析哪些子场(SF)应该点亮?

2.17 概述 ACPDP 显示屏的主要构成部分及各部分的主要功能。

2.18 概述三片式 LCOS 背投电视的工作原理。

2.19 在 CRT、LCD、PDP、LCOS、DLP 等显示器件中,哪些是主动发光型显示器件? 哪些是光阈型显示器件? 用其中的哪些器件可以构成直视型电视机? 用哪些可构成背投型电视机?

第3章 模拟彩色电视原理

采用模拟信号形式传输图像(包括伴音)的彩色电视系统称为模拟彩色电视系统。模拟彩色电视系统不排除在发送终端(演播室)和接收终端(接收机)中采用一些数字处理技术。

模拟彩色电视是在黑白电视的基础上发展起来的,具有对后者的兼容性,在传送信号中包含与黑白电视兼容的亮度信号,在隔行扫描方式、扫描频率、同步信号、频带宽度、伴音载频、图像载频等方面也具有相应的黑白电视制式的特性。

模拟彩色电视除了要传送亮度信号外还要传送两个色差信号,如何使两个色差信号与亮度信号共用频带传送是模拟彩色电视需要解决的主要问题。为解决这个问题提出了不同的方法,形成了不同的模拟彩色电视制式,其中实际用于模拟彩色电视广播的有 NTSC 制、PAL 制和 SECAM 制。本章将结合 NTSC 制和 PAL 制,介绍模拟彩色电视在传输信号形成、发送和接收方面的基本原理。

3.1 模拟彩色电视的扫描同步信号

3.1.1 复合同步脉冲和复合消隐脉冲

为了节省信号带宽,模拟彩色电视一般采用隔行扫描方式。我国模拟彩色电视标准规定:每帧扫描行数 $Z = 625$,帧频 $f_F = 25\text{Hz}$;每帧由隔行扫描的两场组成,每场扫描行数为 $Z/2 = 312.5$,场频 $f_V = 50\text{Hz}$,场周期 $T_V = 20\text{ms}$,场逆程时间 $T_{rt} = 1.6\text{ms} + 12\mu\text{s}$(相当于 25 个行周期加一个行逆程时间);行频 $f_H = 15625\text{Hz}$,行周期 $T_H = 64\mu\text{s}$,行逆程时间 $T_{Hr} = 12\mu\text{s}$。

在 2.1.2 节中曾经指出,需要在电视系统所传送的图像信号中加入扫描定时基准信号,以便接收端能够进行与发送端同频同相地扫描,从而正确地重现图像。在模拟彩色电视中,扫描定时基准是模拟信号形式的同步脉冲。在发送端,当每扫描完一行图像时加入一个行同步脉冲,当每扫描完一场图像时加入一个场同步脉冲。行同步脉冲和场同步脉冲组合在一起形成复合同步脉冲,如图 3-1(b)所示。在图 3-1 中的信号是用负极性信号表示的,信号电平越高对应图像的亮度越低。

我国模拟彩色电视标准规定,行同步脉冲和场同步脉冲分别在行逆程和场逆程传送,它们的幅度相同而宽度不同。前者的宽度为 $W_H = 4.7\mu\text{s} \approx 0.07T_H$,后者的宽度为 $W_V = 160\mu\text{s} = 2.5T_H$,分别小于行、场逆程时间。行、场同步脉冲采用不同的宽度,是为了便于在接收端实现复合同步脉冲的行、场同步分离。例如,使复合同步脉冲分别通过 RC 时间常数小于 $0.2W_H$ 的微分电路和 RC 时间常数远大于 W_H 的积分电路,就可以得到行同步脉冲和场同步脉冲。这种行、场同步分离方法称为频率分离法。

　　模拟彩色电视传统上是用 CRT 彩色显像管作为显示器。在 2.5.1 节中曾经指出,在行、场逆程期间要依靠在显像管的栅极加入的行、场消隐脉冲使电子束逆程回扫轨迹消隐。行消隐脉冲和场消隐脉冲组合在一起形成复合消隐脉冲,如图 3-1(c)所示。行、场消隐脉冲的电平为亮度信号的黑色电平,其宽度分别等于行逆程时间 12μs 和场逆程时间 1612μs。行、场消隐脉冲分别在行、场的逆程传送,而图像的亮度信号(图 3-1(a))则在行、场的正程传送,二者时分复用组合在一起。亮度信号电平的变化范围在白色电平与黑色电平之间,不超过消隐脉冲的黑色电平。

　　复合消隐脉冲与同是在行、场扫描逆程传送的复合同步脉冲是通过幅度叠加的方法组合在一起的,即将复合同步脉冲叠加在复合消隐脉冲之上。图 3-1(d)示出了复合同步脉冲、复合消隐脉冲和亮度信号三者组合在一起形成的视频信号。图中白色电平到同步脉冲电平的归一化幅度为 100%,而白色电平到消隐电平(即黑色电平)的归一化幅度为 70%,因为同步脉冲电平"比黑还黑",所以不影响电子束逆程轨迹的消隐。另外,同步脉冲与亮度信号处于两个不同电平空间,便于用简单的幅度分离法从复合的视频信号中分离出同步脉冲。

　　行同步脉冲的前沿对应于显示器中行扫描正程的结束和逆程的开始。为了提高抗干扰能力,确保接收机所提取的行同步脉冲前沿的准确性,要求行消隐脉冲前沿超前行同步脉冲前沿一定的时间,即存在一定宽度的行消隐脉冲前肩。我国模拟彩色电视标准规定,行消隐脉冲前肩的宽度为 $1.5\mu s$,如图 3-1(e)所示。另外,由于下面将要说明的原因,场消隐脉冲前沿超前场同步脉冲前沿略大于 $2.5T_H$。

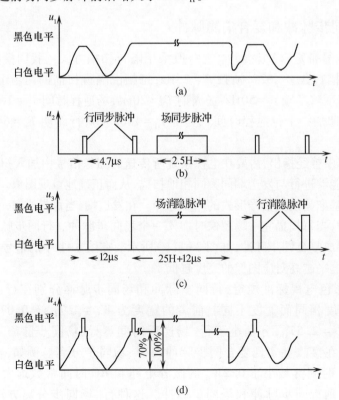

(a)

(b)

(c)

(d)

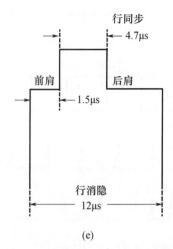

(e)

图 3-1　由亮度信号、复合同步脉冲和复合消隐脉冲组合成视频信号
(a)亮度信号;(b)复合同步脉冲;(c)复合消隐脉冲;
(d)组合成的视频信号;(e)行消隐与行同步脉冲的时间关系。

3.1.2　开槽场同步脉冲与均衡脉冲

在图 3-1(b)中,场同步脉冲期间没有行同步信号,这将影响接收机中的扫描电路使之不能保持与发送端的严格同步。为解决行同步脉冲失落的问题,可改用开槽场同步脉冲,即在场同步脉冲中对应每个失落的行同步脉冲的位置开一个槽,槽脉冲的上升沿与失落的行同步脉冲的上升沿一致,如图 3-2(a)所示。当使这样的复合同步脉冲通过微分电路时,在每一个前、后沿的位置将分别形成正、负脉冲,用限幅电路削去负脉冲后,即可得到行扫描电路所需要的,出现在所有行同步脉冲前沿位置的正脉冲,如图 3-2(b)所示。

虽然使用开槽场同步脉冲可解决行同步脉冲失落的问题,但是在用积分电路分离场同步脉冲时仍存在问题。由于采用隔行扫描,每场的扫描行数为整数加半行。由图 3-2(a)可见,偶场的最后一个行同步到达奇场的场同步前沿的时间,与奇场的最后一个行同步到达偶场的场同步前沿的时间相差半行,这就造成在奇、偶两场中积分电路的起始电压不等,同时两个场同步内的槽脉冲的位置也相差半行,致使奇、偶两场的积分波形不一致,如图 3-2(c)中的实线和虚线所示。在场同步分离电路中,积分电平与一定的限幅电平(见图 3-2(c)中的 E)进行比较,产生为接收机扫描电路所用的场同步脉冲。由于奇、偶两场的积分波形不一致,造成到达同一比较电平的相对时刻不同(相差 Δ),使接收端所分离的奇、偶场场同步前沿的相对位置与发送端不同。这将影响隔行扫描的准确性,降低图像的垂直分解力。

为解决奇、偶两场的积分波形不一致的问题,需要对开槽场同步脉冲及其前后若干行内的行同步脉冲加以改造,使得在这一段时间内奇、偶两场的同步脉冲波形完全相同,从而使所分离的场同步脉冲前沿的相对位置与发送端一致。所采取的措施包括:

(1)在开槽场同步脉冲中增加开槽的数目,即每半行开一个槽脉冲,使奇、偶场具有相同形状的开槽场同步脉冲。按我国电视标准,在两行半的场同步脉冲的持续期内开 5 个槽而形成 5 个齿脉冲,槽脉冲宽度为 4.7μs,齿脉冲宽度为 27.3μs。

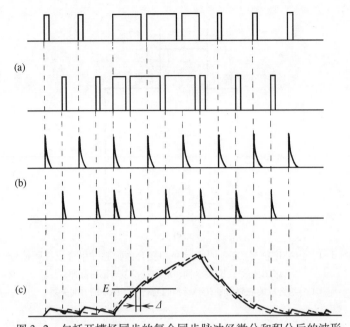

图 3-2　包括开槽场同步的复合同步脉冲经微分和积分后的波形

(a)包括开槽场同步的奇、偶场复合同步脉冲;(b)经微分、限幅后输出的行同步脉冲;(c)经积分后输出的波形。

　　(2)在上述开槽场同步脉冲前、后各两行半的期间内,把原来每隔一行出现的行同步脉冲变成每隔半行出现的均衡脉冲,包括 5 个前均衡脉冲和 5 个后均衡脉冲。为使均衡脉冲期间的平均电平与正常行同步期间一致,每半行出现的一个均衡脉冲的宽度要减小到行同步脉冲宽度的 1/2,即为 2.35μs。

　　图 3-3 示出了在奇、偶场的场同步和场消隐脉冲附近的亮度视频信号,它包括亮度信号、复合消隐脉冲和复合同步脉冲,其中复合同步脉冲由行同步脉冲、开槽场同步脉冲和前后均衡脉冲组成。

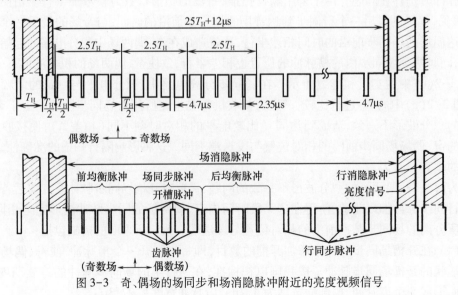

图 3-3　奇、偶场的场同步和场消隐脉冲附近的亮度视频信号

3.2 NTSC 制模拟彩色电视原理

NTSC(National Television Systems Committee)制是 1953 年美国研制成功的一种模拟彩色电视制式,它采用一种特殊的频分复用技术,使两个色差信号与亮度信号共用同一频带传送。在 NTSC 制中,两个色差信号对一个精确选定的副载波进行正交平衡调幅形成色度信号,并以频谱交错的方式叠加在亮度信号上进行传输。按色度信号构成的特点 NTSC 制又称为正交平衡调幅制。

3.2.1 正交平衡调幅与频谱交错原理

1. 正交平衡调幅和正交同步检波

用两个色差信号对单一频率的副载波进行正交平衡调幅形成色度信号的最直接的方法是,用$(B-Y)$和$(R-Y)$分别对初相位为 0° 和 90° 的两个相同频率的副载波进行平衡调幅再相加合成,即

$$e_c(t) = (B-Y)(t)\sin\Omega_{sc}t + (R-Y)(t)\sin(\Omega_{sc}t+90°)$$
$$= (B-Y)(t)\sin\Omega_{sc}t + (R-Y)(t)\text{con}\Omega_{sc}t \qquad (3-1)$$

式中:$e_c(t)$表示色度信号;$(B-Y)(t)$和$(R-Y)(t)$表示随时间变化的色差信号;Ω_{sc}表示副载波角频率,$\Omega_{sc} = 2\pi f_{sc}[\text{rad}] = 360 f_{sc}[(°)]$,$f_{sc}$表示副载波频率,简称副载频。一般默认色差信号是时间的函数,式(3-1)也可以简化地写成

$$e_c(t) = (B-Y)\sin\Omega_{sc}t + (R-Y)\cos\Omega_{sc}t \qquad (3-2)$$

式(3-2)可进一步表示成

$$e_c(t) = \sqrt{(B-Y)^2+(R-Y)^2}\left[\frac{(B-Y)}{\sqrt{(B-Y)^2+(R-Y)^2}}\sin\Omega_{sc}t + \frac{(R-Y)}{\sqrt{(B-Y)^2+(R-Y)^2}}\cos\Omega_{sc}t\right]$$
$$= C[\cos\theta\sin\Omega_{sc}t + \sin\theta\cos\Omega_{sc}t] = C\sin(\Omega_{sc}t+\theta) \qquad (3-3)$$

其中,C 和 θ 都默认为是时间的函数,分别表示色度信号的瞬时振幅和瞬时初相位:

$$C = \sqrt{(B-Y)^2+(R-Y)^2} \qquad (3-4)$$

$$\theta = \arctan\left(\frac{R-Y}{B-Y}\right) \qquad (3-5)$$

根据$(B-Y)$和$(R-Y)$的数值,θ 在 0° ~ 360° 范围内取值。由式(3-3)可知:

$$(B-Y) = C\cos\theta, \quad (R-Y) = C\sin\theta \qquad (3-6)$$

由式(3-4)和式(3-5)可知,当色差信号$(B-Y)$和$(R-Y)$随时间变化时,色度信号的振幅和初相位也随之变化,因此色度信号既是调幅波,又是调相波。

式(3-2)~式(3-6)所示的各种信号之间的关系可以直观地用矢量图表示。在矢量图中,一个起点在原点的矢量的模对应正弦信号的振幅,该矢量与水平坐标轴的夹角(称为相角)对应正弦信号的初相位。例如在图 3-4 中,由式(3-3)描述的色度信号 $e_c(t)$ 用模和相角分别为 C 和 θ 的色度矢量 C 表示,C 的水平和垂直分量$(B-Y)$和$(R-Y)$则分别表示色度信号的两个正交的平衡调幅分量$(B-Y)\sin\Omega_{sc}t$ 和$(R-Y)\cos\Omega_{sc}t$。由式(3-6),C 在水平坐标轴 $B-Y$ 和垂直坐标轴 $R-Y$ 上的投影值分别为色差信号$(B-Y)$和$(R-Y)$。

坐标轴$B\text{-}Y$和$R\text{-}Y$称为色差轴。

电视发送端经正交平衡调幅形成的色度信号,在电视接收端需要用正交同步检波将其中的两个色差信号重新分离出来。首先,使色度信号在$(B\text{-}Y)$同步检波器和$(R\text{-}Y)$同步检波器中分别与两个解调副载波$2\sin\Omega_{sc}t$和$2\cos\Omega_{sc}t$相乘。这两个解调副载波相互正交,且分别与平衡调幅的两个副载波同频同相。由式(3-2),有

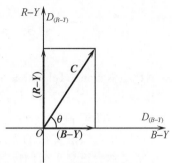

图 3-4　正交平衡调幅的色度信号和正交同步检波解调副载波的矢量表示

$$2(B\text{-}Y)\sin^2\Omega_{sc}t+2(R\text{-}Y)\sin\Omega_{sc}t\cos\Omega_{sc}t$$
$$=(B\text{-}Y)-(B\text{-}Y)\cos2\Omega_{sc}t+(R\text{-}Y)\sin2\Omega_{sc}t$$
$$(3\text{-}7)$$

$$2(B\text{-}Y)\sin\Omega_{sc}t\cos\Omega_{sc}t+2(R\text{-}Y)\cos^2\Omega_{sc}t$$
$$=(B\text{-}Y)\sin2\Omega_{sc}t+(R\text{-}Y)\cos2\Omega_{sc}t+(R\text{-}Y)$$
$$(3\text{-}8)$$

然后,对上述信号分别进行低通滤波,滤除$2\Omega_{sc}$频率分量。这样,两个同步检波器的输出将分别为$(B\text{-}Y)$和$(R\text{-}Y)$,从而使两个色差信号无失真地分离。

在图3-4中,正交同步检波的两个解调副载波$2\sin\Omega_{sc}t$和$2\cos\Omega_{sc}t$所在的检波轴$D_{(B\text{-}Y)}$和$D_{(R\text{-}Y)}$分别与两个色差轴$B\text{-}Y$和$R\text{-}Y$重合。下面将说明这是无失真地分离两个色差信号的必要条件。

在图3-5示出了检波轴相对于色差轴的夹角为α的情况。此时两个解调副载波分别为$2\sin(\Omega_{sc}t+\alpha)$和$2\cos(\Omega_{sc}t+\alpha)$。它们与色度信号相乘后的所得到的信号分别为

$$2(B\text{-}Y)\sin\Omega_{sc}t\sin(\Omega_{sc}t+\alpha)+2(R\text{-}Y)\cos\Omega_{sc}t\sin(\Omega_{sc}t+\alpha)$$
$$=(B\text{-}Y)\left[\cos\alpha-\cos(2\Omega_{sc}t+\alpha)\right]+(R\text{-}Y)\left[\sin(2\Omega_{sc}t+\alpha)+\sin\alpha\right]$$

$$2(B\text{-}Y)\sin\Omega_{sc}t\cos(\Omega_{sc}t+\alpha)+2(R\text{-}Y)\cos\Omega_{sc}t\cos(\Omega_{sc}t+\alpha)$$
$$=(B\text{-}Y)\left[\sin(2\Omega_{sc}t+\alpha)-\sin\alpha\right]+(R\text{-}Y)\left[\cos(2\Omega_{sc}t+\alpha)+\cos\alpha\right]$$

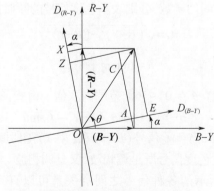

图 3-5　非同步检波输出的矢量表示

低通滤波后$(B\text{-}Y)$和$(R\text{-}Y)$检波器的输出分别为

$$(B\text{-}Y)\cos\alpha+(R\text{-}Y)\sin\alpha \text{ 和 } (R\text{-}Y)\cos\alpha-(B\text{-}Y)\sin\alpha \qquad (3\text{-}9)$$

在图3-5中,容易证明:

$$\begin{cases} (B-Y)\cos\alpha+(R-Y)\sin\alpha=\overline{OA}+\overline{AE}=\overline{OE} \\ (R-Y)\cos\alpha-(B-Y)\sin\alpha=\overline{OX}-\overline{ZX}=\overline{OZ} \end{cases}$$

即$(B-Y)$和$(R-Y)$检波器的输出分别为色度矢量C在检波轴$D_{(B-Y)}$和$D_{(R-Y)}$上的投影。正交同步检波对应$\alpha=0$的情况,两个色差信号能够被无失真地分离。而当$\alpha\neq0$时,如式(3-9)所示,在一个色差信号中存在另一个色差信号的串扰成分,两个色差信号不能无失真地分离,导致重现图像的色度失真。

以上分析表明,只有为同步检波器提供一个与平衡调幅分量精确同步(同频同相)的副载波才能无失真地实现色度信号解调。为此,NTSC 制编码器用一个色同步信号来传送同步检波所需的副载波频率和相位信息,如图 3-6 所示。图中的色同步信号是在行消隐脉冲后肩上每行出现一次的脉冲正弦波,每一个脉冲中包含初相位为 180°的持续 9 个周期的副载波。为了不影响行、场同步分离,副载波的振幅等于行同步脉冲幅度的1/2,并且在场同步脉冲附近不传送色同步信号。若用$e_b(t)$表示色同步信号,用$K(t)$表示在行消隐脉冲后肩出现的、9 个副载波周期宽的矩形脉冲序列(称为旗形脉冲或 K 脉冲),则

$$e_b(t)=K(t)\sin(\Omega_{sc}t+180°) \tag{3-10}$$

在接收机中,利用门电路取出色同步信号,通过锁相振荡器恢复确定相位的连续副载波,再经移相形成两个相互正交的解调副载波。

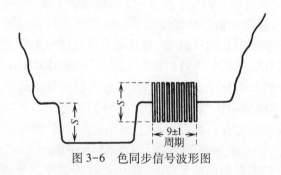

图 3-6　色同步信号波形图

正交平衡调幅用单一频率的副载波实现了对两个色差信号的传输,从而节省了带宽。同时,它可以减轻在共用频带情况下色度信号对亮度信号的干扰。在传送黑白图像时,色差信号为零,正交平衡调幅信号也为零,此时不存在色度信号对亮度信号的干扰。在传送低饱和度彩色图像时,正交平衡调幅信号较小,色度信号对亮度信号的干扰也较弱。

2. 频谱交错原理

如第 2.4.2 节所述,亮度信号的频谱具有以行频f_H及其各次谐波(即主谱线)为中心的谱线群结构,在各个谱线群之间存在着较大的频谱空隙;色差信号具有类似的频谱结构,只是带宽较窄。NTSC 制利用视频图像信号的这种频谱特点,将由色差信号经正交平衡调幅形成的窄带色度信号叠加在亮度信号上,叠加后使色度信号的各谱线群正好插在亮度信号各谱线群的空隙中,实现色度信号和亮度信号的共用频带传输,这就是频谱交错原理。

为了便于接收端对频谱交错的亮度和色度信号分离,或者在分离不完善的情况下减轻二者之间的相互干扰,NTSC 制对副载频f_{sc}的选择主要考虑以下几点:

(1)使频谱交错后相邻的亮度主谱线和色度主谱线之间的间距为最大。色差信号对

副载波平衡调幅后,其频谱发生了迁移,色度信号的各主谱线出现在 $f_{sc} \pm n f_H$(n 为 0 或正整数)处。若取副载频为半行频的奇数倍,即 $f_{sc} = (2N-1) f_H / 2$(N 为适当选定的正整数),则色度信号的各主谱线出现在 $(N \pm n) f_H - f_H / 2$,与相邻的出现在整数倍行频处的亮度信号主谱线之间的间距为 $f_H / 2$。这是可能达到的最大交错间距,并因此称副载频的这种选择方案为半行频偏置或简称 1/2 偏置。采用半行频偏置时,亮度信号和色度信号的谱线群在一般情况下不会交叠。若出现交叠,对于每帧 525 行的 NTSC 制,由于 $f_H / 2 = 262.5 f_F$,亮度信号和色度信号的副谱线将以 $f_F / 2$ 为间隔进行交错,这也是副谱线可能达到的最大交错间距。

(2)将副载频选在视频频带的高端,使色度和亮度信号的主要能量分别位于视频频带的高、低两端。这样,即使在亮色分离不完善的情况下,干扰亮度信号的只是不易被人眼察觉的高频副载波光点,而干扰色度信号的只是能量较小的亮度高频成分。NTSC 制色度信号上边带的宽度约为 0.5MHz,考虑到上边带的边界值不能超过 NTSC 视频信号的最高频率(4.2MHz),副载频应在低于 3.7MHz 的视频频带高端选取。NTSC 制所兼容的黑白电视是 525 行、60 场的 M 制,行频为 15750Hz,若取 $f_{sc} = 455(f_H / 2)$,则 $f_{sc} = 3.583125$MHz,满足上述要求。

选择副载频还需要考虑的一个因素是,接收机中的非线性视频检波会产生伴音载波与副载波的差拍,并对亮度信号造成干扰。为了减轻这种干扰,要求差拍的频率也等于半行频的奇数倍,以便与亮度频谱形成频谱交错。这就要求伴音载频为半行频的偶数倍。黑白电视 M 制规定伴音载频比图像载频(对应基带视频信号的零频)高 4.5MHz,与此值最接近的半行频的偶数倍频率为 $(455+117)(f_H / 2) = 4.504500$MHz。此值比黑白电视 M 制对伴音载频的规定高出 4.5kHz,不利于原有黑白电视接收机的伴音解调。因此,NTSC 制将行频改为 $f_H = 15734.264$Hz,伴音载频为 $(455+117)(f_H / 2) = 4.4999995$MHz,非常接近 4.5MHz;场频相应地改为 $f_V = 2 f_H / 525 = 59.94$Hz;而 NTSC 制确定的副载频为

$$f_{sc} = 455(f_H / 2) = 3.57954506 \text{MHz} \tag{3-11}$$

图 3-7 示出了频谱交错原理的示意图,图中黑尖峰代表亮度信号谱线群,白尖峰代表色度信号谱线群。

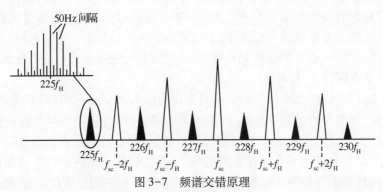

图 3-7 频谱交错原理

在高质量 NTSC 接收机中可以用梳状滤波器对频谱交错的亮度信号和色度信号进行分离(简称亮色分离),图 3-8 示出了亮色分离电路的原理框图。图中 $Y(t)$ 表示亮度信号,$e_c(t)$ 表示色度信号,$y(t) + e_c(t)$ 表示进入色度通道的叠加在一起而频谱交错的亮色混合信

号,方框 T_H 表示延时等于一个行周期且不产生波形失真的延迟线。由式(3-11)有

$$T_H = (228-1/2)T_{sc} \tag{3-12}$$

即一个行周期内包含整数减 1/2 个副载波周期。假设相邻行的亮度和色差信号近似不变,则经过一个行周期延迟后的亮度和色度信号将分别为

$$y_d(t) = y(t-T_H) = y(t)$$
$$e_d(t) = e_c(t-T_H) = -e_c(t)$$

于是

$$[y(t)+e_c(t)]-[y_d(t)+e_d(t)] = 2e_c(t)$$
$$[y(t)+e_c(t)]+[y_d(t)+e_d(t)] = 2y(t)$$

即由相减端分离出色度信号,而由相加端分离出亮度信号。

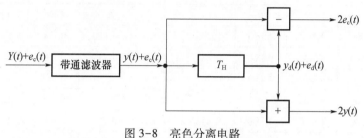

图 3-8　亮色分离电路

　　为了降低成本,一般的 NTSC 接收机只采用简单的亮色分离电路,即在色度通道中用带通滤波器取出色度信号,在亮度通道中用带阻滤波器去除色度信号。显然这会导致亮色分离不够彻底,产生亮度和色度信号之间的相互干扰。然而如下所述,频谱交错使得亮度和色度信号之间的相互干扰在视觉上并不显著。

　　在亮度信号上叠加了色度信号后,经正交平衡调幅的副载波的起伏变化将对显示的亮度形成干扰,在屏幕上对应副载波的正峰和负峰分别出现亮点和暗点,称为副载波干扰光点。在一行上副载波干扰光点总是亮暗相间排列的。而由式(3-12)可见,一行包含奇数副载波半周期,使得在一场中垂直方向上相邻行的亮点和暗点也是相间排列的。这种亮暗相间排列的光点在视觉上具有相互抵消的作用。另外,因为一帧包含奇数行,所以一帧也包含奇数副载波半周期。这就意味着在某一帧出现亮点的位置上,下一帧必出现暗点,相邻两帧干扰光点也有相互抵消的作用。以上分析表明,NTSC 的半行频频谱交错可大大减轻色度信号对亮度信号的干扰。当然,为了不过多地影响清晰度,一般陷波器的阻带不是很宽,仍存在由色度信号较高边频分量引起的副载波干扰,出现在水平方向有彩色突变的垂直边缘处,这就是所谓色度串亮。

　　亮度信号与色度信号叠加,除了引起色度信号对亮度信号的干扰外,还会造成亮度信号对色度信号的干扰,称为亮度串色。一般的 NTSC 接收机是用带通滤波器取出色度信号的。处于色度通道内的高频亮度信号经同步检波转变为低频色度信号,会在屏幕上显示彩色干扰花纹。然而,由于亮度和色度信号的频谱交错,使一场中相邻行的解调副载波相位相差180°,设一场中相邻两行的亮度近似相等,由式(3-7)和式(3-8),若某一行经同步检波得到的串色分量为 $(B-Y)$ 和 $(R-Y)$,则下一行便为 $-(B-Y)$ 和 $-(R-Y)$。它们所对应的彩色为互补色,在视觉上具有相互抵消的作用。另外,由于相邻帧的解调副

载波相位相差180°，相邻两帧的亮度串色也因彩色互补而具有相互抵消的作用。因此频谱交错也可以减轻亮度串色对电视图像质量的影响，只在一场中相邻两行的亮度变化较大时，会削弱频谱交错的作用，产生比较明显的亮度串色干扰花纹。

3.2.2 NTSC 全电视信号的构成

1. 色度信号的幅度压缩

根据 100-0-100-0 彩条信号参数，利用亮度信号计算公式 $Y = 0.299R + 0.587G + 0.114B$ 和式(3-4)，可以计算出每一彩色条的亮度信号、色度信号以及由它们叠加形成的复合信号的数值，如表 3-1 所列。

表 3-1　100-0-100-0 彩条亮度信号、色差信号、色度信号和复合信号数据

色别	R	G	B	Y	$B-Y$	$R-Y$	C	$Y+C$	$Y-C$
白	1.000	1.000	1.000	1.000	0.000	0.000	0.000	1.00	1.00
黄	1.000	1.000	0.000	0.886	-0.886	0.114	0.893	1.78	-0.01
青	0.000	1.000	1.000	0.701	0.299	-0.701	0.762	1.46	-0.06
绿	0.000	1.000	0.000	0.587	-0.587	-0.587	0.830	1.42	-0.24
品	1.000	0.000	1.000	0.413	0.587	0.587	0.830	1.24	-0.42
红	1.000	0.000	0.000	0.299	-0.299	0.701	0.762	1.06	-0.46
蓝	0.000	0.000	1.000	0.114	0.886	-0.114	0.893	1.01	-0.78
黑	0.000	0.000	0.000	0.000	0.000	0.000	0.000	0.00	0.00

注意表 3-1 中的复合信号，其黄条和青条的最大值 $Y+C$ 分别超过白电平 78% 和 46%，这将在电视发射机中引起图像载波的过调制，使重现图像严重失真，以及伴音中断（第二伴音中频是靠图像中频和伴音中频的差拍产生的，过调制将使图像中频载波为零）。另外，红条和蓝条的最小值 $Y-C$ 又分别超过黑电平 46% 和 78%，超过了同步头电平（-0.43V），会破坏行、场同步，使重现图像不稳。因此，在不改变亮度信号的前提下（考虑到与黑白电视的兼容性），需要对色度信号的峰值幅度进行压缩。由式(3-4)，压缩色度信号的幅度 C 可通过压缩色差信号 $(B-Y)$ 和 $(R-Y)$ 来实现。

NTSC 制规定，对于 100-0-100-0 彩条，复合信号的最大和最小电平分别不超过白电平和黑电平的 33%，即将复合信号限制在 -0.33 ~ 1.33 范围内。设 $(B-Y)$ 和 $(R-Y)$ 的压缩系数分别为 k_1 和 k_2，选择非互补的黄条和青条，采用表 3-1 中的数据，使得二者的 $Y+C$ 均为 1.33，得到如下联立方程：

$$\begin{cases} 0.886 + \sqrt{(-0.886k_1)^2 + (0.114k_2)^2} = 1.33 \\ 0.701 + \sqrt{(0.299k_1)^2 + (-0.701k_2)^2} = 1.33 \end{cases}$$

解得 $k_1 = 0.493$ 和 $k_2 = 0.877$。

压缩后的色差信号 $(B-Y)$ 和 $(R-Y)$ 分别称为 U 和 V 信号，即

$$U = k_1(B-Y) = 0.493(B-Y) \tag{3-13}$$

$$V = k_2(R-Y) = 0.877(R-Y) \tag{3-14}$$

压缩后的色度信号两分量及色度信号为

$$u(t) = U\sin\Omega_{sc}t, v(t) = V\cos\Omega_{sc}t \tag{3-15}$$

$$e_c(t) = u(t) + v(t) = U\sin\Omega_{sc}t + V\cos\Omega_{sc}t = C\sin(\Omega_{sc}t + \theta) \tag{3-16}$$

其中,瞬时振幅 C 和瞬时初相位 $\theta(\theta$ 在 $0°\sim360°$ 范围内取值)分别为

$$C = \sqrt{U^2 + V^2} \tag{3-17}$$

$$\theta = \arctan(V/U) \tag{3-18}$$

根据式(3-13)~式(3-18),可以计算出经压缩后的 100-0-100-0 彩条的色差信号、色度信号的振幅和初相位,将它们连同亮度信号和复合信号的数值一起列于表 3-2 中。

表 3-2　经压缩后的 100-0-100-0 彩条色差信号、色度信号和复合信号数据

色别	Y	U	V	C	θ	$Y+C$	$Y-C$
白	1.000	0.000	0.000	0.000	—	1.00	1.00
黄	0.886	-0.437	0.100	0.448	167°	1.33	0.44
青	0.701	0.147	-0.615	0.632	283°	1.33	0.07
绿	0.587	-0.289	-0.515	0.591	241°	1.18	0.00
品	0.413	0.289	0.515	0.591	61°	1.00	-0.18
红	0.299	-0.147	0.615	0.632	103°	0.93	-0.33
蓝	0.114	0.437	-0.100	0.448	347°	0.56	-0.33
黑	0.000	0.000	0.000	0.000	—	0.00	0.00

对于 100-0-75-0 彩条,表 3-2 中除了白条和黑条外各信号的幅度均乘以 0.75,色度信号初相位 θ 的数值不变。此时,黄条和青条复合信号的最大值为 1.00,与白条为同一电平。

2. 色度矢量图

根据表 3-2 中的数据,可以画出 100-0-100-0 彩条的色度信号在 $U\sim V$ 坐标下的矢量图,如图 3-9 所示。其中,每一种彩色条对应一个具有确定幅度 C 和相角 θ 的色度矢量。需要注意的是,青、品、黄三补色条的色度矢量与相应的红、绿、蓝三基色条的色度矢量等值反向。这是因为,若用 R、G、B 表示某一个基色条的三基色信号,则其补色条的三基色信号分别为 $R' = 1-R$、$G' = 1-G$、$B' = 1-B$,根据亮度公式有 $Y' = 1-Y$。因此,$(B'-Y') = -(B-Y)$,$(R'-Y') = -(R-Y)$;经幅度压缩后有 $U' = -U, V' = -V$;从而 $C' = C, \theta' = \theta + 180°$。

对于三基色和三补色,R、G、B 三基色信号中必有两个值是相等的,当其色调和最大的基色信号值不变而饱和度增减时,色度矢量的幅度将随之增减,而相角保持不变。现以任意饱和度的红色条为例加以说明。设其三基色信号分别为 R 和 $G = B = \Delta$,则

$$\frac{V}{U} = \frac{k_2(R-Y)}{k_1(B-Y)} = \frac{k_2(0.70R - 0.59G - 0.11B)}{k_1(-0.30R - 0.59G + 0.89B)} = \frac{0.70k_2(R-\Delta)}{-0.30k_1(R-\Delta)} = -\frac{7k_2}{3k_1} \tag{3-19}$$

$$C = \sqrt{(-0.30k_1)^2(R-\Delta)^2 + (0.70k_2)^2(R-\Delta)^2} = \sqrt{(0.30k_1)^2 + (0.70k_2)^2}(R-\Delta) \tag{3-20}$$

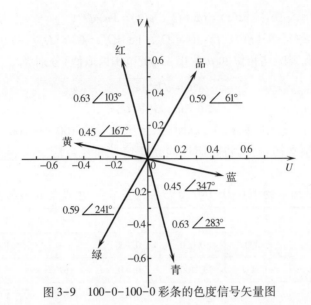

图 3-9　100-0-100-0 彩条的色度信号矢量图

当红色条的饱和度随 Δ 的变化而增减时,由式(3-18)~式(3-20),其色度矢量相角不变,而饱和度随之增减。

对于其他彩色,R、G、B 三基色信号值各不相同,不失一般性,设 R 最大、B 最小。因为同样大小的 3 个基色信号将产生白光,所以最小基色信号 B 的数值决定饱和度,而由式(1-64)可知,$R-B$ 和 $G-B$ 的比值决定色调。现使彩色的饱和度改变而色调不变,令 $B'=B+\Delta$,另外两个基色信号变为 R' 和 G'。为保持色调不变,必须有

$$\frac{R'-B'}{G'-B'}=\frac{R-B}{G-B}\Rightarrow R'-B'=\alpha(R-B),\ G'-B'=\alpha(G-B)$$

即

$$R'=\alpha(R-B)+B',\ G'=\alpha(G-B)+B' \tag{3-21}$$

$$\begin{aligned}R'-Y'&=0.70R'-0.59G'-0.11B'\\&=0.70\alpha(R-B)+0.70B'-0.59\alpha(G-B)-0.59B'-0.11B'\\&=\alpha(0.70R-0.70B-0.59G+0.59B)=\alpha(R-Y)\end{aligned} \tag{3-22}$$

$$\begin{aligned}B'-Y'&=-0.30R'-0.59G'+0.89B'\\&=-0.30\alpha(R-B)-0.30B'-0.59\alpha(G-B)-0.59B'+0.89B'\\&=\alpha(-0.30R+0.30B-0.59G+0.59B)=\alpha(B-Y)\end{aligned} \tag{3-23}$$

从而有

$$\frac{V'}{U'}=\frac{k_2(R'-Y')}{k_1(B'-Y')}=\frac{k_2(R-Y)}{k_1(B-Y)}=\frac{V}{U}$$

即 V 和 U 的比值以及由其决定的色度矢量的相角不随饱和度而改变。为分析饱和度和色度矢量幅度的变化,可选择式(3-21)中的 α 使得最大基色信号 R 不变,即令

$$R'=\alpha(R-B)+B'=\alpha R-\alpha B+B+\Delta=R$$

解得

$$\alpha=1-\frac{\Delta}{R-B} \tag{3-24}$$

根据式(1-65),彩色变化后的饱和度为

$$S'_F = \frac{R'+G'-2B'}{R'+G'+B'} = \frac{\alpha(R-B)+B'+\alpha(G-B)+B'-2B'}{\alpha(R-B)+B'+\alpha(G-B)+B'+B'} = \frac{\alpha(R+G-2B)}{\alpha(R+G-2B)+3B+3\Delta}$$

$$= \frac{R+G-2B}{R+G-2B+(3B+3\Delta)\left(1+\dfrac{\Delta}{R-B-\Delta}\right)} = \frac{R+G-2B}{R+G+B+\dfrac{3R\Delta}{R-B-\Delta}} \tag{3-25}$$

由式(3-22)和式(3-23),彩色变化后色度矢量的幅度为

$$C' = \sqrt{k_1^2 (B'-Y')^2 + k_2^2 (R'-Y')^2} = \sqrt{k_1^2\alpha^2 (B-Y)^2 + k_2^2\alpha^2 (R-Y)^2} = \alpha C \tag{3-26}$$

式(3-25)在原饱和度 S_F 表达式的分母增加了一项 $3R\Delta/(R-B-\Delta)$,随着 Δ 取正值和负值,彩色饱和度将减少和增加,而由式(3-24)和式(3-26),色度矢量的幅度将相应地减小和增大。

以上分析表明,对于任何彩色只要色调不变色度矢量的相角就不变,并且在其最大的三基色信号值不变的情况下,色度矢量的幅度随饱和度增减而增减。反过来说,色度矢量的相角变化将引起色调变化,色度矢量的幅度变化一般将引起饱和度变化。以上结论是在未进行 γ 校正的情况下得到的。当存在 γ 校正时,对于三基色和三补色上述结论仍然成立,因为其相等的两个基色经 γ 校正后仍然相等。而对于一般的彩色,γ 校正将改变其三个基色信号的比例关系,情况要复杂一些。总之,为避免彩色失真,在传输和处理过程中应尽量保持色度矢量的相角和幅度不变。

3. 色度信号的频带压缩

U、V 信号的理论带宽为 1.5MHz,若对副载波采用双边带方式的正交平衡调幅,则色度信号的带宽为 3MHz,对于视频带宽为 4.2MHz 的 NTSC 制来说,亮度和色度的频带重叠过宽,会产生比较严重的相互干扰。若为减少带宽采用窄带的双边带方式则会降低彩色清晰度,而采用较宽的不对称边带方式,正交同步检波又不能对 U、V 信号进行完善分离,造成二者之间的相互串扰。例如,设 $V = \cos\Omega t$,在对称边带情况下,其对 $\cos\Omega_{sc}t$ 平衡调幅的两个边频分量可用等长度的、以角速度 Ω 相对旋转的两个矢量来表示,如图 3-10 所示。它们在检波轴 D_U 上的投影之和为零,不会对 U 信号产生干扰。但在不对称边带情况下,两个旋转矢量的长度不相等,它们在检波轴 D_U 上的投影之和不再等于零,使得 U 信号检波器的输出混有 V 信号干扰。

为解决上述问题,NTSC 制根据人的视觉特性来压缩色度信号带宽。对人的视觉特性的研究表明,人眼对红黄之间的颜色分辨力最强,而对蓝品之间的颜色分辨力最弱。在色度信号矢量图中以 I 轴表示人眼最敏感的色轴,以与之垂直的 Q 轴表示最不敏感的色轴,Q、I 轴和 U、V 轴之间的夹角为 33°,如图 3-11 所示。一个色度信号既可用 U、V 作为其分量表示,也可用 Q、I 作为其分量表示,二者之间存在坐标旋转的几何关系:

$$\begin{bmatrix} Q \\ I \end{bmatrix} = \begin{bmatrix} \cos33° & \sin33° \\ -\sin33° & \cos33° \end{bmatrix} \begin{bmatrix} U \\ V \end{bmatrix}, \quad \begin{bmatrix} U \\ V \end{bmatrix} = \begin{bmatrix} \cos33° & -\sin33° \\ \sin33° & \cos33° \end{bmatrix} \begin{bmatrix} Q \\ I \end{bmatrix} \tag{3-27}$$

根据表 3-2 的数据以及式(3-27),可以计算出 100-0-100-0 彩条的 Q、I 信号的数值,如表 3-3 所列。

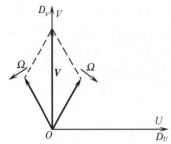

图 3-10 平衡调幅波及其边频分量的矢量表示

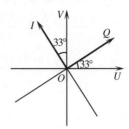

图 3-11 Q、I 轴和 U、V 轴的关系

表 3-3 100-0-100-0 彩条 Q、I 信号数据

色别	白	黄	青	绿	品	红	蓝	黑
Q	0.00	−0.31	−0.21	−0.52	0.52	0.21	0.31	0.00
I	0.00	0.32	−0.59	−0.28	0.28	0.59	−0.32	0.00

实际上，U 和 V 不同的线性组合可以构成不同的色差信号组，用来作为同一个色度信号的分量表示，Q、I 只是其中具有特殊性质的一组而已。根据人的视觉特性，Q 和 I 信号的理论带宽分别为 0.5MHz 和 1.5MHz。NTSC 制用 Q 信号对 $\sin(\Omega_{sc}t+33°)$ 的副载波进行窄带双边带平衡调幅形成 $q(t)$ 信号（频带范围为 $[(f_{sc}-0.5\text{MHz}) \sim (f_{sc}+0.5\text{MHz})]$）：

$$q(t) = Q\sin(\Omega_{sc}t+33°) \tag{3-28}$$

同时，用 I 信号可对 $\cos(\Omega_{sc}t+33°)$ 的副载波进行较宽的不对称边带平衡调幅形成 $i(t)$ 信号（频带范围为 $[(f_{sc}-1.5\text{MHz}) \sim (f_{sc}+0.5\text{MHz})]$）：

$$i(t) = I\cos(\Omega_{sc}t+33°) \tag{3-29}$$

由 $q(t)$ 和 $i(t)$ 组合成的色度信号为

$$e_c(t) = q(t)+i(t) = Q\sin(\Omega_{sc}t+33°)+I\cos(\Omega_{sc}t+33°) \tag{3-30}$$

$e_c(t)$ 的带宽为 2MHz，从而使频带得到压缩，如图 3-12 所示（图中所示为电视发射机输出的射频已调波的频谱分布情况，频率轴刻度以图像载频为基准）。

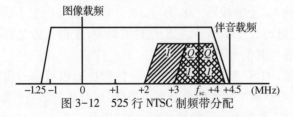

图 3-12 525 行 NTSC 制频带分配

由于 Q 信号采用双边带平衡调幅，对 I 信号无串扰；而 I 信号虽然采用不对称边带平衡调幅，但其单边带部分处于 Q 信号的通带之外，对 Q 信号也无串扰。这样，既压缩了色度信号的带宽，又不会造成串色。

在 NTSC 制电视发送端是直接由 R、G、B 信号产生 Y、Q、I 信号的。由亮度方程和式(3-13)、式(3-14)、式(3-27)，可导出如下矩阵方程：

$$\begin{bmatrix} Y \\ Q \\ I \end{bmatrix} = \begin{bmatrix} 0.299 & 0.587 & 0.114 \\ 0.211 & -0.523 & 0.312 \\ 0.596 & -0.275 & -0.322 \end{bmatrix} \begin{bmatrix} R \\ G \\ B \end{bmatrix} \tag{3-31}$$

4. NTSC 全电视信号和编码、解码方框图

根据式(3-16)和式(3-27),由 U、V 信号正交平衡调幅得到的色度信号可用 Q、I 信号表示为

$$e_c(t) = (Q\cos33°-I\sin33°)\sin\Omega_{sc}t+(Q\sin33°+I\cos33°)\cos\Omega_{sc}t$$
$$= Q\sin(\Omega_{sc}t+33°)+I(\cos\Omega_{sc}t+33°) = C\sin(\Omega_{sc}t+33°+\phi) \tag{3-32}$$

式(3-32)对于 $q(t)$ 和 $i(t)$ 在 $[(f_{sc}-0.5\mathrm{MHz})\sim(f_{sc}+0.5\mathrm{MHz})]$ 区间共同的双边带部分适用,对于 Q、I 为片段常数的彩条信号自然也是适用的。其中瞬时振幅 C 与式(3-17)相同:

$$C = \sqrt{Q^2+I^2} = \sqrt{(U\cos33°+V\sin33°)^2+(V\cos33°-U\sin33°)^2}$$
$$= \sqrt{U^2+V^2} \tag{3-33}$$

而瞬时初相位 $\theta=\phi+33°$,其中

$$\phi = \arctan(I/Q) \tag{3-34}$$

在模拟电视中,习惯上将包括亮度信号、色度信号、色同步信号以及行、场同步和行、场消隐信号的复合视频图像信号称为彩色全电视信号,或称为 CVBS(Composite Video Blanking and Sync)信号。作为例子,图 3-13 示出了 NTSC 制 100-0-100-0 彩条全电视信号形成的波形示意图。图 3-13(a)和 3-13(b)分别是根据表 3-3 和式(3-28)、式(3-29)画出的色度信号两分量 $q(t)$ 和 $i(t)$ 的波形;图 3-13(c)是根据表 3-2 和式(3-32)、式(3-33)画出的色度信号 $e_c(t)$ 与色同步信号 $e_b(t)$ 的复合波形,其中色同步信号仍如式(3-10)所示,即 $e_b(t)=K(t)\sin(\Omega_{sc}t+180°)$;图 3-13(d)是根据表 3-2 画出的亮度信号 Y 以及同步信号 S、消隐信号 B 的复合波形(正极性);图 3-13(e)是 3-13(c)和 3-13(d)叠加在一起形成的彩色全电视信号波形(正极性)。图 3-13 中所标数值均是以峰值白色与黑色电平之差作为 1 时的相对值。

在模拟电视中,将发送端由 R、G、B 形成 CVBS 的信号处理过程称为编码,而将接收端由 CVBS 复原 R、G、B 的信号处理过程称为解码。图 3-14 和图 3-15 分别示出了与 NTSC 制原理相对应的编码器和解码器的方框图,现简要说明如下。

编码器的副载波形成电路分别送出 33°、123°和 180°相位的 3 个副载波,分别供 3 个平衡调制器之用。其中,Q 调制器采用窄带双边带调制方式,I 调制器采用不对称边带调制方式,而色

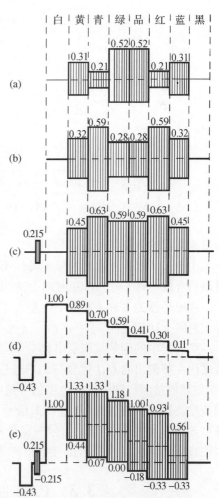

**图 3-13 100-0-100-0 彩条全电视
信号形成波形示意图**

(a)q 信号;(b)i 信号;

(c)e_c+e_b 信号;(d)$Y+S+B$ 信号;

(e)CVBS 信号(彩色全电视信号)。

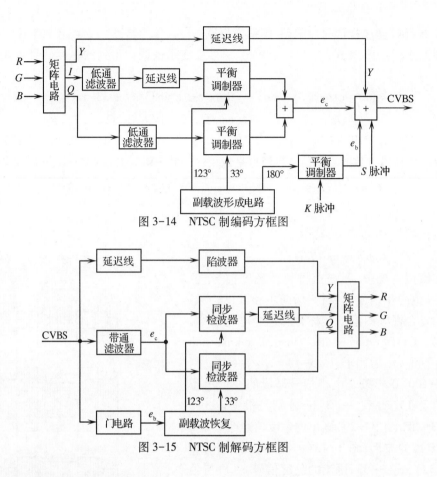

图 3-14　NTSC 制编码方框图

图 3-15　NTSC 制解码方框图

同步调制器的调制信号是 K 脉冲。

由于 Y、I、Q 3 个通道的频率特性不同,在 Y 和 I 通道中接入了不同延时的延迟线,使得最后合成 CVBS 时三者在时间上达到匹配。

在解码器的 Y 和 I 通道中也接入了不同延时的延迟线,目的也是为了使它们与 Q 信号在时间上达到匹配。

解码器中的副载波恢复电路分别送出 33°、123° 相位的解调副载波供 Q、I 同步检波器之用。解调出的 Q、I 信号与 Y 信号一起由矩阵电路复原出 R、G、B 信号。这种采用 Q、I 检波器的接收机称为宽带色度信号接收机。若将 0° 和 90° 相位的副载波分别送入两个同步检波器,则可直接解调出 U、V 信号。这样做可简化电路,但由前面对式(3-32)的解释可知,u、v 信号只能与 q 信号一样作窄带双边带处理,使沿 I 轴的色度细节有所损失。这种直接解调出 U、V 信号的接收机称为窄带色度信号接收机。

3.3　PAL 制模拟彩色电视原理

3.3.1　彩色相序交变原理

1. NTSC 制的相位敏感性

在 NTSC 制彩色全电视信号中,色度信号 $e_c(t)$ 是叠加在亮度信号 $Y(t)$ 上传输的

（图 3-13）。当传输系统存在非线性特性时，色度矢量的幅度 C 和相角 θ 将产生与所叠加的亮度信号的电平 Y 有关的变化，分别变成 $\alpha(Y)C$ 和 $\theta-\varphi(Y)$。$\alpha(Y)$ 和 $\varphi(Y)$ 分别称为微分增益和微分相位。前者将引起彩色饱和度失真，后者将引起视觉更为敏感的色调失真。由图 3-13 可见，确定解调副载波相位的色同步信号恒定地处于零电平上，在图 3-16 中对应矢量 $\boldsymbol{B}$，它所确定的检波轴 D_Q、D_I 与存在微分相位的 Q、I 轴之间的夹角为 φ。类似于式（3-9）的证明，两个检波器的输出将分别为

$$Q_{\mathrm{out}} = Q\cos\varphi + I\sin\varphi \text{ 和 } I_{\mathrm{out}} = I\cos\varphi - Q\sin\varphi \tag{3-35}$$

Q、I 信号中均包含了相互的串色成分而产生色调失真。

另外，当传输系统特性不良、幅频特性出现起伏时，会使双边带信号变成不对称边带信号。参见第 3.2.2 节关于色度信号频带压缩的讨论，这也将引起 Q、I 信号之间的"正交串色"。不对称边带往往发生在色度频带的两端，因而主要是信号的高次边频分量存在串色，表现为水平方向有彩色突变的边界上的彩色镶边现象。

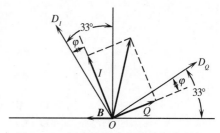

图 3-16　同步检波中的微分相位误差

微分相位与亮度的电平有关，系统的传输特性又是随机变化的，因而不能用简单的电路来校正由它们引起的彩色色调失真。为了从制式的角度克服 NTSC 制的相位敏感性，德国于 1962 年研制出 PAL 制。PAL 是 Phase Alternation Line（相位逐行交变）的缩写词。按色度信号形成的特点，PAL 制又称逐行倒相正交平衡调幅制。

2. PAL 制用彩色相序交变克服相位敏感性

PAL 制是通过将色度信号中的 v 分量逐行倒相（即初相位改变 180°）实现彩色相序交变的。相对于 NTSC 制而言，v 分量不倒相行称为 NTSC 行，v 分量倒相行称为 PAL 行。图 3-17（a）是 NTSC 行的色度矢量图，当从品色矢量沿逆时针方向旋转一周时，彩色变化顺序是品—红—黄—绿—青—蓝—品。图 3-17（b）是与其相邻的 PAL 行的色度矢量图，由于 v 分量倒相，各个色度矢量将移到以 U 轴为对称的镜像位置上。当仍从品色矢量沿逆时针方向旋转一周时，彩色变化顺序变为品—蓝—青—绿—黄—红—品，可见 NTSC 行和 PAL 行具有相反的彩色相序。由于相邻两行的相关性很强，可以认为其亮度和色度信号近似相等，与亮度信号电平有关的微分相位在相邻两行具有近似相同的方向和大小，在相反的彩色相序下将产生方向相反的色调偏差，于是在接收端通过相邻两行的平均可以使之趋于抵消而恢复正确的色调。这就是通过彩色相序交变克服相位敏感性的原理。例如，设传输的彩色为品色，在 NTSC 行（图 3-17（a））品色矢量 $\boldsymbol{C}_{\mathrm{M}}$ 的相角应为 $\theta=61°$，由于负的微分相位 φ 使之变成了 $\boldsymbol{C}_{\mathrm{N}}$（其幅度与 $\boldsymbol{C}_{\mathrm{M}}$ 相同），相当于品色中增加了红色成分。而在相邻的彩色相序相反的 PAL 行（图 3-17（b））品色矢量 $\boldsymbol{C}_{\mathrm{M}}'$ 的相角应为 $\theta=299°$，由于同样的微分相位 φ 使之变成了 $\boldsymbol{C}_{\mathrm{P}}'$（其幅度与 $\boldsymbol{C}_{\mathrm{M}}$ 相同），相当于品色中增加了蓝色成分。在同步检波解调时，所有 PAL 行的色度信号都要通过 v 分量的再倒相而复原，并且使之与相邻的 NTSC 行色度信号进行平均。如图 3-17（c）所示，PAL 行的矢量 $\boldsymbol{C}_{\mathrm{P}}'$ 经 v 分量再倒相后变成 $\boldsymbol{C}_{\mathrm{P}}$，与 NTSC 行的矢量 $\boldsymbol{C}_{\mathrm{N}}$ 进行平均得到矢量：

$$(\boldsymbol{C}_{\mathrm{N}} + \boldsymbol{C}_{\mathrm{P}})/2 = \cos\varphi \cdot \boldsymbol{C}_{\mathrm{M}} \tag{3-36}$$

由式(3-36)可见,平均矢量与$\boldsymbol{C}_{\mathrm{M}}$具有相等的相角,从而使色调失真趋于抵消,只由于其幅度的变化而产生视觉不大敏感的饱和度变化。在接收机中,PAL 行与 NTSC 行色度信号的平均可以通过电平均法(如一行延迟线电路)来实现。

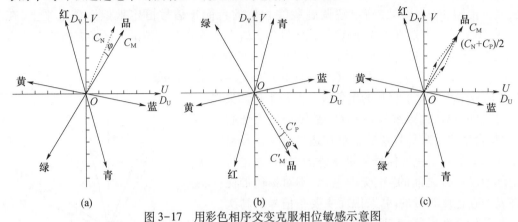

(a)　　　　　　　　　　(b)　　　　　　　　　　(c)

图 3-17　用彩色相序交变克服相位敏感示意图

(a)NTSC 行的彩色相序和具有相位失真的色度矢量 C_{N};(b)相邻的 PAL 行的彩色相序和
具有相位失真的色度矢量 C'_{P};(c)解调后通过两行平均得到无相位失真的色度矢量$(C_{\mathrm{N}}+C_{\mathrm{P}})/2$。

　　将 v 分量逐行倒相同时也就实现了 v 分量的逐场和逐帧倒相,如图 3-18 所示。图中的数字表示按扫描时间顺序而不是按光栅的空间顺序排列的行序,数字旁边的(N)和(P)分别表示相应的行是 NTSC 行(不倒相行)还是 PAL 行(倒相行)。图 3-18(a)和(b)示出了相邻两帧倒相行的分布情况。从图中可见,在同一场中倒相行和不倒相行是交替出现的。而由第 1,2,3,…行组成的奇数场和由第 314,315,316,…行组成的偶数场,其倒相行和不倒相行的排列正好相反,例如,若第 1 行是 N(或 P),则第 314 行一定是 P(或 N)。此外,因为 PAL 制一帧包含奇数(625)行,所以相邻两帧倒相行和不倒相行的排列也正好相反。若某帧的第 1 行是 N(或 P),则其下一帧的第 1 行一定是 P(或 N)。以上分析表明,PAL 行与 NTSC 行色度信号的平均除了由电平均法实现之外,人的视觉惰性在相邻行、相邻场和相邻帧之间都可以起到辅助的平均作用。

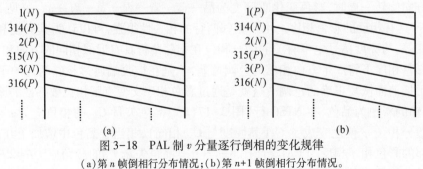

(a)　　　　　　　　　　　　　(b)

图 3-18　PAL 制 v 分量逐行倒相的变化规律

(a)第 n 帧倒相行分布情况;(b)第 $n+1$ 帧倒相行分布情况。

3.3.2　PAL 色度信号及其频谱

1. PAL 色度信号

PAL 制的视频带宽为 6MHz,与 NTSC 制相比,亮、色频带重叠问题不严重,因此不采

用 Q、I 信号,而直接采用等带宽(1.3MHz)的 U、V 信号对副载波进行双边带正交平衡调幅。考虑到 v 分量逐行倒相,色度信号的两个分量可表示为

$$u(t)=U\sin\Omega_{sc}t,v(t)=V\Phi_{K}(t)\cos\Omega_{sc}t \qquad (3-37)$$

式中:$\Phi_{K}(t)$ 表示逐行取值为+1 和−1 以 $2T_{H}$ 为周期的开关函数,如图 3-19 所示。于是,色度信号可表示为

$$e_{c}(t)=u(t)+v(t)=U\sin\Omega_{sc}t+V\Phi_{K}(t)\cos\Omega_{sc}t=C\sin(\Omega_{sc}t+\theta) \qquad (3-38)$$

其中瞬时振幅 C 和瞬时初相位 θ(θ 在 0°~360°范围内取值)分别为

$$C=\sqrt{U^2+V^2} \qquad (3-39)$$

$$\theta=\arctan\left(\frac{\Phi_{K}(t)V}{U}\right)=\begin{cases}\arctan(V/U), & \text{NTSC 行}\\360°-\arctan(V/U), & \text{PAL 行}\end{cases} \qquad (3-40)$$

由式(3-37)~式(3-40)可见,表 3-2 所列的彩条信号数据对于 PAL 制仍然适用,只是 PAL 行的色度信号相角要由式(3-40)的第 2 式计算。如图 3-9 所示的彩条色度信号矢量图只适用于 PAL 制的 NTSC 行,对于 PAL 行的各矢量应取以 U 轴为对称的镜像。如图 3-13 所示的彩条全电视信号形成波形示意图中的 q、i 信号,应分别用根据表 3-2 和式(3-37)画出的 u、v 信号(图 3-20)所代替,图 3-13 的(c)、(d)和(e)则仍可用来表示 PAL 彩条的 $e_{c}+e_{b}$、$Y+S+B$ 和 CVBS 信号,因为在这些示意图中并未画出副载波相位。

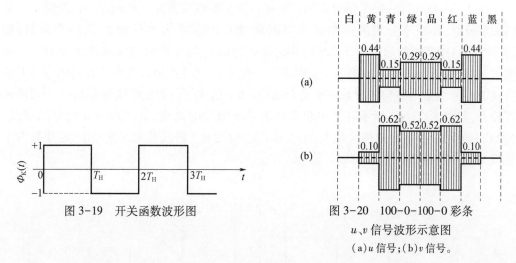

图 3-19　开关函数波形图　　　图 3-20　100-0-100-0 彩条
u、v 信号波形示意图
(a)u 信号;(b)v 信号。

在 PAL 制电视发送端用 PAL 识别脉冲(P 脉冲)来确定 v 分量倒相行,而为了对逐行倒相的 v 分量进行同步检波,PAL 制接收机应能根据发送端所提供的信息正确识别当前所接收的是 NTSC 行还是 PAL 行。因此,与 NTSC 制色同步信号不同,PAL 制色同步信号由恒定相位分量和逐行倒相分量两部分组成,前者用来传递副载波的相位信息(称为锁相分量),后者用来传递开关函数的极性信息(称为识别分量),如下式所示:

$$e_{b}(t)=e_{bu}(t)+e_{bv}(t)=K(t)\left[(1/\sqrt{2})\sin(\Omega_{sc}t+180°)+(1/\sqrt{2})\Phi_{K}(t)\cos\Omega_{sc}t\right]$$
$$=K(t)\sin[\Omega_{sc}t+180°-\Phi_{K}(t)45°]$$

$$(3-41)$$

式(3-41)表明,PAL 制色同步信号的相位在 NTSC 行为 135°,在 PAL 行为 225°,逐

行摆动±90°,因此也称为摆动色同步信号。对于 625 行的
PAL 制,每一个色同步脉冲中包含 10 个周期的副载波。
PAL 制色度信号和色同步信号的矢量表示法示于图 3-21。

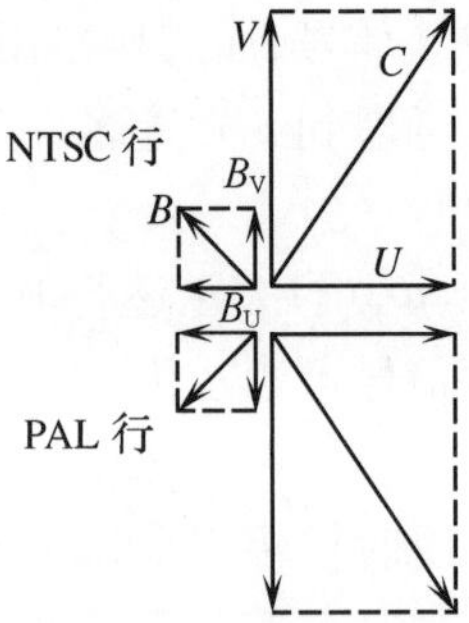

图 3-21 PAL 制色度信号和
色同步信号的矢量表示

2. PAL 制色度信号的频谱

由式(3-37),v 分量既可看成是逐行倒相的 V 信号对副
载波 $\cos\Omega_{sc}t$ 平衡调幅,也可看成是 V 信号对逐行倒相的副
载波 $\Phi_K(t)\cos\Omega_{sc}t$ 平衡调幅。如图 3-19 所示的开关函数
$\Phi_K(t)$ 可以用傅里叶级数表示为如下的正弦函数之和:

$$\Phi_K(t) = \frac{4}{\pi}\sum_{m=0}^{\infty}\frac{1}{2m+1}\sin(2m+1)\Omega_1 t \qquad (3-42)$$

式中:$\Omega_1 = 2\pi(f_H/2) = f_H\pi$ 为基波角频率。因此,逐行倒相副载波的频率分量表示为

$$\Phi_K(t)\cos\Omega_{sc}t = \Phi_K(t)\cos 2\pi f_{sc}t$$

$$= \frac{2}{\pi}\Big[\sum_{m=0}^{\infty}\frac{1}{2m+1}\sin 2\pi[f_{sc}+(2m+1)f_H/2]t -$$

$$\sum_{m=0}^{\infty}\frac{1}{2m+1}\sin 2\pi[f_{sc}-(2m+1)f_H/2]t\Big] \qquad (3-43)$$

由式(3-43)可见,供 V 信号调制用的逐行倒相副载波实际上是包含一系列频率分量
的副载波群,各频率分量的振幅谱线与副载频 f_{sc} 的距离为半行频 $f_H/2$ 的奇数倍,如
图 3-22(a)中实线所示。图 3-22(a)中的虚线为供 U 信号调制用的副载波 $\sin\Omega_{sc}t$ 的振
幅谱,它是位于 f_{sc} 处的一根谱线。当具有以行频 f_H 及其各次谐波为中心频谱结构的 V 信
号和 U 信号分别对各自的副载波平衡调幅后,两个已调信号的主谱线将以 $f_H/2$ 为间隔相
互错开,如图 3-22(b)所示。图中粗实线表示 v 信号的谱线,虚线表示 u 信号的谱线。
NTSC 制的两个色度分量谱线是重合的,而 PAL 制的 u、v 谱线是相互交错的,这使得两个
色度分量之间不容易发生串扰。

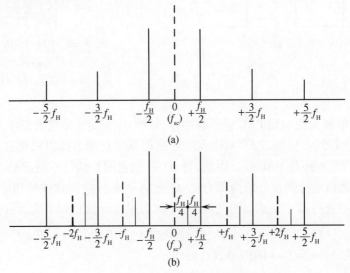

图 3-22 PAL 制色度信号主谱线频谱示意图

(a)PAL 副载波的振幅频谱;(b)u 信号(虚线)和 v 信号(粗实线)的频谱(细实线表示 1/4 偏置的 Y 信号谱线)。

3.3.3 PAL 制副载频的选择

1. 色度信号与亮度信号的频谱交错

如上所述，PAL 制 v 信号与 u 信号的谱线相互错开 $f_H/2$，因此不能采用半行频偏置的副载频。若采用半行频偏置，则由于 Y 信号的谱线也与 u 信号的谱线错开 $f_H/2$，致使 Y 信号与 v 信号的谱线重叠，产生严重的相互干扰。为了减少亮色之间的相互干扰，应将位于整数倍行频的 Y 的主谱线插到 u 和 v 主谱线的中间，如图 3-22(b) 所示（图中细实线表示 Y 信号主谱线）。即存在正整数 N，使得

$$Nf_H=[f_{sc}+(f_{sc}+f_H/2)]/2$$

从而副载频与行频之间的关系为

$$f_{sc}=(N-1/4)f_H \tag{3-44}$$

在这种情况下，色度信号与亮度信号主谱线之间达到最大交错间距 $f_H/4$，因此称为 1/4 行频偏置或简称 1/4 偏置。

为了进一步减少亮色之间的相互干扰，在选择副载频时除了考虑主谱线之外，还应该考虑使能量较大的以场频为间隔的亮色副谱线达到尽可能大的交错间距。在 625 行扫描标准下

$$f_H/4=(625\times f_V/2)/4=(78+1/8)f_V \tag{3-45}$$

图 3-23(a) 画出了 1/4 偏置时 Y 信号的一根 nf_H 的主谱线以及与之相距 $f_H/4$ 的 u 信号与 v 信号的各一根主谱线，并在 Y 主谱线两侧画出了一对副谱线 Y_{+1} 和 Y_{-1}。根据式(3-45)，图中 u 信号的上边频第 78 次副谱线 u_{+78} 和 v 信号的下边频第 78 次副谱线 v_{-78} 均与 Y 主谱线相距 $f_V/8$，而 u_{+77} 和 v_{-79} 均与 Y_{-1} 相距 $f_V/8$，u_{+79} 和 v_{-77} 均与 Y_{+1} 相距 $f_V/8$。为了增大亮色副谱线的交错间距，PAL 制采用 1/4 行频附加 1/2 场频(25Hz)偏置，即

$$f_{sc}=(N-1/4)f_H+f_V/2=(N-1/4+1/625)f_H \tag{3-46}$$

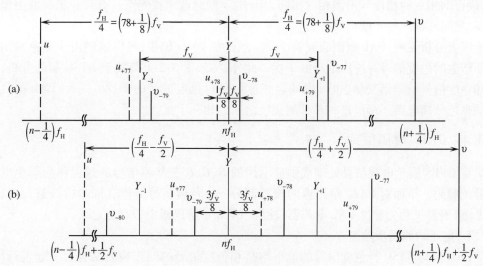

图 3-23　亮、色副谱线的交错

(a) 无 25Hz 偏置；(b) 有 25Hz 偏置。

图 3-23(b)画出了附加 1/2 场频偏置后的谱线分布,相对于图 3-23(a),此时所有 u、v 谱线均向右偏移 $f_V/2$,结果使 u_{+78} 和 v_{-79} 与 Y 相距 $3f_V/8$,u_{+79} 和 v_{-78} 与 Y_{+1} 相距 $3f_V/8$,u_{+77} 和 v_{-80} 与 Y_{-1} 相距 $3f_V/8$。由此可见,附加 1/2 场频偏置使亮色副谱线的交错间距增大到 3 倍,减少了亮色之间的相互干扰。

类似于 NTSC 制,PAL 制的副载频也要尽量选在视频频带的高端,但其上边频不能超过视频最高频率 6MHz。为此取式(3-46)中的 $N=284$,并将 $f_H=15625Hz$ 代入,可得

$$f_{sc} = (283.75+1/625) \times 15625 = 4.43361875(\text{MHz}) \tag{3-47}$$

当伴音载频与图像载频之差为 6.5MHz 时,若忽略副载频的附加 25Hz 偏置,则容易算出,伴音载频与副载频之差与整数倍行频偏离 $f_H/4$,可减轻二者的差拍对亮度信号的干扰。

2. 副载波干扰光点和亮度串色

由式(3-47),行周期与副载波周期具有如下关系:

$$T_H = (1135/4+1/625)T_{sc} \tag{3-48}$$

首先分析 u 副载波干扰光点。因为

$$2T_H = 2 \times (1135/4+1/625)T_{sc} \approx 567.5T_{sc}$$

所以在同一场的垂直方向上,u 副载波干扰光点是隔行相互抵消的。因为

$$312T_H = 312 \times (1135/4+1/625)T_{sc} \approx 88530.5T_{sc}$$

所以在同一帧的两场中,时间上相隔 312 行而空间上相邻的两行,u 副载波干扰光点是相互抵消的,如第 314 行与第 2 行、第 315 行与第 3 行等。因为

$$625 \times 2T_H = 625 \times 2 \times (1135/4+1/625)T_{sc} \approx 354689.5T_{sc}$$

所以在空间同一位置上 u 副载波干扰光点是隔帧相互抵消的。

其次分析 v 副载波干扰光点。v 副载波不同于 u 副载波之处在于初相位超前 90° 和逐行倒相。其中初相位超前 90° 只是所有光点在屏幕的水平方向上前移相当于 1/4 副载波周期的距离,不影响整体的光点结构。而 $2T_H$、$312T_H$ 和 $625 \times 2T_H$ 都是行周期的偶数倍,逐行倒相后的相位与不倒相时相同。因此,v 副载波干扰光点具有与 u 副载波类似的行间、场间和帧间相互抵消的特点。

以上分析说明,PAL 制副载波的 1/4 行频附加 25Hz 偏置,可以减轻由于亮色共用频带而产生的色度信号对亮度信号的干扰。此外,类似于 3.2.1 节关于 NTSC 制的分析,亮度和色度信号的频谱交错,也可以减轻亮度信号对色度信号的干扰。此外,PAL 接收机中的亮色分离电路还可以进一步抑制亮色之间的相互干扰。

3.3.4 PAL$_D$ 解码原理

将 CVBS 彩色电视信号处理成供显示用的 R、G、B 三基色信号的过程称为彩色电视信号的解码。下面对 PAL$_D$ 解码器的核心部分——色度信号分离和同步检波进行分析。PAL$_D$ 解码器又称为标准 PAL 解码器,注脚"D"表示解码器中带有延迟线。

1. 电平均和同步检波

PAL 行与 NTSC 行色度信号的电平均是和色度信号的同步检波结合在一起进行的。参见图 3-17(c),经电平均后 U、V 检波器的输出 U_a 和 V_a 应分别为平均色度矢量 $(C_N+C_P)/2$ 在检波轴 D_U 和 D_V 上的投影。为了表示方便,从一般意义上,将矢量 A 在坐标轴 x 上的投影记为 $[A|x]$,则有

$$U_a = \left[(C_N + C_P)/2 \,|\, D_U \right] \text{，或者，} 2U_a = \left[(C_N + C_P) \,|\, D_U \right] \tag{3-49}$$

由式(3-49)，有

$$2U_a = \left[C_N \,|\, D_U \right] + \left[C_P \,|\, D_U \right] = \left[C_N \,|\, D_U \right] + \left[C_P' \,|\, D_U \right] = \left[(C_N + C_P') \,|\, D_U \right] \tag{3-50}$$

或者

$$2U_a = \left[(C_N - (-C_P')) \,|\, D_U \right] = \left[(C_P' - (-C_N)) \,|\, D_U \right] \tag{3-51}$$

同理

$$2V_a = \left[(C_N + C_P) \,|\, D_V \right] = \left[C_N \,|\, D_V \right] - \left[C_P' \,|\, D_V \right] = \left[(C_N - C_P') \,|\, D_V \right] = \left[(C_P' - C_N) \,|\, (-D_V) \right] \tag{3-52}$$

或者

$$2V_a = \left[(C_N + (-C_P')) \,|\, D_V \right] = \left[(C_P' + (-C_N)) \,|\, (-D_V) \right] \tag{3-53}$$

式(3-50)~式(3-53)涉及的 PAL 行与 NTSC 行色度信号之间的运算可用一行延迟线以及加法器和减法(即加负值)器来实现。式(3-50)和式(3-52)要求色度信号经延迟后不变(包络无失真地延迟一个行周期，副载波相位相差 π 的偶数倍)。由式(3-50)，直通信号与延迟信号相加后送入 U 检波器，经过与 $2\sin\Omega_{sc}t$ 相乘和低通滤波输出 $2U_a$ 信号，或者说，经过与 $\sin\Omega_{sc}t$ 相乘和低通滤波输出 U_a 信号。由式(3-52)，直通信号减去延迟信号后送入 V 检波器。若直通的是 NTSC 行信号 C_N，则解调副载波为 $\cos\Omega_{sc}t$ (相应于 D_V)；若直通的是 PAL 行信号 C_P'，则解调副载波为 $-\cos\Omega_{sc}t$ (相应于 $-D_V$)。这两种情况可以统一用解调副载波 $\Phi_K(t)\cos\Omega_{sc}t$ 表示。在 V 检波器中经过与 $\Phi_K(t)\cos\Omega_{sc}t$ 相乘和低通滤波输出 V_a 信号。图 3-24(a)示出了上述基于式(3-50)和式(3-52)的电平均和同步检波方框图，图中 DL 方框代表一行延迟线。另外，也可以基于式(3-51)和式(3-53)实现电平均和同步检波，其方框图如图 3-24(b)所示。这时要求色度信号经延迟后变负(包络无失真地延迟一个行周期，副载波相位相差 π 的奇数倍)。由式(3-51)，直通信号减去延迟信号后送入 U 检波器，经过与 $\sin\Omega_{sc}t$ 相乘和低通滤波输出 U_a 信号；而由式(3-53)，直通信号与延迟信号相加后送入 V 检波器，经过与 $\Phi_K(t)\cos\Omega_{sc}t$ 相乘和低通滤波输出 V_a 信号。

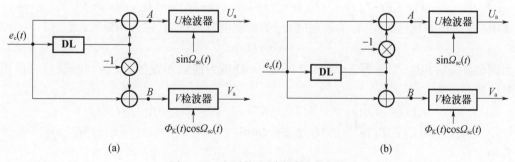

图 3-24 电平均和同步检波方框图

(a)色度信号经延迟后不变的情况；(b)色度信号经延迟后变负的情况。

2. 色度信号分离

在图 3-24 中，设相邻行的色度不变，即 $U(t - T_H) = U(t)$，$V(t - T_H) = V(t)$，且微分相位 $\varphi = 0$，则从输入 $e_c(t)$ 点到 A、B 两点之间的电路可使色度信号的 u、v 分量得到分离。

以图 3-24(b)为例,由式(3-38),直通信号为

$$e_c(t) = U(t)\sin\Omega_{sc}t + V(t)\Phi_K(t)\cos\Omega_{sc}t \tag{3-54}$$

考虑到延迟信号的包络不变、副载波相位相差 π 的奇数倍,以及 $\Phi_K(t-T_H) = -\Phi_K(t)$,延迟信号为

$$\begin{aligned}e_d(t) &= -U(t-T_H)\sin\Omega_{sc}t - V(t-T_H)\Phi_K(t-T_H)\cos\Omega_{sc}t\\ &= -U(t)\sin\Omega_{sc}t + V(t)\Phi_K(t)\cos\Omega_{sc}t\end{aligned} \tag{3-55}$$

在相减端 A 点的信号为

$$e_c(t) - e_d(t) = 2U(t)\sin\Omega_{sc}t = 2u(t) \tag{3-56}$$

在相加端 B 点的信号为

$$e_c(t) + e_d(t) = 2V(t)\Phi_K(t)\cos\Omega_{sc}t = 2v(t) \tag{3-57}$$

经同步检波后,U 和 V 检波器的输出将分别为 $U_a = U$ 和 $V_a = V$。

在相邻行色度不变,而微分相位 $\varphi \neq 0$ 的情况下,仍以图 3-24(b)为例,式(3-54)和式(3-55)中的各副载波分量都有相同的微分相位 φ,相减端和相加端的信号分别为

$$e_c(t) - e_d(t) = 2U(t)\sin(\Omega_{sc}t - \varphi) = 2U(t)(\cos\varphi\sin\Omega_{sc}t - \sin\varphi\cos\Omega_{sc}t) \tag{3-58}$$

$$e_c(t) + e_d(t) = 2V(t)\Phi_K(t)\cos(\Omega_{sc}t - \varphi) = 2V(t)\Phi_K(t)(\cos\varphi\cos\Omega_{sc}t + \sin\varphi\sin\Omega_{sc}t) \tag{3-59}$$

用 $\sin\Omega_{sc}t$ 和 $\Phi_K(t)\cos\Omega_{sc}t$ 同步检波后,将分别得到 $U_a = U\cos\varphi$ 和 $V_a = V\cos\varphi$ 输出。

以上分析表明,在相邻行色度不变的前提下,从输入 $e_c(t)$ 点到 A、B 两点之间的电路能够使 u、v 或者带有微分相位的 u、v 色度分量得到分离,因此称为色度信号分离电路。将色度信号分离后再进行同步检波可以克服两个色度信号之间的相互串扰。

如图 3-24 所示的两种电平均和同步检波电路,要求经一个行周期 T_H 延迟后,色度信号包络无失真地延迟一个行周期,副载波相位分别相差 π 的偶数和奇数倍。下面分析满足这种要求的延迟线的频率特性。由式(3-38),延迟线输入信号为

$$e_c(t) = C(t)\sin(\Omega_{sc}t + \theta) \tag{3-60}$$

延迟线输出信号应为

$$e_d(t) = C(t-T_H)\sin[\Omega_{sc}(t-\tau_p) + \theta)] = C(t-T_H)\sin(\Omega_{sc}t + \theta - m\pi)] \tag{3-61}$$

式中:T_H 为包络延迟时间,称为群延时;τ_p 为副载波延迟时间,称为相延时;而

$$m\pi = \Omega_{sc}\tau_p \tag{3-62}$$

为副载波滞后相位,对于图 3-24(a)和(b),m 分别为偶数和奇数。$e_c(t)$ 和 $e_d(t)$ 可以用复函数表示为

$$e_c(t) = [C(t)e^{j(\Omega_{sc}t+\theta)}/2j] - [C(t)e^{-j(\Omega_{sc}t+\theta)}/2j] = f_c(t) + f_c^*(t)$$

$$e_d(t) = [C(t-T_H)e^{j(\Omega_{sc}t+\theta-m\pi)}/2j] - [C(t-T_H)e^{-j(\Omega_{sc}t+\theta-m\pi)}/2j] = f_d(t) + f_d^*(t)$$

其中

$$f_c(t) = C(t)e^{j(\Omega_{sc}t+\theta)}, \quad f_d(t) = C(t-T_H)e^{j(\Omega_{sc}t+\theta-m\pi)} \tag{3-63}$$

分别为 $e_c(t)$ 和 $e_d(t)$ 的正频率部分。可以分别以 $f_c(t)$ 和 $f_d(t)$ 作为输入和输出信号来分析延迟线的(正)频率特性。设 $C(t)$ 的频谱为 $F(\Omega)$,则由式(3-63)以及傅里叶变换的性质,$f_c(t)$ 和 $f_d(t)$ 的频谱分别为

$$F_c(\Omega) = F(\Omega - \Omega_{sc})e^{j\theta}, \quad F_d(\Omega) = F(\Omega - \Omega_{sc})e^{-j(\Omega-\Omega_{sc})T_H}e^{j(\theta-m\pi)}$$

延迟线的传输函数为

$$K(\Omega) = F_{\mathrm{d}}(\Omega)/F_{\mathrm{c}}(\Omega) = \mathrm{e}^{-\mathrm{j}[(\Omega-\Omega_{\mathrm{sc}})T_{\mathrm{H}}+m\pi]} = k_{\tau}(\Omega)\mathrm{e}^{-\mathrm{j}\varphi_{\tau}(\Omega)} \qquad (3\text{-}64)$$

其幅频响应恒定为 1,相频响应为线性相位特性,即

$$k_{\tau}(\Omega) = 1, \varphi_{\tau}(\Omega) = (\Omega-\Omega_{\mathrm{sc}})T_{\mathrm{H}}+m\pi \qquad (3\text{-}65)$$

由式(3-62)和式(3-47),色度信号的相延时为

$$\tau_{\mathrm{p}} = m\pi/\Omega_{\mathrm{sc}} = mT_{\mathrm{H}}/567.5032 \qquad (3\text{-}66)$$

当 $m = 567$ 和 $m = 568$ 时 τ_{p} 在群延时 $T_{\mathrm{H}} = 64\mu\mathrm{s}$ 附近,分别为 $\tau_{\mathrm{p}} = 63.943\mu\mathrm{s}$ 和 $\tau_{\mathrm{p}} = 64.056\mu\mathrm{s}$。后者的相延时大于群延时。模拟电视中的 PAL 延迟线通常采用超声玻璃延迟线,而超声玻璃延迟线难以实现相延时大于群延时的物理特性。因此 PAL 延迟线选取前者,即 $T_{\mathrm{H}} = 64\mu\mathrm{s}$,$\tau_{\mathrm{p}} = 63.943\mu\mathrm{s}$,副载波相位经延迟线后相差 π 的 567(奇数)倍,采用图 3-24(b)所示的电平均和同步检波电路。由式(3-65),$\varphi_{\tau}(0) = -0.5032\pi$,延迟线的相频响应不通过原点,具有第二类线性相位特性,如图 3-25 所示。

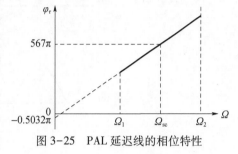

图 3-25　PAL 延迟线的相位特性

3. 梳状滤波

下面从滤波器的角度来分析色度信号分离电路的频率特性。由式(3-64)和式(3-65),取 $m = 567$,则延迟线的传输函数为

$$K(2\pi f) = \mathrm{e}^{-\mathrm{j}[2\pi(f-f_{\mathrm{sc}})T_{\mathrm{H}}+567\pi]} = -\mathrm{e}^{-\mathrm{j}2\pi(f-f_{\mathrm{sc}})T_{\mathrm{H}}} \qquad (3\text{-}67)$$

图 3-24(b)中从输入端到相减端 A 点的频率响应函数为

$$K_{-}(f) = 1 - K(2\pi f) = 1 + \mathrm{e}^{-\mathrm{j}2\pi(f-f_{\mathrm{sc}})T_{\mathrm{H}}} = 2\cos[(f-f_{\mathrm{sc}})T_{\mathrm{H}}\pi]\mathrm{e}^{-\mathrm{j}\pi(f-f_{\mathrm{sc}})T_{\mathrm{H}}}$$

其幅频响应函数为

$$|K_{-}(f)| = 2|\cos[(f-f_{\mathrm{sc}})T_{\mathrm{H}}\pi]| \qquad (3\text{-}68)$$

图 3-24(b)中从输入端到相加端 B 点的频率响应函数为

$$K_{+}(f) = 1 + K(2\pi f) = 1 - \mathrm{e}^{-\mathrm{j}2\pi(f-f_{\mathrm{sc}})T_{\mathrm{H}}} = 2\mathrm{j}\sin[(f-f_{\mathrm{sc}})T_{\mathrm{H}}\pi]\mathrm{e}^{-\mathrm{j}\pi(f-f_{\mathrm{sc}})T_{\mathrm{H}}}$$

其幅频响应函数为

$$|K_{+}(f)| = 2|\sin[(f-f_{\mathrm{sc}})T_{\mathrm{H}}\pi]| \qquad (3\text{-}69)$$

由式(3-68)和式(3-69)可见,当 $f = f_{\mathrm{sc}}+kf_{\mathrm{H}}$($k$ 为整数)时,$|K_{-}(f)|$ 取最大值 2,$|K_{+}(f)|$ 取最小值 0;而当 $f = f_{\mathrm{sc}}+(k+1/2)f_{\mathrm{H}}$($k$ 为整数)时,$|K_{-}(f)|$ 取最小值 0,$|K_{+}(f)|$ 取最大值 2。即 $|K_{-}(f)|$ 的峰点(选通点)和谷点(抑制点)分别对应 $|K_{+}(f)|$ 的谷点和峰点,二者形成频距为 $f_{\mathrm{H}}/2$ 的彼此交错的幅频特性,如图 3-26 所示。

由图 3-26 可见,色度信号分离电路两个输出端都具有梳齿状的幅频特性,因而称为梳状滤波器。两个梳状滤波器的梳齿分别对应 v 和 u 主谱线的频率点,$K_{-}(f)$ 抑制 v 频谱而以最大传输系数 2 选通 u 频谱,$K_{+}(f)$ 抑制 u 频谱而以最大传输系数 2 选通 v 频谱,两个色度信号经梳状滤波而得到分离。需要指出,这里的 u、v 频谱分离只涉及主谱线而不包含副谱线,这与时域分析时所作的相邻行色度不变的假定是一致的。除了垂直方向有色度突变的场合外,大多数实际图像近似符合这种情况。

由图 3-26(a)、(b)和(c)还可以看到,Y 谱线对应梳状滤波幅频响应由峰值下降 3dB 的位置(忽略 25Hz 频率偏置),因而梳状滤波还可以使亮度串色幅度下降 3dB。此外,梳状滤波还可以使彩色信噪比有 3dB 的改善。以相减端为例,设输入噪波频谱为均

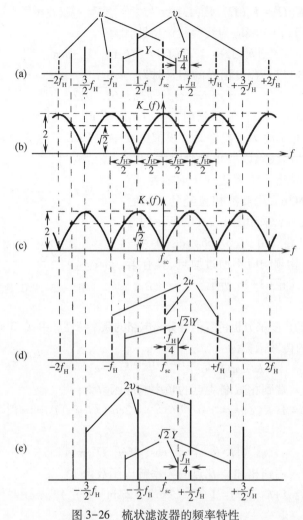

图 3-26　梳状滤波器的频率特性

（a）PAL 信号各分量的频谱；（b）相减输出端幅频特性；（c）相加输出端幅频特性；

（d）相减端的输出信号；（e）相加端的输出信号。

匀分布，则经梳状滤波与未经梳状滤波的噪波功率之比为

$$\int_{-f_{\mathrm{H}}/2}^{f_{\mathrm{H}}/2} (2\cos[T_{\mathrm{H}}\pi f])^2 \mathrm{d}f / \int_{-f_{\mathrm{H}}/2}^{f_{\mathrm{H}}/2} 2^2 \mathrm{d}f = \frac{1}{2} \tag{3-70}$$

4. 行顺序效应

PAL 制在采用逐行改变彩色相序的办法克服 NTSC 制相位敏感性的同时，也带来一个新的问题，即在某些情况下可能导致行顺序效应。其主要表现形式为行蠕动现象（也称百叶窗效应或爬行现象）和半帧频闪烁现象。

1）行蠕动现象

若色度信号分离电路存在误差将会引起串色。当延迟线的相延时不准时，存在一个相位误差 α，取 $m=567$，式（3-65）、式（3-68）和式（3-69）分别变成

$$\varphi_\tau(\Omega) = (\Omega - \Omega_{\mathrm{sc}}) T_{\mathrm{H}} + 567\pi + \alpha = [\Omega - (\Omega_{\mathrm{sc}} - \alpha/T_{\mathrm{H}})] T_{\mathrm{H}} + 567\pi \tag{3-71}$$

$$|K_-(f)| = 2|\cos\{[f-(f_{sc}-\Delta f)]T_H\pi\}| \tag{3-72}$$

$$|K_+(f)| = 2|\sin\{[f-(f_{sc}-\Delta f)]T_H\pi\}| \tag{3-73}$$

其中,$\Delta f = \alpha/(2\pi T_H)$。这将使图 3-26(b)和(c)的梳状滤波频率特性曲线沿频率轴平移 Δf,其峰点和谷点偏离应该被选通和抑制的谱线,从而造成 u、v 所有频率分量的互串,导致大面积串色。

若延迟线的群延时不准,即群延时 $\tau_g \neq T_H$,则式(3-68)和式(3-69)分别变成

$$|K_-(f)| = 2|\cos[(f-f_{sc})\tau_g\pi]| \tag{3-74}$$

$$|K_+(f)| = 2|\sin[(f-f_{sc})\tau_g\pi]| \tag{3-75}$$

图 3-26(b)和(c)的梳状滤波频率特性曲线将以 $1/\tau_g$(不是 $f_H = 1/T_H$)为周期,自 f_{sc} 点向两侧展开。对于 u、v 信号的高频分量,它们距离 f_{sc} 较远,其峰点和谷点与应该被选通和抑制的谱线偏离较大,u、v 频率分量的互串较明显,从而产生在水平彩色过渡处的串色。

在图 3-24(b)中,若延迟信号被裂相为两路时裂相相位不准,例如倒相相位不是精确的 180°,则在相减端相当于存在相延时误差,也会引起包括所有频率分量的大面积串色。而当直通和延时两分支的过渡特性不一致,使直通和延时信号的边沿波形不相同时,u、v 不能完善分离,也会产生水平彩色过渡处的串色。

以上讨论的由色度信号分离电路存在误差所引起的各种串色,包括因其他误差因素引起的串色,具有一个共同的特点,即串色的极性是逐行改变的。原因在于,在 PAL 制中,u 分量副载波是恒定的,而 v 分量副载波是逐行倒相的。若有恒定相位的 u 分量串入 v 路,则由逐行倒相的副载波解调后输出的串色将是逐行改变极性的。而若有逐行倒相的 v 分量串入 u 路,则由恒定相位的副载波解调后输出的串色仍将保留其逐行倒换极性的性质。这种串色引起的色调偏差具有逐行互补的性质,一般通过视觉平均作用仍能获得正确的彩色。然而这种串色反映到亮度上,需要考虑显像的非线性电—光转换特性。在第 2.2.1 节已经说明,显像的非线性电—光转换特性使恒定亮度原理不能满足,显示的亮度既与亮度信号有关,又与色差信号有关。这种逐行改变极性的串色成分会使色差信号逐行增减,从而引起显示亮度的逐行强弱变化。当其差别达到一定程度时,人眼可觉察到屏幕上出现的亮暗相间的行结构(水平条纹)。而这种行结构在隔行扫描的情况下,会逐场向上移动一行。从屏幕上的某一行开始观察,例如,设第 1 场的第 3 行(奇数行)为亮行,则在第 2 场时,其上面的 1 行即第 315 行(也是奇数行)为亮行。而在第 3 场(下一帧的第 1 场)时,其再上面的一行即第 2 行(偶数行)为亮行,依此类推。这种向上缓慢移动的明暗相间的行结构就称为行蠕动现象。出现在大块彩色部分的低频串色可以引起大面积行蠕动现象,而存在于水平彩色过渡处的高频串色可以引起短线段状的边缘行蠕动现象。

2)半帧频闪烁现象

在图像的垂直彩色过渡处,由于相邻行色度信号有突变,梳状滤波器已不能将两个色度信号分离,会产生大幅度的串色。而彩色相序的逐行改变以及一帧包含奇数行,会使彩色过渡处串色的极性逐帧改变,进而显示亮度逐帧改变,引起半帧频闪烁现象。

实验表明,对色度信号分离电路进行精确调整,能基本消除大面积行蠕动和边缘行蠕动现象。对于饱和度不高的一般彩色图像,半帧频闪烁现象也不明显。只是对于斜彩条等边缘部分色度信号无法完善分离的图案,边缘行蠕动现象不能彻底消除;对于高饱和度

的水平彩条图案,出现在边界上的半帧频闪烁现象比较明显。

3.3.5 PAL 制彩色全电视信号编码器

将 3 个基色信号与各种同步信号一起加工处理成 CVBS 彩色全电视信号称为编码。图 3-27 示出了一种副载波逐行倒相的 PAL 制编码器方框图。它包括矩阵电路、亮度信号通道、色度信号通道、同步信号预制电路和混合电路等组成部分。

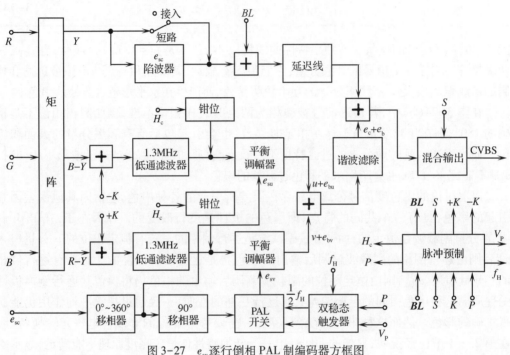

图 3-27 e_{sv} 逐行倒相 PAL 制编码器方框图

1. 矩阵及其相关电路

在矩阵电路中,经过 γ 校正的基色信号 R、G、B 按下式进行线性组合形成亮度信号 Y 和色差信号 $(R-Y)$、$(B-Y)$(参见 2.2.1 节):

$$\begin{bmatrix} Y \\ R-Y \\ B-Y \end{bmatrix} = \begin{bmatrix} 0.299 & 0.587 & 0.114 \\ 0.701 & -0.587 & -0.114 \\ -0.299 & -0.587 & 0.866 \end{bmatrix} \begin{bmatrix} R \\ G \\ B \end{bmatrix} \quad (3-76)$$

上述矩阵运算可以采用晶体管电路或运算放大器电路实现,如图 3-28 所示。

图 3-28(a)是一种亮度信号的运算放大器矩阵电路。不难看出,输出电压:

$$-Y = -\left[(R_f/R_1)R + (R_f/R_2)G + (R_f/R_3)B \right]$$

为输出正确的亮度信号 Y,电路参数应满足:

$$(R_f/R_1):(R_f/R_2):(R_f/R_3) = (1/R_1):(1/R_2):(1/R_3) = 0.299:0.587:0.114$$

图 3-28(b)是一种色差信号(此处以 $(R-Y)$ 为例)的晶体管矩阵电路。图中 R 经射极输出器 VT_1 和电位器 W_1 加到晶体管 VT_4 的基极,G 和 B 分别经射极输出器 VT_2、VT_3 和电阻 R_2、R_3 加到 VT_4 的发射极。VT_5 作为 VT_4 的恒流源,用来提高该级性能。正确选择矩阵电路参数,可在 VT_4 的负载 R_4 上得到 $-(R-Y)$ 输出。电位器 W_1 用作白平

衡调整,当输入黑白图像($R=G=B$)时,调整 W_1 使输出($R-Y$)= 0。

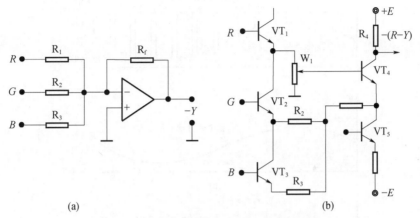

图 3-28　亮度信号和色差信号的矩阵电路

(a)亮度信号的运算放大器矩阵电路;(b)色差信号晶体管矩阵电路。

电视系统总的传输特性经 γ 校正后理论上应为一直线,但实验表明,当系统总的 $\gamma_s = 1.26$ 时效果较好。设彩色显像管的 $\gamma_1 = 2.8$,摄像管的 $\gamma_2 = 1$,则 γ 校正电路的非线性系数应为

$$\gamma_c = \gamma_s / \gamma_1 \gamma_2 = 1.26/2.8 = 0.45$$

图 3-29 示出了一种具有折线特性的 γ 校正电路,通过改变电流负反馈实现输出与输入之间的非线性关系。在三极管放大器射极电阻 R_e 上并接了 3 个二极管/电阻分支。当输入信号较小时,3个二极管处于导通状态,射极等效电阻较小,放大器增益较高。随着输入信号增大,二极管 $VD_1 \sim VD_3$ 依次截止,电阻 $R_1 \sim R_3$ 随之相继断开,射极等效电阻的负反馈作用逐渐加大,放大器增益逐渐减小,形成折线形式的非线性放大特性。增加二极管的数目并适当选择电路参数,可实现近似平滑的 γ 校正特性。

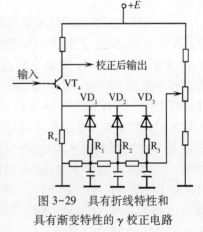

图 3-29　具有折线特性和具有渐变特性的 γ 校正电路

为了实现正确的矩阵运算,单极性基色信号 R、G、B 在输入到矩阵电路之前应具有相同的黑色电平基准(最小值)和白色电平(最大值)。信号变化幅度由视频放大器控制,而黑色电平基准要依靠钳位电路实现。在进行 γ 校正前也需要对图像信号钳位,以便实现正确的非线性处理。

图像信号的最低频率分量反映景物背景亮度的缓慢变化,它在一帧的局部时间内为直流,因此称为直流分量。视频放大器多采用交流放大器,当基色图像信号通过时,会引起直流分量丢失,造成重现图像失真。图 3-30 示出了图像信号因丢失直流分量而发生的变化。其中图 3-30(a)表示一个具有直流分量的图像信号,图 3-30(b)为其中的直流分量,图 3-30(c)是其经过交流放大后失去直流分量的波形。显然,只有把黑色电平都钳定在同一电平上,才能恢复成图 3-30(a)所示正确波形。这正是钳位电路所应起的

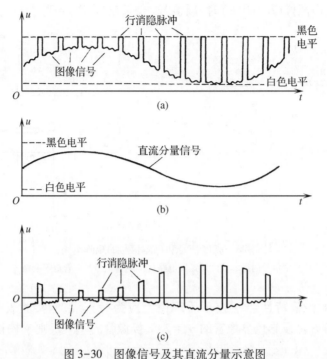

图 3-30　图像信号及其直流分量示意图

(a)具有直流分量的图像信号;(b)图像信号中的直流分量;(c)失去直流分量后的图像信号。

作用。

一个常用的三极管钳位电路如图 3-31 所示。图中 VT_2 是钳位三极管,在它的基极输入钳位脉冲(出现在行消隐期间的行频脉冲序列)。当钳位脉冲出现时,VT_2 即时饱和导通,电容 C 通过 VT_1 的输出阻抗和 VT_2 的饱和内阻迅速充电,输入信号的行消隐脉冲被钳位于 VT_2 的集电极电位(近似等于其发射极电位)。在钳位脉冲过后,VT_2 截止,由于 VT_3 的高输入阻抗,电容 C 的电量在一行期间内基本不变,从而使图像信号恢复了其直流电平。在 VT_2 的发射极电路中可接入一个电位器,用来调节钳位电平。

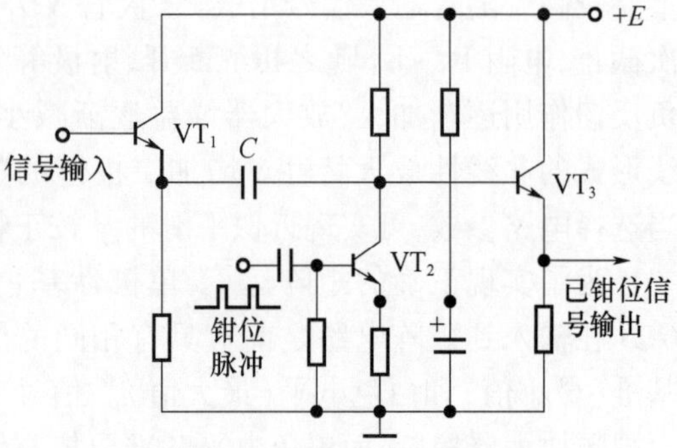

图 3-31　三极管钳位电路原理图

2. 亮度信号通道和色度信号通道

为减少接收机中的亮度串色,在编码器亮度通道中可接入中心频率为副载频的陷波器,将可能干扰色度信号的亮度信号滤除。而当不希望它影响图像的清晰度时,也可将其短路。考虑到色度信号因频带受限会产生延迟,亮度通道接有对 Y 信号的延迟线,使二者在时间上达到均衡。此外,亮度通道中还设有复合消隐(BL)混合电路和放大、钳位电路等。

在色度通道中,$(B-Y)$、$(R-Y)$ 经截止频率为 1.3MHz 的低通滤波器限制带宽,按式(3-13)、式(3-14)压缩成 U、V 信号,再由钳位电路钳定零电平,然后进入平衡调幅器,由两个调幅器分别实现 U、V 信号对副载波 e_{su}、e_{sv} 的平衡调幅。图 3-32 以 U 信号为例示出了一个晶体管平衡调幅器的电路原理图。

在图 3-32 中,经钳位的 U 信号首先加到由 VT_1 和 VT_2 组成的差分放大器,VT_3 和 VT_4 提供该差分放大器的恒流源。VT_1 和 VT_2 的集电极输出幅度相等、极性相反的两路色差信号(在复合消隐期间由钳位电路调到电平相等),分别加到 VT_5 和 VT_6 的基极。VT_5 和 VT_6 分别作为差分放大器 VT_7/VT_8 和 VT_9/VT_{10} 的恒流源,工作在线性状态,其集电极分别输出色差信号 $+U$ 和 $-U$。VT_7/VT_8 和 VT_9/VT_{10} 工作在开关状态。在副载波 e_{su} 的正半周,VT_7 和 VT_{10} 导通,VT_8 和 VT_9 截止,输出信号 $u(t)$ 为 $+U$;在副载波 e_{su} 的负半周,VT_7 和 VT_{10} 截止,VT_8 和 VT_9 导通,输出信号 $u(t)$ 为 $-U$;从而产生平衡调幅波。调节电位器 W 可使以调副载波对称于横轴,即无调漏。

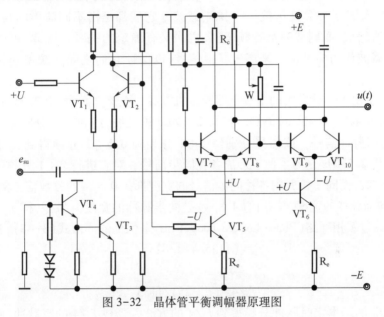

图 3-32 晶体管平衡调幅器原理图

在 PAL 制全色度信号中还有色同步信号 $e_b(t)$,它包含两个分量 e_{bu} 和 e_{bv}。它们是由混合到 U、V 中的色同步旗形脉冲(K 脉冲)分别对 e_{su} 和 e_{sv} 进行调制而形成的。混入的 K 脉冲必须有合适的幅度和极性。混入 U 中的 K 脉冲为负极性($-K$),混入 V 中的为正极性($+K$)。

两个已调信号 $u(t)+e_{bu}(t)$ 和 $v(t)+e_{bv}(t)$ 经相加组合并滤去调制中产生的杂波之后便形成复合色度信号 $e_c(t)+e_b(t)$。滤波网络可采用采用带通滤波器,不但可以滤除载漏的谐波,调制信号的泄漏也可去除。

由同步机送来的副载波 e_{sc} 先在 $0°\sim360°$ 移相器中进行相位调整,然后一路作为 e_{su} 送给 U 平衡调幅器,另一路经 $90°$ 移相并由 PAL 开关逐行倒相形成 e_{sv} 后送给 V 平衡调幅器。PAL 开关由半行频($f_H/2$)方波驱动。$f_H/2$ 方波来自双稳态触发器。触发器按行频(f_H)翻转,用 PAL 识别脉冲(p 脉冲)和场识别脉冲(V_p 脉冲)确定 $f_H/2$ 方波的相位。

复合消隐脉冲 BL、复合同步脉冲 S、色同步旗形脉冲 K 和 PAL 识别脉冲 P 都由同步机提供,在它们到达编码器后还需要进行预制。在脉冲预制部分,从 S 脉冲中去掉 $2f_H$ 成分而得到 f_H 脉冲,并形成钳位脉冲 H_c;由 K 脉冲形成 $+K$ 和 $-K$ 脉冲,并在每场第一个 K 脉冲出现时形成 V_p 脉冲。在这里还要对脉冲进行整形、宽度微调和时间配合校准等处理。

将 Y、$e_c(t)$、$e_b(t)$、BL、S 混合,并进行放大、钳位等处理后,即得到彩色全电视信号 CVBS。

3.3.6 PAL 制彩色电视同步信号的形成

在 PAL 制电视中心,由彩色电视同步机产生 7 种同步信号,包括行推动信号 H 和场推动信号 V(通常供电视中心的行、场同步之用,也可作为行、场消隐用),以及前面提到的 BL、S、K、P 脉冲和副载波 e_{sc}。除副载波外它们都是由不同波形的与行频、场频相关的脉冲所组成,而副载频与行频、场频之间又有确定的关系。因此,可以用具有高稳定度的副载波作为标准信号来产生其他信号,以保证它们之间在频率和相位方面的严格关系。

图 3-33 示出了一种常用的集成电路同步机方案。在该方案中,由 2.5MHz 压控振荡器(Voltage Controlled Oscillator,VCO)产生 2.5MHz 正弦波,经 80:1 分频器产生频率为 $2f_H$ 的基本定时脉冲信号。该信号分别经 2:1 分频和 625:1 分频得到 f_H 和 f_V 脉冲。VCO 频率选用 2.5MHz 是为了便于形成各种同步信号。对它进行 2:1 分频可得到周期为 0.8μs 的方波,而同步机所用各种同步信号的宽度都是 0.8μs 的整数倍。例如,其 3 倍(2.4μs)是均衡脉冲的宽度,其 6 倍(4.8μs)是同步脉冲的宽度。另外,行频与副载波之间的关系是通过锁相环路(Phase Locked Loop,PLL)来保证的。由式(3-48),有

$$f_{sc} = (1135/4 + 1/625)f_H$$

即

$$f_H/4 = (f_{sc} - 25)/1135 \tag{3-77}$$

因此,可用 $2f_H$ 的基本定时脉冲分频得到 $f_H/4$ 的方波并形成 $f_H/4$ 的窄脉冲,使其在鉴相器中与由副载波晶体振荡器产生并经 25Hz 频移得到的 $(f_{sc}-25)$Hz 正弦波进行鉴相,进而控制 2.5MHzVCO。

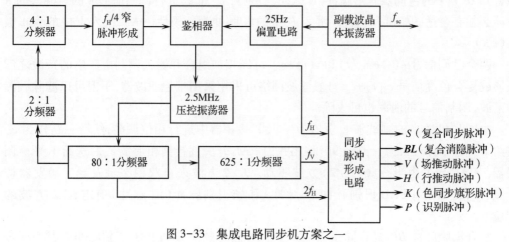

图 3-33 集成电路同步机方案之一

3.3.7 PAL制彩色电视射频信号的形成

在PAL制地面广播电视系统中,将频带为0Hz～6MHz的视频基带信号和50Hz～15kHz的音频基带信号调制在射频载波上,形成射频(RF)信号,以无线电波的形式向外传播。我国规定射频电视信号使用甚高频(Very High Frequency, VHF)和超高频(Ultra High Frequency, UHF)频段,其频率范围分别为48～223MHz和470～960MHz。

1. 图像信号的VSB调制

PAL制视频图像信号对射频载波采用调幅(Amplitude Modulation, AM)方式发送。如用双边带(Double Side Band, DSB)调幅,图像和伴音信号加起来将占用13MHz的带宽,这将使广播电视频段的频谱资源利用率低,也会提高接收机和相关设备的造价。因此,在保证图像信号质量的前提下,应尽可能压缩已调射频图像信号的带宽。

然而,在载波电话中普遍采用的单边带(Single Side Band, SSB)调幅对图像信号并不适用。这是因为:第一,图像信号包含零频分量,在完全滤除下边带的同时完全保留上边带的理想滤波幅频特性很难实现;第二,滤波器在图像载频处陡峭的幅频特性将引起非线性相频特性,产生严重的包络失真;第三,在接收机中的检波比较复杂,而且不利于伴音第二中频(相当于伴音载频与图像载频的差频)的产生。

基于上述考虑,模拟电视广播标准规定图像信号采用残留边带(Vestigial Side Band, VSB)调幅传送方式,即发送一个完整的上边带和小部分下边带。具体地说,在基带视频0.75MHz以内为双边带,0.75～1.25MHz为不对称双边带,1.25～6MHz为单边带,调制后的伴音载频 f_s 比图像载频 f_P 高6.5MHz,如图3-34所示。

VSB调幅与DSB调幅相比,已调信号的带宽较窄,从而节省频率资源。由图3-34可见,在其下边带截止频率处的幅频特性比SSB调幅在载频处的幅频特性变化缓慢,从而容易实现频带形成滤波器,且保证良好的线性相频特性。与SSB调幅相比的另一个优点是,其图像载频不在通带的截止频率处,有利于接收机检波和伴音第二中频的产生。对于VSB调幅信号,在接收机的中放频率特性满足一定要求的情况下,通过视频同步检波便能无失真地恢复基带视频信号,这一点将在下文说明。

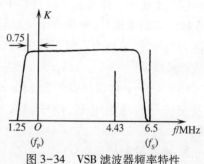

图3-34 VSB滤波器频率特性

2. 图像信号的负极性调制

视频图像信号属于单极性信号,调制图像载波时存在两种不同的方法:一种是以正极性视频信号作为调制信号的正极性调制;另一种是以负极性视频信号作为调制信号的负极性调制。图3-35示出了这两种情况下的调制信号和已调波波形。

我国模拟广播电视规定射频图像信号采用负极性调制,与正极性调制相比,它具有以下优点。

(1)效率高,最大发射功率大。负极性调制时,已调波的同步脉冲顶对应于图像发射机输出功率最大值。一般来说,图像中亮的区域比暗的区域面积大,使得负极性调制信号的平均功率仅为峰值功率的50%～60%。而正极性调制与此相反,已调波的白电平对应

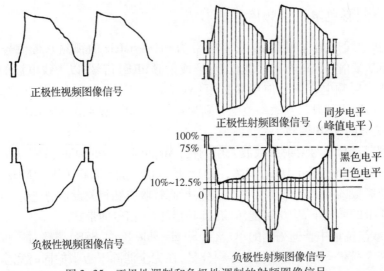

正极性视频图像信号

正极性射频图像信号

同步电平（峰值电平）

黑色电平
白色电平

100%
75%

10%~12.5%

0

负极性视频图像信号

负极性射频图像信号

图 3-35　正极性调制和负极性调制的射频图像信号

于输出功率最大值,因而具有较大的平均功率。显然负极性调制具有较高的发射效率。另外,大幅度的调制信号可能进入调制特性的非线性部分。负极性调制时,进入非线性部分的是同步信号,所引起的非线性失真易于补偿。而正极性调制进入非线性部分的是高亮度信号,所引起的灰度畸变难以弥补。因此,负极性调制所能发射的最大功率可达到正极性调制的 1.5 倍。

（2）干扰小。信号在传输过程中所受到的干扰尤其是脉冲干扰是叠加在信号上的。对正极性调制来说,这种脉冲干扰经解调后在荧屏上呈现为较易被人眼察觉亮点,而在负极性调制时,仅呈现为人眼不敏感的暗点,并且易于在接收机中通过自动噪声抑制电路加以消除或减弱。

（3）有利于自动增益控制（Automatic Gain Control,AGC）。负极性调制时同步电平就是信号的峰值电平,便于接收机将同步顶用作基准电平进行信号的自动增益控制。

3. 电视发射机

电视发射机由图像发射机和伴音发射机组成。图像发射机通常采用中频调制方案,视频信号先对中频载波调幅形成双边带图像中频信号,然后由 VSB 滤波器限制信号带宽,再与高频图像载波混频,形成高频图像信号。

伴音信号的调制采用调频（Frequency Modulation,FM）方式。其优点是音质好、抗干扰能力强,能够减少与调幅图像信号的相互串扰。在伴音发射机中,伴音信号先对中频载波调频,形成伴音中频信号,再与高频伴音载波混频,形成高频伴音信号。我国电视标准规定伴音已调信号的最大频偏 $\Delta f_m = 50\text{kHz}$,带宽 $\Delta B = 250\sim300\text{kHz}$;伴音载频 f_s 高于图像载频 f_P 6.5MHz,既使得伴音和图像的频谱之间留有间隙,又便于二者共用一副发射天线。

图 3-36 示出了模拟彩色电视发射机的幅频特性。图中标称射频频道宽度为 8MHz,距 f_P 为 -1.25MHz 处的最小衰减量为 20dB,阴影部分为色度信号所在区域。为了使

图像与伴音具有同样的信号覆盖面积,取图像峰值发射功率与伴音有效发射功率之比为 10:1。

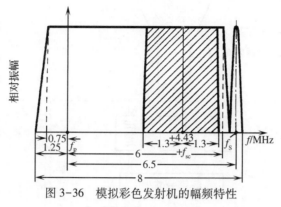

图 3-36　模拟彩色发射机的幅频特性

3.4　PAL 制模拟彩色电视接收机

3.4.1　PAL 制模拟彩色电视接收机的组成

目前,广播电视按其传输媒体的不同分为地面广播电视、有线电视和卫星直播电视三种方式。彩色电视接收机能直接收看模拟地面广播电视和模拟有线电视,附加一定的设备可以收看模拟卫星直播电视。若附加数字电视机顶盒,彩色电视接收机还能够收看这三种方式的数字电视节目。

彩色电视接收机的任务是将接收到的高频或视频电视信号进行信号处理并在特定的显示器件上显示为彩色图像。图 3-37 示出了一种最基本的 PAL 制模拟彩色电视接收机的方框图。它直接接收地面广播 PAL 制模拟彩色电视信号,采用 CRT 彩色显像管作为显示器件,主要包括 4 个组成部分:信号通道、扫描电路、电源和主控系统,信号通道又包括高频调谐、中频放大、图像通道和伴音通道等。下面介绍它的主要部分。

3.4.2　高频、中频模拟电视信号的处理

1. 高频电视信号接收

为了接收电视信号,首先需要从天线接收的电信号中选出所需频道的高频电视信号,经放大、混频,获得中频电视信号。完成这种信号处理的接收机部件称为高频调谐器(俗称高频头),图 3-38 以 VHF 调谐器为例示出了其原理方框图。图中,由天线、输入电路和高频放大器选择并放大所接收频道的电视信号,然后在混频器中把它与本机振荡器(简称本振或 LO,Local Oscillator)产生的相应于该频道的正弦波混频得到中频电视信号。超外差本振频率 f_{LO} 比高频图像信号的载频高出 38MHz,混频后中频图像信号的载频(简称图像中频或 f_{PIF},Picture Intermediate Frequency)以及中频伴音信号的载频(简称伴音中频或 f_{SIF},Sound Intermediate Frequency)分别为

$$f_{PIF} = f_{LO} - f_P = 38\text{MHz}, f_{SIF} = f_{LO} - f_S = 31.5\text{MHz}$$

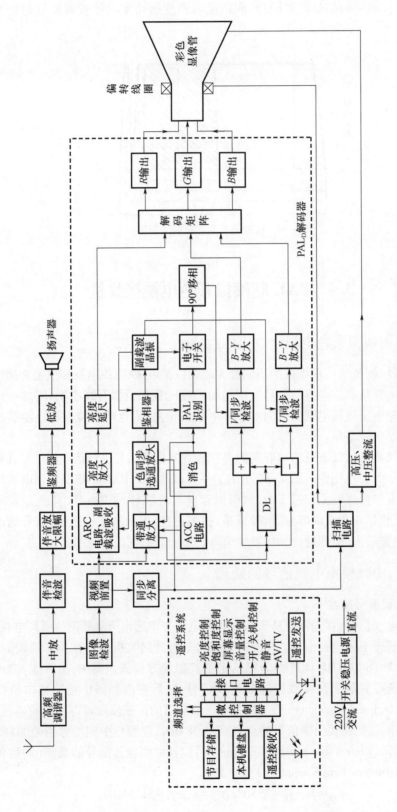

图3-37 PAL制模拟彩色电视接收机方框图

图 3-39 示出了混频级输入和输出信号的频谱变换图。

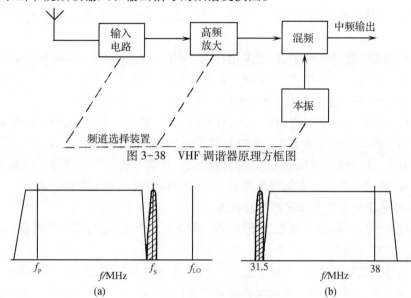

图 3-38　VHF 调谐器原理方框图

图 3-39　混频级频谱变换图

(a)输入信号的频谱；(b)输出信号的频谱。

　　用超外差的方式把各频道的高频电视信号均变为中频电视信号再进行处理的优点是：中频频带固定，便于控制频响，易于改善选择性；在较低的频率下工作，不会反馈到高放级而引起自激，因此易于实现高的放大增益，提高灵敏度。

　　输入电路的作用是实现天线、馈线与高频放大器之间的阻抗匹配以及抑制各种干扰信号。来自外界对本机的干扰包括：中频干扰（频率为中频及其谐波频带的信号干扰），镜像干扰（相对于本振频率，与所接收频道在频率上成镜像的信号干扰），交调干扰（当电路存在非线性时，调制在所接收信号载波上的其他信号的干扰），VHF 高低频道干扰（VHF 频段信号受到其他 VHF 频段载波谐波与本振混频产生的中频信号干扰），UHF 对 VHF 频道干扰（VHF 频段信号受到 UHF 频段载波与本振的高次谐波混频产生的中频信号干扰），拍频干扰（电视信号中的特定频率成分（图像、伴音、副载波载频及其谐波等）的组合频率，与本振混频所产生的中频信号干扰），本振辐射干扰（由其他接收机本振及其高次谐波泄漏所产生的干扰）。输入电路依靠提高选择性和降低干扰信号幅度（如加衰减器）对这些干扰信号起到抑制作用。

　　对高频放大的要求是：通频带与电视信号频带相适应，各频道均有足够的增益，具有低噪声系数，和足够的线性动态范围。电视接收机内部产生的随机噪声在屏幕上反映为雪花状干扰，其大小用噪声系数 N_F 来衡量：

$$N_F = \frac{\text{输入信号的信噪比}}{\text{输出信号的信噪比}} \qquad (3-78)$$

整机噪声系数（N_F）与各级噪声系数（$N_{F1}, N_{F2}, N_{F3}, \cdots$）的关系为

$$N_F = N_{F1} + \frac{N_{F2}-1}{K_{P1}} + \frac{N_{F3}-1}{K_{P1}K_{P2}} + \cdots \qquad (3-79)$$

式中:K_{P1},K_{P2},…为各级功率放大倍数。可见降低输入电路和前级噪波系数,提高前级增益,对改善整机载波性能具有决定性作用。另外,改善高频电路的线性是减少交调干扰的有效途径。

对本振的要求是频率稳定,因此采用自动频率微调(Automatic Fine Tuning,AFT)电路抑制本振频率漂移。其原理是,将末级中放的输出送给调准于图像中频的鉴频器,本振频率漂移时,鉴频器输出直流电压,改变本振回路电容,使本振频率稳定。

接收机的频道选择采用电调谐。电调谐是在输入电路、高放电路和本振电路中,利用反向偏压的变容二极管作为 LC 回路的电容器,用连续可调的直流电压改变这些变容二极管的结电容,用以改变谐振频率,选择接收频道,并实现这三个电路的跟踪调谐,使本振电路与输入、高放电路的固有频率之差对于所有接收频道都等于图像中频。

2. 中频电视信号放大和视频信号检波

电视接收机的灵敏度主要取决于中放电路增益。中放一般由 3~4 级差分放大器组成,增益达到 40~50dB。

电视信号采用的是 VSB 调制传送方式,为了能使解调视频信号中的各频率分量保持正确的比例关系,接收机的中频放大器必须具有图 3-40(a)所示的幅频特性。图像中频 f_{PIF} 位于幅频特性曲线高频侧倾斜下降段的中点,即图中下降-6dB 处的 A 点。下面对此作数学分析。

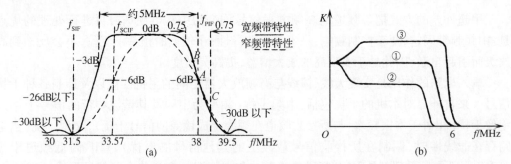

图 3-40 电视接收机中放幅频特性及对应的视频信号幅频传输特性

(a)电视接收机中放幅频特性;(b)f_{PIF} 分别对应(a)中 A 点、B 点、C 点时的视频信号幅频传输特性。

为简化起见,忽略 VSB 调制的过渡带,即基带视频在 0.75MHz 以内为双边带传送,在 0.75~6MHz 为单边带传送。设 $U_m\cos2\pi f_m t$ 表示视频信号中的某一频率分量,$f_0=f_{PIF}$ 表示图像中频,双边带传送时已调中频信号可以表示为

$$u_1(t)=(U_c+U_m\cos2\pi f_m t)\cos2\pi f_0 t$$

$$=U_c\cos2\pi f_0 t+\frac{U_m}{2}\cos2\pi(f_0-f_m)t+\frac{U_m}{2}\cos2\pi(f_0+f_m)t \quad (3-80)$$

单边带传送时已调中频信号可以表示为

$$u_1(t)=U_c\cos2\pi f_0 t+\frac{U_m}{2}\cos2\pi(f_0-f_m)t \quad (3-81)$$

设图像中频调在中放幅频特性曲线的 A 点(图 3-40(a)),即 $f=f_0$ 时中放幅频特性为1,特性曲线在 A 点附近倾斜下降段的斜率为 α,则由式(3-80),双边带部分经中频放大后为

$$u_2(t) = U_c\cos2\pi f_0 t + \frac{U_m}{2}(1+\alpha f_m)\cos2\pi(f_0-f_m)t + \frac{U_m}{2}(1-\alpha f_m)\cos2\pi(f_0+f_m)t \tag{3-82}$$

$$= (U_c + U_m\cos2\pi f_m t)\cos2\pi f_0 t + \alpha f_m U_m\sin2\pi f_m t\sin2\pi f_0 t$$

由式(3-81),单边带部分经中频放大后为

$$u_2(t) = U_c\cos2\pi f_0 t + U_m\cos2\pi(f_0-f_m)t$$

$$= (U_c + U_m\cos2\pi f_m t)\cos2\pi f_0 t + U_m\sin2\pi f_m t\sin2\pi f_0 t \tag{3-83}$$

由式(3-82)和式(3-83)可见,在中放输出信号中存在载波正交分量,因此视频信号的检波需要采用同步检波器,使中放输出信号与图像中频载波 $u_3(t) = U_d\cos2\pi f_0 t$ 在同步检波器中相乘。由式(3-82),相乘后双边带部分的输出为

$$u'_{SD}(t) = Ku_2(t)u_3(t) = \frac{1}{2}KU_d(U_c + U_m\cos2\pi f_m t) +$$

$$\frac{1}{2}KU_d(U_c + U_m\cos2\pi f_m t)\cos4\pi f_0 t + \frac{1}{2}KU_d\alpha f_m U_m\sin2\pi f_m t\sin4\pi f_0 t \tag{3-84}$$

由式(3-83),相乘后单边带部分的输出为

$$u'_{SD}(t) = Ku_2(t)u_3(t) = \frac{1}{2}KU_d(U_c + U_m\cos2\pi f_m t) +$$

$$\frac{1}{2}KU_d(U_c + U_m\cos2\pi f_m t)\cos4\pi f_0 t + \frac{1}{2}KU_d U_m\sin2\pi f_m t\sin4\pi f_0 t \tag{3-85}$$

由式(3-84)和式(3-85),滤除中频载波的二次谐波分量后,无论双边带还是单边带部分均得到相同的检波输出:

$$u_{SD}(t) = \frac{1}{2}KU_d U_c + \frac{1}{2}KU_d U_m\cos2\pi f_m t \tag{3-86}$$

视频分量得到无失真复原,检波增益为 $KU_d/2$(一般为 20dB)。附加的直流成分 $KU_d U_c/2$ 可由后续钳位电路校正。

以上分析说明,当图像中频 f_{PIF} 准确地调整在图 3-40(a)所示的中放幅频特性曲线斜边中点(A 点)时,经同步检波后能够得到无失真的平滑的视频传输特性,如图 3-40(b)中①所示。如果将图像中频调到斜边中点的上方,例如图 3-40(a)中的 B 点,会使幅频传输特性出现一个下降台阶,如图 3-40(b)中②所示。如果将图像中频调到斜边中点的下方,例如图 3-40(a)中的 C 点,会使幅频传输特性出现一个上升台阶,如图 3-40(b)中③所示。曲线②意味着图像高频分量衰减,清晰度下降;曲线③意味着图像高频分量加强,严重时会出现浮雕现象。因此,严格调整接收机中频频率特性是正确重现电视图像的保证。

中放的频响应有良好的选择性,能有效地抑制邻近频道干扰,包括高邻道图像载频和低邻道伴音载频干扰。这两个干扰频率分别是 $f_{PIF} - 8 = 30MHz$,$f_{PIF} + 1.5 = 39.5MHz$。图 3-40(a)示出了对它们应有的衰减量。

图 3-40(a)的中放频响对伴音中频 f_{SIF} 有 -26dB 以下的衰减,是为了避免因视频检波可能存在的非线性,产生副载波中频 f_{SCIF} 与 f_{SIF} 的差拍(33.57-31.5=2.07MHz)干扰。在 f_{SIF} 两侧有 100～200kHz 的平坦响应,目的是使调频伴音信号的两个边带得到均匀放大,而且即使调谐稍有不准,也不致产生伴音对图像的严重干扰。

图 3-40(a)虚线所示的圆顶形幅频特性对应良好的线性相频特性,f_{SCIF} 被衰减 6dB

也有利于减小 2.07MHz 干扰。至于由此所带来的视频高频分量的削弱,可在视放中补偿。图中实线所示的平顶形中放频响,通频带较宽,有利于获得清晰图像。这种宽带中放常用具有良好相频特性的声表面波滤波器(Surface Acoustic Wave Filter,SAWF)实现。

中放和高放的增益都应能根据所接收的电视信号的强度自动调整,以保证接收机稳定工作。通常要求中放和高放 AGC 的控制能力分别大于 40dB 和 20dB。

视频信号的检波多采用锁相环(PLL)同步检波器,如图 3-41 所示。38MHz 的等幅开关信号由压控振荡器(VCO)产生,因 PLL 的作用,其振荡频率和相位锁定于图像中频载波。

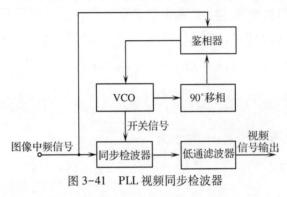

图 3-41　PLL 视频同步检波器

3.4.3　视频电视信号处理

在图像通道中对视频检波后得到的 CVBS 进行视频电视信号处理即 PAL$_D$ 解码。图 3-37 虚线框内所示就是一个最基本的 PAL$_D$ 解码器,它由亮度通道、色度通道和副载波恢复电路组成。其信号处理过程主要包括 5 步:①亮色分离;②色同步信号与色度信号的分离;③红、蓝色度信号分离;④同步检波,将色度信号变换成色差信号;⑤解码矩阵,将亮度信号、色差信号变换成三基色信号。

1. 亮度信号处理

亮度信号处理的基本功能是从 CVBS 中分离出亮度信号,对亮度信号进行延迟、放大和频率补偿、直流成分恢复、机内消隐信号加入、亮度和对比度调节,然后送至解码矩阵电路。除此之外,为了提高图像质量还可增加图像清晰度增强、黑电平扩展等。图 3-42 示出了亮度信号处理的一般性方框图。

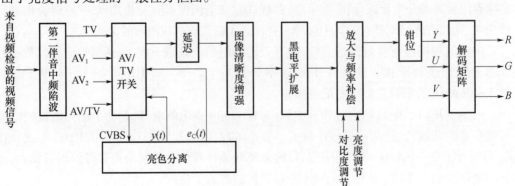

图 3-42　亮度信号处理的一般性方框图

　　在进行亮度信号处理前首先要进行亮色分离。实现亮色分离有两种方法:频带分离法和频谱分离法。频带分离法是使 CVBS 通过中心频率为彩色副载频的窄带陷波器,滤除色度信号的主要能量,从而分离出亮度信号。同时使 CVBS 通过中心频率为彩色副载频的带通滤波器,分离出色度信号。图 3-43 以彩条 CVBS 为例示出了这种分离过程。频带分离法的优点是实现简单,成本低。缺点是亮色分离不干净,残存影响图像质量的亮色互串现象。另外,由于陷波器带宽以内的亮度信号高频成分也被滤除掉,致使图像清晰度下降。为了克服频带分离法的缺点,大屏幕彩电一般采用频谱分离法,即用梳状滤波器来实现亮色分离。这种方法将在 3.5.2 节介绍。

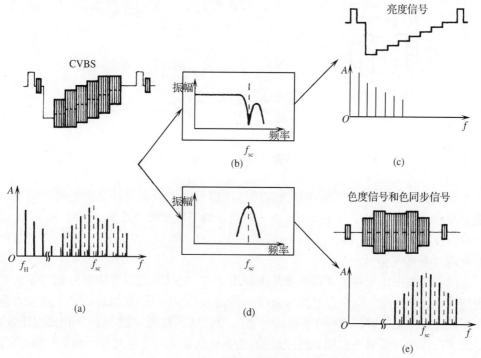

图 3-43　频带分离法的亮色分离过程
(a)CVBS 及其频谱;(b)、(c)陷波器幅频特性及其输出的亮度分量;
(d)、(e)带通滤波器幅频特性及其输出的色度分量。

　　亮度信号在到达解码矩阵前需要放大到足够的幅度。亮度信号是 0~6MHz 的宽频带信号,由于晶体管电路的频率特性,检波后亮度信号的高频分量受到损失,因此需要具有高频增益补偿性能的宽频带视频放大器。同时,要求视频放大器的增益和直流电平可调,前者可改变图像的对比度,后者可改变图像的亮度。

　　亮度通道的带宽为 6MHz,色度带通滤波器的带宽 2.6MHz。电路理论指出:信号通过网络的延时与网络带宽成反比。为使亮度信号与色度信号同时到达解码矩阵,避免彩色镶边现象,在亮度通道中要插入 0.5~1μs 的延迟电路。

2. 色度信号处理

　　带通滤波器分离出来的色度信号需要放大到一定的电平,以满足后续同步检波的要求。色度带通放大器的通频带为 4.43±1.3MHz,其频率特性与图像中放相配合,使各频率分量得到均匀的放大。为保证色度信号幅度稳定,用色同步信号峰值检波取得的控制电压,控制色度带通放大器的增益,这就是所谓自动彩色控制(Automatic Color Control,ACC)。

色度信号与色同步信号的分离方法如图 3-44 所示。由行同步脉冲经过一定的延时产生门控脉冲,控制交替导通的色同步消隐电路和色同步选通电路,使色度信号与色同步信号分开。

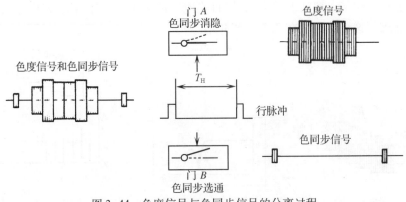

图 3-44　色度信号与色同步信号的分离过程

在 3.3.4 节已经说明,用梳状滤波器对色度信号中主谱线错开半个行频的两个正交分量 u 和 v 进行频率分离,得到 $2u$ 和 $2v$。然后在两个模拟乘法器中分别对 $2u$ 和 $2v$ 进行同步检波,即将 $2u$ 和 $2v$ 分别与两个解调副载波 $\sin\Omega_{sc}t$ 和 $\Phi_K(t)\cos\Omega_{sc}t$ 相乘,并经过低通滤波解调出 U 和 V 信号。

在同步检波中使用的解调副载波是由如图 3-45 所示的副载波恢复电路产生的。来自色同步选通电路的色同步信号作为基准信号输入到鉴相器,鉴相器的另一路输入信号是由压控晶振产生并移相 90° 的本机副载波。二者在鉴相器中进行频率和相位比较,产生的误差电压经低通滤波后加到压控晶振,使本机副载波与接收的色同步信号锁相,作为解调副载波提供给 U 同步检波器。

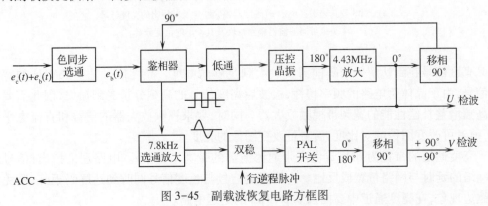

图 3-45　副载波恢复电路方框图

由于 PAL 制色同步信号的相位逐行摆动±90°,鉴相器输出的误差电压是半行频交变信号,经选通放大,形成 PAL 识别信号即 P 脉冲。P 脉冲与行逆程脉冲一起控制双稳电路,进而控制 PAL 开关,为 V 同步检波器提供正确的逐行倒相解调副载波。另外,P 脉冲能反映色度信号幅度的大小,可以提供给 ACC 电路使用。

3.4.4 电视图像的同步、扫描与显示

1. 同步信号的分离

同步信号分离的第一步是把复合同步信号从全电视信号中分离出来。根据复合同步信号与图像消隐电平幅度不同的特点,采用限幅切割的分离方法,即所谓幅度分离。为了获得良好的分离性能,在限幅前要先进行钳位,以克服图像内容变化和低频干扰的影响;限幅前还设有自动噪声抑制(Automatic Noise Control, ANC)电路,以克服全电视信号中可能存在的大幅度窄脉冲对分离电路的干扰。另外,为了保证同步信号前沿的准确性,同步分离晶体管采用正向分离方式,即当同步信号到来时,晶体管由截止迅速进入导通状态。图 3-46 示出了一个简单的具有钳位作用的同步信号分离电路(图中 U_{ces} 为晶体管的饱和管压降)。

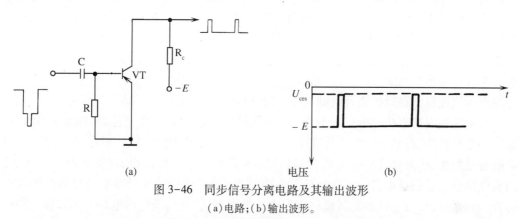

图 3-46 同步信号分离电路及其输出波形
(a)电路;(b)输出波形。

同步信号分离的第二步是从复合同步信号中分离出行同步信号和场同步信号。根据二者具有不同脉宽的特点,分别利用微分电路和积分电路进行分离,即所谓频率分离。

2. CRT 扫描电路

传统的电视显示器件是阴极射线管(CRT),在 2.5.1 节介绍了自会聚 CRT 彩色显像管的构造,下面介绍其扫描电路原理。CRT 扫描电路的作用是为偏转线圈提供行、场扫描电流,为显像管提供行、场消隐脉冲,以及为电视机提供一些所需的电压及控制脉冲。

用积分电路分离出来的场同步信号比较干净,可采用直接同步方式,即直接控制场振荡,使场扫描同步。而用微分电路分离出来的行同步信号夹杂着窄脉冲干扰,因此采用间接同步方式,即用自动频率相位控制(Automatic Frequency-Phase Control, AFPC)电路控制行振荡,消除窄脉冲的干扰,保证行扫描同步的稳定性。

行、场(扫描)输出电路工作在高反压、大电流状态,因此行输出电路通常由分立元件组成,场输出电路单独使用一块集成芯片,而将其他小功率的同步扫描电路集成在一块芯片中。图 3-47 是一个行、场扫描电路小功率部分的方框图。

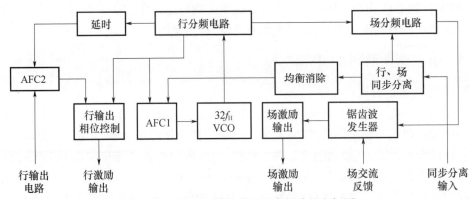

图 3-47　行、场扫描电路小功率部分的方框图

在图 3-47 中,压控振荡器(VCO)输出的 $32f_H$ 信号经行分频电路形成行频脉冲 f_H,送到自动频率控制(Automatic Frequency Control, AFC) AFC1 电路,在那里与来自行同步分离电路的行同步信号进行脉冲鉴相,产生与相位差成正比的控制电压,用以控制 $32f_H$ VCO的振荡频率,从而实现自动频率控制。另外,以 AFC2 电路为中心构成自动相位控制锁相环路。行分频电路输出的经 AFC1 环路锁相的行频脉冲 f_H 延迟约 $4\mu s$ 后送到 AFC2,在那里与来自行输出电路的扫描行逆程脉冲进行鉴相,产生与相位差成正比的控制电压,送至行输出相位控制电路以控制行激励 f_H 脉冲的相位。

行偏转线圈的阻抗以电感分量为主,为获得行扫描的锯齿波电流,行激励输出的 f_H脉冲是方波脉冲,行输出电路工作在丁类(开关)状态。与此不同,场偏转线圈的阻抗以电阻分量为主,场激励信号应为脉冲锯齿波,场输出电路工作在甲、乙类状态。图 3-47的右侧部分是场扫描电路。来自行分频电路的 $2f_H$ 行频脉冲经场分频电路分频得到场频脉冲,再由锯齿波发生器和场激励输出产生脉冲锯齿波,送到场输出电路。场扫描电路还要对垂直扫描的几何失真进行校正。

行输出级的原理电路如图 3-48(a)所示,图中 T_1 是行推动变压器,VT 是行输出管,VD 是阻尼二极管,C_S 是 S 形校正电容器(其电容记为 C_S),L_H 是行偏转线圈(其电感记为 L_H),L_T 是行线性调节器(其电感记为 L_T),C 是逆程电容器(其电容记为 C),T_2 是行输出变压器。图 3-48(b)是其等效电路,其中,T_2 的初级电感 $L' \gg L_H$,可视为开路;$L_T \ll L_H$,C_S 较大,二者均视为短路;C_S 两端电压等于电源电压,在工作过程中基本不变,可等效为直流电源电压 E;行输出管和阻尼二极管均可视为开关。行扫描输出级的工作过程可分为 4 段,图 3-48(c)、(d)、(e)分别示出了在这 4 段中 VT 基极的电压 u_b 波形,L_H 中的电流 I_Y 波形,以及 C 上的电压 u_c 波形。

1)正程右半段($t_1 \sim t_2$)形成过程

设 t_1 时刻 $I_Y = 0$,VD 因等效电源电压 E 的反向偏置而断开,u_b 为正电压,VT 导通,E 通过 VT 给 L_H 充磁。设 VT 导通电阻和 L_H 的电阻之和为 R_T,充磁时间常数

$$\tau_1 = L_H / R_T \gg t_2 - t_1$$

则在此时间段,电流 I_Y 可表示为

$$I_Y = \frac{E}{R_T}(1 - e^{-(t-t_1)/\tau_1}) \approx \frac{E(t-t_1)}{R_T \tau_1} = \frac{E}{L_H}(t-t_1) \tag{3-87}$$

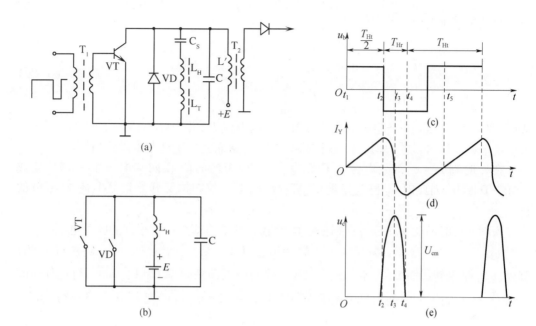

图 3-48　行输出级工作原理图

(a)原理电路;(b)等效电路;(c)行输出管基极电压波形;

(d)偏转线圈电流波形;(e)逆程电容器电压波形。

式(3-87)表明在 L_H 中产生近似线性增长的电流 I_Y,并在时刻 t_2 达到最大值

$$I_{YP} \approx E(t_2 - t_1)/L_H \tag{3-88}$$

使电子束从屏幕中心均匀扫描至屏幕的最右边,从而完成正程右半段的扫描。

2) 逆程右半段($t_2 \sim t_3$)形成过程

在 t_2 时刻 u_b 变为负电压,VT 和 VD 均断开,L_H 中的电流不能突变,转向 C 充电,使 u_c 上升,I_Y 减少。至 t_3 时刻,$I_Y = 0$,u_c 达到最大值 U_{cm},偏转线圈中的磁能全部转变成电容中的电能。实际上,L_H 和 C 组成了谐振回路,逆程偏转电流在其中形成自由振荡,周期 $T = 2\pi\sqrt{L_H C}$,$t_2 \sim t_3$ 是自由振荡的第 1 个 1/4 周期。随着 I_Y 从最大值迅速下降至 0,扫描电子束从屏幕的最右边迅速地回扫至屏幕中点,完成逆程右半段的扫描。

3) 逆程左半段($t_3 \sim t_4$)形成过程

在 t_3 时刻 u_b 仍为负电压,$u_c = U_{cm}$,VT 和 VD 均断开,L_H 和 C 形成的自由振荡进入第 2 个 1/4 周期,C 向 L_H 放电,u_c 变小,I_Y 反向变大。至 t_4 时刻,$u_c = 0$,I_Y 达到反向最大值,若不考虑自由振荡的损耗,此时 $I_Y = -I_{YP}$,电容中的电能又全部转变成偏转线圈中的磁能。随着 I_Y 从 0 迅速变到反向最大值,扫描电子束从屏幕的中点迅速地回扫至屏幕最左边,完成逆程左半段的扫描。

4) 正程左半段($t_4 \sim t_5$)形成过程

在 t_4 时刻 u_b 仍为负电压,$u_c = 0$,VT 和 VD 仍断开,I_Y 向 C 反向充电。当经过极短的时间反向充电到 $-0.7V$ 时,VD 导通,L_H 转而经过 VD 向等效电源充电。设 VD 导通电阻和 L_H 的电阻之和为 R_D,回路的时间常数

$$\tau_2 = L_H/R_D \gg t_5 - t_4$$

则在此期间电流 I_Y 可表示为

$$I_Y = \frac{E}{R_D} + \left(-I_{YP} - \frac{E}{R_D}\right) e^{-(t-t_4)/\tau_2} = -I_{YP} e^{-(t-t_4)/\tau_2} + \frac{E}{R_D}\left(1 - e^{-(t-t_4)/\tau_2}\right) \tag{3-89}$$

$$\approx -I_{YP} + \frac{E(t-t_4)}{R_D \tau_2} = -I_{YP} + \frac{E}{L_H}(t-t_4)$$

式(3-89)表明在 L_H 中产生近似线性负向衰减的电流 I_Y,并当 $(t_5-t_4) = (t_2-t_1)$ 时衰减为 0,使电子束从屏幕最左边均匀扫描至屏幕的中心,从而完成正程左半段的扫描。

在 t_5 时刻 $I_Y = 0$,等效电源给 C 充电,经过极短的时间 C 两端电压由 $-0.7V$ 变成 $u_c > 0$,VD 断开,而此时 u_b 已为正电压,VT 导通,电子束扫描又开始重复上述 1) ~ 4) 的过程。

由图 3-48(e) 可见,在行扫描逆程,电容器 C 两端将产生一个很高的脉冲电压

$$U_{cm} = u_{Lmax} + E \tag{3-90}$$

其中, u_{Lmax} 是偏转线圈 L_H 两端的最大电压。设自由振荡角频率 $\Omega = 1/\sqrt{L_H C}$,行正程时间 $T_t = 2(t_2-t_1)$,行逆程时间为自由振荡周期的 $1/2$,即 $T_r = \pi\sqrt{L_H C}$,考虑到式(3-88),有

$$u_{Lmax} = \Omega L_H I_{YP} = \frac{ET_t}{2\sqrt{L_H C}} = \frac{\pi E T_t}{2T_r} \tag{3-91}$$

将式(3-91)代入式(3-90),得到

$$U_{cm} = E(1 + 1.57T_t/T_r) \tag{3-92}$$

若取 $T_t = 52\mu s$, $T_r = 12\mu s$,则 $U_{cm} \approx 8E$。

上述很高的行逆程脉冲电压要求行输出管必须具有足够大的耐压性能。然而,通过行输出变压器对它进行变压、整流和滤波,可以得到彩色显像管所需的高压(20 ~ 30kV)、中压(加速极电压几百伏,聚焦极电压几千伏),视放管所需的中压(100 ~ 200V),以及其他部分所需要的一些低压直流电源。其优点是简单实用,并且当扫描中断时,高压自动消失,从而保护显像管。

3.5 模拟电视接收机中的数字处理技术

从 20 世纪 70 年代开始,随着大规模集成电路、大容量半导体存储器和计算机技术的发展,数字技术被越来越多地用于模拟电视信号的处理。在电视接收机中所采用的数字处理技术包括:用数字梳状滤波器进行亮色分离,亮度信号的数字轮廓增强,色度信号的数字降噪和色调校正,逐行和倍场扫描,画中画、丽音和环绕立体声,数字锁相环频率合成,数字红外遥控,数字行、场同步,数字化显像管调整和接收方式选择,以及平板显示器等。模拟电视信号的数字处理能够提高模拟电视接收机的图像质量,增加接收和显示功能,降低制造成本,同时为向数字电视过渡准备了必要的技术条件。篇幅所限,本节仅介绍其中的部分数字处理技术。

3.5.1 数字处理电视机的组成和全信号编码

1. 数字处理电视机的组成
数字处理彩色电视机的基本结构如图 3-49 所示,图中双重框线部分是数字化部分。

我们知道,高频电视信号频率范围约为 40~1000MHz,中频电视信号频率约为 40MHz,难于对如此高频的信号直接进行采样和数字化处理。另外,电视伴音信号的数字化至少需要 12 位编码,对 6.5MHz 的第二伴音中频直接进行这样的数字化也是不经济的。因此,电视信号的数字化处理只对视频检波后、视放末级前的视频信号,以及伴音鉴频后、功放前的音频信号进行。高电平工作状态下的视放末级以及音频功放仍需采用晶体管模拟电路。同步分离、行场扫描及同步部分完全是以数字方式进行的,而场扫描输出级、行推动级和行输出级仍然要采用模拟电路。此外,电视机调谐器的选台、遥控及视频、音频控制都以数字方式进行。

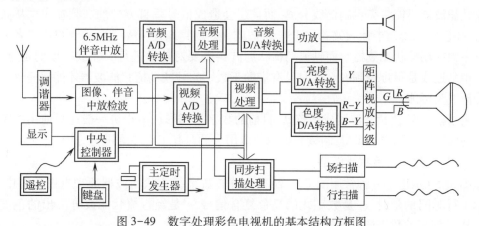

图 3-49 数字处理彩色电视机的基本结构方框图

2. 全信号编码

对视频检波后的 CVBS 信号直接进行数字化称为全信号编码。若视频信号的最高频率为 6MHz,根据采样定理,其采样频率 f_s 应大于 12MHz。然而全信号编码除应满足采样定理外,还必须考虑彩色副载波的影响。在对采样值量化的非线性过程中会产生副载波的高次谐波,它们与采样脉冲的差拍有可能落入亮度基带频谱内,使图像的高饱和度彩色部分出现花纹干扰。确定采样频率时另一个需要考虑的因素是便于行间、场间和帧间信号处理,要求采样点阵是逐帧固定的正交结构。在这种结构中,每一行的样点正好处于前一行以及前一场样点的正下方,而与前一帧的样点重合。因此,对于 NTSC 和 PAL 制信号,采样频率一般都选为彩色副载频的 4 倍,即 $f_s = 4f_{sc}$。这样不但能形成正交采样点阵,而且采样脉冲与副载波高次谐波的差拍或者落入亮度基带频谱之外,或者落入亮度基带频谱的空隙中,对图像的干扰不易觉察。此外,为获得满意的图像质量,全信号编码一般取 8~10bit 量化。

3.5.2 用数字处理方法实现亮色分离

1. 概述

在普通的模拟彩色电视机中,亮色分离的方法是用带通滤波器从全电视信号中取出色度信号,用副载波陷波滤波器抑制色度对亮度的串扰。当图像水平方向细节较多时,亮度信号和色度信号具有较宽的频带,亮色主谱线彼此进入对方频带区域。而模拟滤波器的频率特性不能做得很陡,否则会使相位特性恶化。较宽的滤波特性会减弱对亮度串色的抑制,同时会使亮度信号的带宽变窄,降低图像清晰度。从频谱来看,亮色主谱线是半行频偏置(NTSC 制),或 1/4 行频偏置(PAL 制),只能用行梳状滤波器才能使二者分离。然而受模拟延迟器件成本和性能的限制,梳状滤波分离方案一直未能在普通模拟彩色电视机中采用。随着半导体存储器的发展,应用数字滤波器进行亮色的梳状滤波分离变为现实。其优点是没有延迟前后信号幅度误差问题,具有准确的延迟时间,线性相位特性使信号的各种频率分量具有相同的延时,不会降低图像的清晰度。

当图像垂直方向细节较多时,位于亮色主谱线两侧的亮色副谱线形成交错。这时靠行梳状滤波器不能将亮色副谱线分离,而且还会造成信号垂直方向的高频损失。从频谱来看,亮色副谱线是半帧频偏置(NTSC 制),或 3/8 场频偏置(PAL 制)。要想使二者分离只能用帧或场梳状滤波器。而帧或场梳状滤波器需要对信号进行一帧或一场的延时,对于模拟延迟线是很难做到的。这时只有借助于数字的帧或场梳状滤波器才能使完善的亮色分离成为可能。

由于帧(场)梳状滤波器成本较高,目前的数字处理彩色电视机一般还只使用数字行梳状滤波器。下面以在 PAL 制接收机中的应用为例对其工作原理进行分析。

2. PAL 数字行梳状滤波器

图 3-50 示出了一种常用的 PAL 制亮色分离数字行梳状滤波器原理框图。图中 z^{-1} 表示 1 行时间的延时,e_i 是数字化的亮色复合信号,e' 是经行梳状滤波分离出的色度信号。从 e_i 到 e' 的数字梳状滤波频率响应可表示为

$$H(e^{j\omega}) = (e^{-j2\omega} - 1)/2 = e^{-j\omega - j\pi/2}\sin\omega \tag{3-93}$$

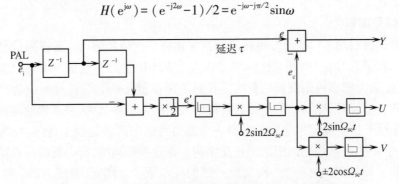

图 3-50 PAL 制亮色分离数字行梳状滤波器原理框图

用 f_H 表示行频,数字角频率 ω 与模拟频率 f 之间的关系式为

$$\omega = 2\pi f/f_H \tag{3-94}$$

由式(3-91)和式(3-94)得到从 e_i 到 e' 的等效模拟域梳状滤波频率响应:

$$H_a(f) = H(e^{j\omega})\big|_{\omega = 2\pi f/f_H} = e^{-j2\pi f/f_H - j\pi/2}\sin(2\pi f/f_H) \tag{3-95}$$

$H_a(f)$ 的幅频响应为

$$|H_a(f)| = |\sin(2\pi f/f_H)| \tag{3-96}$$

该幅频响应曲线以及 Y、u、v 主谱线的位置示于图 3-51。由图可见,经过行梳状滤波,色度信号主谱线被从亮色复合信号中分离出来。

PAL 制信号的亮色频谱线交错部分仅处在 $f_{sc} \pm 1.3\text{MHz}$ 范围内,因此梳状滤波只需

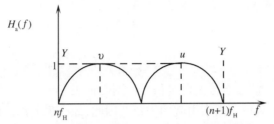

图 3-51 行梳状滤波器对色度信号的幅频响应

在这个频带范围内进行。在图 3-50 中,使 e' 通过一个通频带为 $f_{sc} \pm 1.3\text{MHz}$ 的数字带通滤波器,以获得较纯净的色度信号。

由式(3-95),$H_a(f)$ 的相位函数是线性函数:
$$\varphi(f) = -2\pi f/f_H = -2\pi T_H f - \pi/2 \tag{3-97}$$
式中:T_H 为行周期。式(3-97)表明,从 e_i 到 e' 的延时 $\tau = T_H$,即延迟 1 行。值得注意的是,$H_a(f)$ 只具有分段线性相位特性,在半行频的整数倍处将产生数值为 π 的相位突变。因此 e' 与单纯延迟 1 行的 e_i(位于图 3-50 中两个 1 行延迟器的抽头处)中的色度信号的相位并不相同。这个问题用图 3-52 所示的相邻行色度信号矢量的相位关系可以清楚说明。若以各行之始作为基准,则 u 信号的相位逐行落后 $90°$,v 信号的相位逐行超前 $90°$。由第($n+2$)行减去第 n 行再除以 2 产生的信号(即 e')与第($n+1$)行信号(即单纯延迟 1 行的 e_i)相比,二者中的色度信号具有不同的相位。为了得到具有正确相位的色度信号并继而分离出亮度信号,需要用 PAL 修正器加以修正。

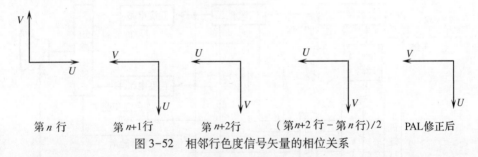

图 3-52 相邻行色度信号矢量的相位关系

PAL 修正器由一个乘法器和一个带通滤波器组成。设输入到 PAL 修正器的色度信号为
$$e_1 = U_1 \sin\Omega_{sc}t \pm V_1 \cos\Omega_{sc}t \tag{3-98}$$
将 e_1 与本地副载波 $2\sin2\Omega_{sc}t$ 相乘,得到
$$(U_1\sin\Omega_{sc}t \pm V_1\cos\Omega_{sc}t)2\sin2\Omega_{sc}t = U_1\cos\Omega_{sc}t \pm V_1\sin\Omega_{sc}t - U_1\cos3\Omega_{sc}t \pm V_1\sin3\Omega_{sc}t$$
用带通滤波器滤除高次谐波后得到
$$e_2 = U_1\cos\Omega_{sc}t \pm V_1\sin\Omega_{sc}t = U_1\sin(\Omega_{sc}t+90°) \pm V_1\cos(\Omega_{sc}t-90°) \tag{3-99}$$
式(3-99)表明,经 PAL 修正后 u 信号的相位要比修正前超前 $90°$,而 v 信号的相位要滞后 $90°$,刚好与第($n+1$)行中的色度信号同相位,如图 3-52 所示。至此,时间上延迟了 1 行且具有正确相位的色度信号 e_c 被从亮色复合信号中分离出来。

从图 3-50 中两个 1 行延迟器的抽头处引出延迟 1 行的亮色复合信号,并对它再延

迟 τ。τ 的大小相当于分离色度信号时 $f_{sc}\pm1.3\mathrm{MHz}$ 数字带通滤波器以及 PAL 修正器的延迟时间之和。这样得到的亮色复合信号 e 与色度信号 e_c 具有相同的延时,二者相减就可以得到亮度信号:

$$Y=e-e_c \tag{3-100}$$

行亮色分离梳状滤波器在分离色度信号时对行间的信号进行了平均,能够抑制由于微分相位失真、边带不对称等因素引起的串色。因此,经亮色分离后的色度信号无需再用梳状滤波进行 U、V 分离,可以直接送到同步检波器解调出 U、V 信号。

3.5.3　数字处理电视机的主控系统

1. 电视机主控系统的功能和组成

电视机主控系统在正常工作模式下的主要功能包括:

(1) 电视频道的选台和预置;

(2) 对模拟量(对比度、亮度、色饱和度、清晰度、音量、高低音、平衡等)的控制;

(3) 状态转换控制,如开机/关机、AV/TV、待机、静音等;

(4) 屏幕显示控制。

电视机主控系统由遥控发射器(简称遥控器)、遥控接收单元、中央处理单元(Central Processing Unit,CPU)、EEPROM(电可擦除可编程只读存储器)、字符发生器及输出接口电路等组成。图 3-53 示出了主控系统(图中虚线框内的部分)以及它与电视机其他部分的主要连接关系。

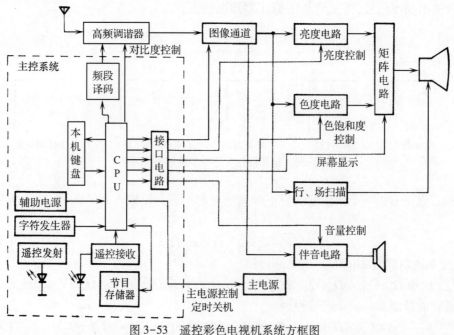

图 3-53　遥控彩色电视机系统方框图

2. 控制功能的实现

红外遥控发射器由键盘矩阵、遥控专用集成电路、驱动电路和红外发光二极管(Light Emitting Diode,LED)组成。通过 38kHz 的键盘扫描信号和键盘扫描程序确定所按下的键,并将位数较少的键码编成位数较多的遥控指令码。遥控指令码包括用户码(产品的识别标志)和功能码,采用脉位调制(Pulse Position Modulation,PPM),以窄间歇期的脉冲表示"0",宽间歇期的脉冲表示"1",并采用反码重复发送方式,以提高纠错能力。遥控指令码对 38kHz 的脉冲载波进行脉冲幅度调制(Pulse Amplitude Modulation,PAM),经过功率放大,由红外 LED 发出中心波长为 940nm 的红外遥控信号。

电视机主面板上装有红外遥控接收器,由红外光电二极管和遥控接收专用集成电路组成。红外光电二极管将接收到的红外遥控信号转换成电信号,在遥控接收专用集成电路中对该信号进行放大、限幅、峰值检波和脉冲整形,得到遥控指令码送至 CPU。CPU 接收到遥控器或者本机键盘发来的指令码后,进行功能识别解码,并启动相应的状态控制程序。各种控制功能的屏幕字符显示由 CPU 和字符发生器共同产生。

3. 数字调谐选台

主控系统的数字调谐选台有电压合成选台与频率合成选台两种方式。由于调谐回路中变容二极管的可变容量范围不能覆盖全部频道,需要用切换回路电感量的方法将全部电视频道分为 VHFL、VHFH 和 UHF3 个频段进行调谐。两种选台方式都是预先将每个电视频道所属的频段号用 2 位二进制数存入 EEPROM,供选台时切换频段使用。每个频段内选择哪个频道是通过改变变容二极管的反向偏压(即调谐电压)从而改变其结电容实现的。电压合成选台预先将每个频道的调谐电压经 A/D 转换存入 EEPROM,选台时由CPU 从 EEPROM 中取出,经 D/A 转换后提供给对应的变容二极管组,使本振电路以及输入电路、高放电路都调谐在所希望的频率上,从而完成选台。

本振频率的精确性和稳定性是实现正确选台的决定因素。电压合成选台方式提供预先调整的固定的调谐电压,然而温度、电源电压的变化会引起变容二极管结电容的改变,致使本振频率漂移,使调谐不稳定,甚至于"跑台"。频率合成选台方式则可以克服这个缺点,图 3-54 示出了其工作原理。

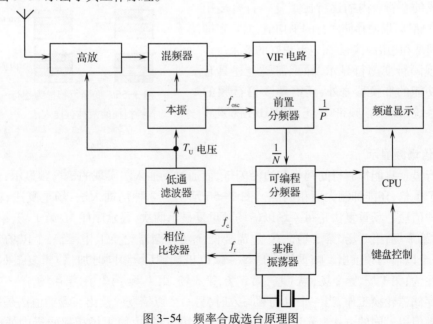

图 3-54 频率合成选台原理图

在图 3-54 中,4MHz 石英晶体振荡经 1024 分频产生基准频率 f_τ。另外,调谐器的本振频率 f_{osc} 相继经 P(一般 $P=8$)分频和 N 分频,得到接近基准频率 f_τ 的 f_{c}。鉴相器检测 f_{c} 和 f_τ 之间的相位误差,经低通滤波转换为直流电压,控制变容二极管使本振频率精确而稳定。适当地选择 f_τ,使每一个电视频道的本振频率都对应一个整数分频比 N,预先将 N 保存在 EEPROM 中,选台时由 CPU 取出,并赋给 PLL 电路,从而实现正确的调谐。由此可见,频率合成选台方式并不直接由 EEPROM 提供调谐电压,而只是提供分频比 N,由 PLL 电路产生动态的调谐电压,从而能够克服由于各种原因产生的频率漂移。

3.5.4　消除闪烁技术

模拟电视采用隔行扫描会使电视图像产生行间闪烁和水平边沿闪烁效应,采用 50Hz 场频会使高亮度、高对比度画面出现大面积闪烁。这些现象会降低图像质量,引起人眼疲劳。数字处理电视机在不改变模拟电视制式的前提下采用消除闪烁技术来克服上述缺点。消除闪烁技术包括逐行显示和倍场频显示。其技术思路是依托数字存储器,采用行插入法或场插入法,得到逐行或双倍场频的图像,以便超过人眼的临界闪烁频率,消除闪烁感觉。

1. 逐行显示

行插入法是在原来隔行扫描图像的每两行之间插入一行,使每场的扫描行数增加 1 倍,即行频增加 1 倍,变隔行扫描为逐行扫描。图 3-55 示出了两种行插入法:重复逐行和内插逐行。重复逐行是在同一场内,在相邻的两个隔行扫描行之间插入与前面的那一行相同的行。其方法是每一行以行频写入行存储器,并以 2 倍行频将它重复读出两次。

这种方法需要两个行存储器轮换工作,当一个写入时,另一个读出。内插逐行是在同一场内,在相邻的两个隔行扫描行之间插入由二者的平均值组成的一行。内插逐行比重复逐行要多用一个行存储器,以便存储两行的平均值,而它在抑制行间闪烁和边沿闪烁方面也有更好的效果。

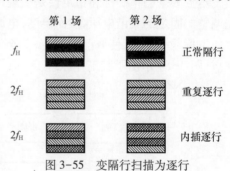

图 3-55　变隔行扫描为逐行扫描的两种行插入法

实现隔行变逐行显示,除了需要上述具有行插入功能的变换器之外,还需要 2 倍行频的行扫描系统,以及宽频带(大于 12MHz)视频放大器。

2. 倍场频显示

逐行显示只能抑制行间闪烁和边沿闪烁,而通过场插入法实现的倍场频显示,由于场频增加了 1 倍,还能抑制大面积闪烁。图 3-56 示出了 3 种场插入法:场重复法、帧重复法和场插值法。场重复法是每一场以倍场频重复显示两次,显示顺序为:第 1 场,第 1 场,第 2 场,第 2 场,第 3 场,第 3 场,……它需要两个场存储器轮换工作,当一个以场频写入时,另一个以倍场频读出。帧重复法是每一帧以倍帧频(场频同时加倍)重复显示两次,显示顺序为:第 1 场,第 2 场,第 1 场,第 2 场,第 3 场,第 4 场,第 3 场,第 4 场,……它需要两个帧存储器轮换工作,当一个以场频写入时,另一个以倍场频读出。场插值法是每一场以倍场频但以不同的方式显示两次,显示顺序为:第 1 场,由第 1 场相邻两行内插产生的场,由第 2 场相邻两行内插产生的场,第 2 场,第 3 场,由第 3 场相邻两行内插产生的场,……它需要 4 个场存储器轮换工作,比场重复法多出的 2 个存储器用来存储内插场。

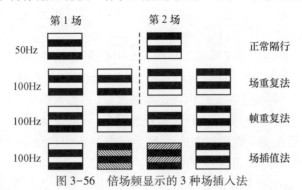

50Hz　　　　　　　　　　　　　　正常隔行
100Hz　　　　　　　　　　　　　场重复法
100Hz　　　　　　　　　　　　　帧重复法
100Hz　　　　　　　　　　　　　场插值法

第 1 场　　　　第 2 场

图 3-56　倍场频显示的 3 种场插入法

以上 3 种倍场频显示方法都能消除大面积闪烁。其不同点是:帧重复法对行间闪烁、边沿闪烁均有改善,对静止图像重现效果良好,但是对有水平方向运动的图像存在水平方向的抖动感;场重复法对有水平方向运动的图像不会出现抖动感,但它仍然是不完善的隔行扫描,帧频仍是 25Hz,因此行间闪烁和边沿闪烁不能完全消除;场插值法能改善行间闪烁、边沿闪烁,也不会产生运动图像在水平方向的抖动,但垂直清晰度有所损失。利用边缘检测器将帧重复法和场插值法结合起来可获得良好的消除闪烁效果。其方法是,对于一般静止和运动图像都采用场插值法处理,当边缘检测器检测到图像在垂直方向有大对比度细节变化或轮廓边沿时,采用帧重复法处理。

实现倍场频显示,除了需要上述具有场插入功能的变换器之外,还需要 2 倍行频和 2 倍场频的行场扫描系统,以及宽频带(大于 12MHz)视频放大器。

习题与思考题

3.1 按我国模拟电视标准画出在奇、偶场的场同步和场消隐脉冲附近的亮度视频信号,标出各组成信号的名称及时间数值,并说明是偶数场还是奇数场。

3.2 场同步脉冲中的开槽脉冲和前后均衡脉冲的作用是什么?

3.3 对于 100-0-100-0 彩条信号,红条和蓝条的色度矢量用模和辐角分别表示为 0.63 $\underline{103°}$ 和 0.45 $\underline{347°}$,简要说明:

(1) 为什么红色矢量不与 V 轴重合,蓝色矢量不与 U 轴重合?

(2) 黄条和青条色度矢量的模和辐角是什么?

3.4 简要说明为什么 NTSC 制采用 Q、I 色差信号,而不是 U、V 色差信号?

3.5 设 NTSC 制电视系统摄取的彩色光为 $F=1[R]+2[G]$,求编码后所得信号 Y、I、Q 和 C 的数值,并画出色度信号的矢量图。

3.6 计算 NTSC 制的 100-0-100-0 彩条亮度信号,I、Q 色差信号,色度信号两分量 $i(t)$ 和 $q(t)$,以及复合信号的数值;画出一行 CVBS 波形图;以 U 轴为 0° 画出彩条各基色和补色的矢量图。

3.7 画出下列各信号的频谱图,并标明频带宽度的数值:G 基色信号,$(R-Y)$,V 和

Q 色差信号,$V\sin\omega_{sc}t$ 和 $I\cos(\omega_{sc}t+33°)$。

3.8 试分析说明用于 NTSC 制的亮色分离电路的工作原理。

3.9 什么叫做微分增益和微分相位？在模拟彩色电视系统中为什么要考虑这个问题？

3.10 设 NTSC 制电视系统传送 100-0-75-0 红彩条信号,由于传输系统的非线性产生微分相位,使色度矢量的相角减小了 12°,试分别计算传送前和经解码器同步检波后的 Q、I 值,并判断其色调变化将是红偏黄还是红偏品(只需判断无需证明)?

3.11 为什么 525 行、60 场的 NTSC 制要选用 59.94Hz 的场频？

3.12 对于采用正交平衡调幅方式的 NTSC 制,能否说色度信号矢量的振幅和相角分别决定了彩色的饱和度和色调？为什么？

3.13 设 PAL 制电视系统摄取得彩色光为 $F=1[G]+1[B]$,试求编码所得信号 Y、U、V 和 C 的数值,并画出色度信号矢量图。

3.14 试用矢量表示法分析说明 PAL 梳状滤波器分离色度信号两分量的过程。

3.15 用数学表达式写出 PAL_D 解码器的输入信号、延迟信号、梳状滤波器相加端和相减端输出信号、同步检波后的输出信号。

3.16 PAL 梳状滤波器须满足哪些条件才能正确地分离 u、v 信号？对应于我国电视标准的延迟时间为多少？

3.17 画出在 $(f_{sc}-2f_H,f_{sc}+2f_H)$ 区间 PAL 制彩色电视信号频谱的主谱线频谱交错示意图。

3.18 试分析说明 NTSC 制与 PAL 制 CVBS 的频谱结构的异、同点各是什么。为什么有这种区别？

3.19 图像信号失去直流分量的原因是什么？失去直流分量产生什么失真？如何校正？

3.20 为什么在 γ 校正前要先进行钳位？

3.21 按照图 3-27 所示 PAL 制编码方框图,对 100-0-100-0 彩条信号进行编码。画出各主要方框输出信号的一行时间波形图和对应的信号频谱图(标出频率和频宽的数值),用以说明彩条全电视信号的形成过程。

3.22 PAL 制电视信号中的色同步信号 $e_b(t)$ 是如何形成的？

3.23 用矢量图说明 PAL 制色度信号 u、v 分量不正交将导致相邻行色度信号幅度不一致。计算正交误差为 1°时,100-0-100-0 彩条信号中黄条色度 C 的相邻行数值。与无误差时相比变化了多少？

3.24 设进行平衡调幅的调制信号的电压相对幅度与时间关系如表 3-4 所列,副载波周期为 T_{sc},当 $t=0$ 时正弦震荡信号的起始相位为 $\varphi_{sc}=0°$,画出副载波波形图和已调信号波形图。上下两图时间与相位关系要一一对应。

表 3-4 调制信号的电压相对幅度与时间关系

时间	$0\sim4T_{sc}$	$4T_{sc}\sim8T_{sc}$	$8T_{sc}\sim9.5T_{sc}$	$9.5T_{sc}\sim13.25T_{sc}$	$13.25T_{sc}\sim16T_{sc}$
调制信号相对幅度	1.0	-0.5	0	0.7	-1.0

3.25 彩色电视同步机产生几种信号？

3.26 我国电视广播分几个频段？各频段频率范围是多少？

3.27 为什么射频电视图像信号用负极性、VSB 调幅方式发射？而射频电视伴音信号采用调频方式？画出一行射频电视图像信号示意波形图,标出相对电平值(以 100-0-75-0 彩条图像信号为例)。

3.28 画出我国模拟彩色电视广播发射机幅频特性,注明图像、伴音、副载频的位置及各频带宽度数值。

3.29 画出模拟彩色接收机中频放大器的幅频响应曲线,并在图中标出必要的频率、增益数据。

3.30 电视接收机的图像中频为 38MHz。若中频放大器频率特性发生了偏离,右侧斜坡中点对应频率变到 38.5MHz,那么检波器输出的视频信号将有何变化？画出视频信号频谱的示意图。对重现图像、重新伴音将产生什么影响？

3.31 PAL 制彩色电视接收机如何取出色同步信号？怎样定相和识别？

3.32 如果 V 信号副载波在 90° 相移时,产生了误差(如只移了 60°),试问解调信号如何？

3.33 简述模拟彩色电视接收机高频调谐器的作用。

3.34 模拟彩色电视机视频电视信号的 5 步处理过程是什么？

3.35 在彩色电视接收机中,同步信号与图像信号在哪一功能电路中依据什么原理被分离开？亮度和色度信号在什么电路中依据什么原理被分离开？

3.36 电视接收机中行场扫描电路如何与摄像端同步？行与场的同步方法有什么区别？

3.37 电视接收机显像管所需高压、中压用什么方法产生？

3.38 试分析下列工作不正常的电视接收机中的故障所在。(1)有光栅和伴音,无图像;(2)有图像,无伴音;(3)有光栅,无图像和伴音;(4)屏幕上只有一条水平亮线,有伴音。

3.39 模拟电视的数字处理有哪些优点？它与真正意义上的数字电视又有什么不同？

3.40 模拟电视信号数字化中的全电视信号编码的采样频率是如何选择的？为什么？

3.41 简述 PAL 制亮色分离数字行梳状滤波器中的 PAL 修正器的工作原理。

第 4 章　数字电视视频压缩编码原理

4.1　数字电视发展概述

4.1.1　模拟彩色电视的缺陷

1. 复合信号方式的缺陷

模拟彩色电视制式均采用复合信号方式。在时域,亮度信号和色度信号相加;在频域,二者共用频带,窄带色度信号频谱间置于亮度信号频谱的高端。由于亮色分离的不完善以及可能发生的频谱混叠,会产生亮色串扰。亮度串色表现为在图像的细节部分(对应高频亮度信号),产生杂乱的彩色干扰。色度串亮表现为在彩色图像的陡削边沿和大面积饱和色区(对应高频和大幅度色度信号),会出现副载波干扰光点。

尽管采用窄带的色度信号有利于减少亮色互串,但导致彩色水平分解力降低,如造成彩色文字的竖笔画无色。

在 NTSC 和 PAL 制中,色度的两分量通过正交平衡调幅复合在一起传送。信号传输过程中的微分增益、微分相位和不对称边带等因素,会破坏同步解调,引起色度两分量互串,产生彩色失真,包括色调、饱和度变化以及与之有关行顺序效应。

彩色副载波与伴音副载波的互调也会引起彩色和亮度的失真。

在采用调频方式的卫星系统中,存在线性上升规律的噪波分布,色度信号处于高噪波频域,解调后转变为比高频亮度噪波更显眼的低频彩色噪波。此外,色度信号是频谱分布中的大幅度高频成分,在施加预加重处理的调频过程中会引起大的频偏,容易产生失真。

2. 隔行扫描方式的缺陷

隔行扫描可理解为沿空间垂直方向 y 和时间方向 t 对图像进行二维离散化采样,如图 4-1 所示。可以把全部采样看作奇数场和偶数场两组之和,设行距为 d,场周期为 T,则两组的垂直采样频率均为 $f_{sy}=1/(2d)$,时间采样频率均为 $f_{sT}=1/(2T)$,而两组采样之间存在沿 y 轴平移 d 和沿 t 轴平移 T 的关系。

当只考虑离散化采样的 y、t 方向时,亮度信号及其频谱可分别表示为 $b(y,t)$ 和 $B(f_y,f_t)$。根据采样理论,奇数场一组的二维采样信号的频谱为亮度信号频谱以二维采样频率为周期的周期延拓,即

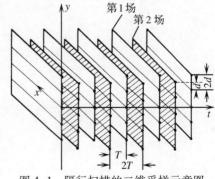

图 4-1　隔行扫描的二维采样示意图

$$B'_{\text{syt}}(f_y, f_t) = \frac{1}{4dT} \sum_{i=-\infty}^{\infty} \sum_{j=-\infty}^{\infty} B\left(f_y - \frac{i}{2d}, f_t - \frac{j}{2T}\right)$$

根据傅里叶变换的移位定理,可以进一步得到偶数场一组的二维采样信号的频谱:

$$B''_{\text{syt}}(f_y, f_t) = \frac{1}{4dT} \sum_{i=-\infty}^{\infty} \sum_{j=-\infty}^{\infty} (-1)^{i+j} B\left(f_y - \frac{i}{2d}, f_t - \frac{j}{2T}\right)$$

这样,隔行扫描图像的二维频谱可表示为

$$B_{\text{syt}}(f_y, f_t) = B'_{\text{syt}}(f_y, f_t) + B''_{\text{syt}}(f_y, f_t)$$

$$= \frac{1}{4dT} \sum_{i=-\infty}^{\infty} \sum_{j=-\infty}^{\infty} \left[1 + (-1)^{i+j}\right] B\left(f_y - \frac{i}{2d}, f_t - \frac{j}{2T}\right) \tag{4-1}$$

式(4-1)表明,在$(f_y\text{-}f_t)$平面上,除了以原点为中心的基带谱$B(f_y, f_t)$之外,还存在中心位于$(i+j)$为偶数处的延拓谱。图4-2示出了$(f_y\text{-}f_t)$平面上625行/50场隔行扫描图像的二维频谱分布示意图。

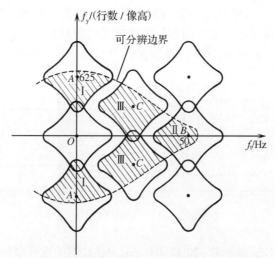

图4-2 隔行扫描图像的二维频谱分布示意图

对视觉特性的研究表明,人眼分辨图像空间细节的能力随图像运动的加快而减弱。在图4-2中,能引起视觉响应的区域位于"可分辨边界"之内。其中除有用的基带谱外,还有成为干扰的某些延拓频谱成分,对应图中的阴影区Ⅰ、Ⅱ和Ⅲ。在Ⅰ区的A点,原基带谱中能量较大的低频部分以$f_t \approx 0$、$f_y = 1/d = 625$行/像高的频率表现出来,导致图像上出现行结构。另外,基带谱与Ⅰ区延拓谱的频谱混叠,使电视系统的实际垂直分解力达不到所设计的扫描行数。在Ⅱ区的B点附近,原基带谱中的低频部分以$f_y \approx 0$、$f_t \approx 1/T = 50\text{Hz}$(场频)的频率表现出来,造成高亮度、高对比度画面上出现大面积闪烁现象。在Ⅲ区的C点附近,原基带谱中的低频部分以$f_y = 1/(2d) = 312.5\text{Hz}$、$f_t \approx 1/(2T) = 25\text{Hz}$(帧频)的频率表现出来,引起行间闪烁和行结构的垂直移动现象。

3. 清晰度和临场感的缺陷

受视频传输频带宽度的限制,现行模拟电视图像细节分辨率不够,没有充分适应人眼的视觉能力。以PAL制为例,其垂直和水平分辨率约为300线和400线,对于大屏幕电视和近距离观看,图像的清晰度不够、临场感不强。

以上分析说明,模拟彩色电视受技术条件的限制,尚未能实现充分适应视觉特性的图像信息的高保真传送。研究新一代的数字彩色电视系统是人们对电视的观赏要求提高的需要,也是信息社会发展的需要。

4.1.2 数字彩色电视的发展

1. 模拟高清晰度电视的研究

为克服复合信号方式的缺陷,英国独立广播公司(Independent Broadcasting Authority,IBA)于1981年为卫星电视研究了一种按模拟分量时分多工方式组成传送图像信号的C-MAC(Multipled Analogue Component)制模拟电视。图4-3示出了C-MAC信号的组成。亮度信号沿时间轴按3:2压缩后占35μs,每行都传送;色差信号按3:1压缩后占17.5μs,两个色差信号逐行轮换传送。C-MAC图像信号在行正程期间对射频载波调频,形成射频图像信号。在接收端,经解调、分离后,亮度信号和色差信号分别按2:3和1:3沿时间轴扩展,并利用一行延迟线补充每行少发的一个色差信号。C-MAC制采用PCM数字伴音信号。数字伴音及其他数据在行消隐期间对射频载波进行二电平四相相移键控(Quadrature Phase Shift Keying,QPSK)调制传送,与图像信号实现射频时分。

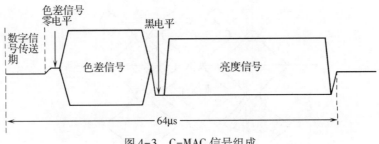

图4-3　C-MAC信号组成

卫星电视频道有较宽的频带(如27MHz),C-MAC制的视频带宽扩展到8.4MHz。又由于采用时分多工方式消除了各信号成分之间的相互串扰,并且改善了色度信号的信噪比,使得C-MAC制的卫星直播电视能提供质量明显改善的图像。除C-MAC制之外,区别于伴音-数据的容量、调制方式及其与图像信号复用方式的不同,还有其他多种方案的MAC制,包括A-MAC、B-MAC、D-MAC和D_2-MAC等。

同样为克服复合信号方式和清晰度、临场感方面的缺陷,1970年日本广播协会(Nippon Hoso Kyokai,NHK)开始研究具有高分解力和宽幅型比的模拟高清晰度电视(HDTV)。根据CCIR的定义,HDTV是一种可在约为画面高度3倍距离处观看的电视系统,它提供的影像质量如同一个具有正常视觉的有鉴别力的观看者在原始场景中所看到的那样。HDTV演播室信号应具有约2倍于现行标准的水平和垂直分解力,显示屏的对角线长度大于1m,幅型比大于4:3(1990年CCIR第17届全会已统一为16:9),通常还要求有多路高保真环绕立体声伴音。

NHK于1984年研究成功一种可用单一卫星频道传送的多重亚奈采样编码(Multiple Sub-Nyquist Sampling Encoding,MUSE)制模拟HDTV,并于1991年11月25日开始试播。其基本参数为:扫描行数1125,隔行扫描,场频60,幅型比16:9。亮度信号Y和色差信

号 C_W 和 C_N 的组成表示为

$$\begin{bmatrix} Y \\ C_W \\ C_N \end{bmatrix} = \begin{bmatrix} 0.30 & 0.59 & 0.11 \\ 0.63 & -0.47 & -0.16 \\ -0.03 & -0.38 & 0.41 \end{bmatrix} \begin{bmatrix} R \\ G \\ B \end{bmatrix} \tag{4-2}$$

Y 的带宽为 20MHz，C_W 和 C_N 的带宽分别为 7MHz 和 5.5MHz，也可以同为 6.5MHz。Y、C_W 和 C_N 经编码组成时间压缩合成(Time Compressed Integration，TCI)信号，以时分多工方式传送，如图 4-4 所示。图中 C 表示经时间轴压缩的逐行轮换传送的 C_W 和 C_N，HD 是水平同步信号。不难理解，TCI 信号方式可以有效地克服各信号成分之间的相互串扰，色度信号受非线性失真的影响较小，适应调频卫星电视广播的特点。

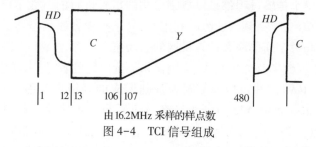

由16.2MHz 采样的样点数

图 4-4　TCI 信号组成

采用多重亚奈采样技术压缩信号频带是 MUSE 制的核心，这种处理在 TCI 信号离散化之后进行。其基本原理是用 4 场亚奈采样信号来传送一幅 HDTV 图像，以加长传送时间换取频带压缩。其采样格式如图 4-5 所示。原始采样频率为 64.8MHz，经场间和帧间多重亚奈采样后，采样频率降低到 16.2MHz，对应视频带宽为 8.1MHz，经调频后可纳入一个卫星频道内传送。在接收端用存储器将接收到的 TCI 信号存储起来，然后通过内插处理，解码重现 HDTV 图像。在运动区域检测的控制下，对于图像的静止区，采用以时间上相邻信息为基础的时间内插方式；对于图像的运动区，采用以一场中的空间相邻信息为基础的空间内插方式。为避免亚奈采样引起的频谱混叠，在发送端的 TCI 编码前要进行低通滤波处理。为由离散采样信号恢复连续的模拟信号，在接收端的 TCI 解码后也要进行低通滤波处理。

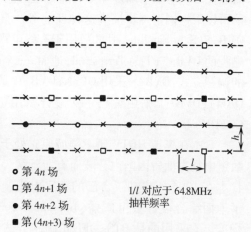

● 第 4n 场
□ 第 4n+1 场
● 第 4n+2 场
■ 第 (4n+3) 场

1/l 对应于 64.8MHz 抽样频率

图 4-5　MUSE 制亚奈采样格式

1986 年，欧洲开始实施研究模拟 HDTV 的 EU95 计划，按照兼容渐进的策略开发可与 MAC 制兼容的 HD-MAC(高清晰度 MAC)制。该制式在 1992 年巴塞罗那奥运会期间曾成功地试用于赛场的转播。

2. 数字电视的诞生及其多极化传输标准

美国和日本的模拟彩色电视采用的都是 NTSC 制，直到 1986 年美国还一直支持日本向 CCIR 提出的 HDTV 标准建议。但考虑到经济等因素，1987 年美国联邦通信委员会

（Federal Communications Commission, FCC）提出要发展地面高级电视（Advanced Television, ATV, 包括质量增强型电视和 HDTV 的一个总称）。1988 年又通过决议, 强调 ATV 信号应能为 NTSC 接收机兼容收看。这样就阻止了日本 MUSE 制直接进入美国市场。虽然在 20 世纪 80 年代后期研究提出了许多符合兼容要求的制式, 但其信息传输技术难以突破现有制式的制约。到 1990 年 FCC 倾向于采用同播方式: 用两个地面频道同时播出同一个节目, 一个频道发送 HDTV 编码信号, 另一个发送 NTSC 信号, 使 NTSC 接收机可以"兼容"（非传统意义上的兼容）收看 HDTV 节目。同播方式需要更多的频道, 这就意味着, 如欲发展 HDTV, 则必须采用数字技术, 将 HDTV 视频信号的频带进行大大压缩, 于是开始了全数字 HDTV 的研发。所谓"全数字", 其含意是指从摄像之后一直到接收机中显像之前, 整个传输过程都是以数字形式的信号进行的。数字电视的抗干扰能力强, 可以减小发射功率, 提高频谱资源的利用率, 易于把视音频信号与数据等其他信号交织传输, 便于实现与数字通信网和计算机网的互操作。

美国曾提出 4 种数字 HDTV 制式, 经测试未能选出优胜者, 后来联合研究成功了大联盟（Grand Alliance, GA）制式。以 GA 制为基础形成的高级电视制式委员会（Advanced Television System Committee, ATSC）制式最终得到了 FCC 的批准。按其采用的信道编码和调制方式的特点, ATSC 制又称为格形编码多电平单载波 VSB 调制制式。实际上, 经批准公布的 ATSC 数字电视标准已不限于 HDTV, 而把标准清晰度电视（SDTV）也包括在内, 它允许多种图像格式, 也考虑了除地面广播以外的其他应用领域。

欧洲的 HD-MAC 制因美国推出数字制式而夭折, 在 1993 年转为开展数字视频广播（Digital Video Broadcasting, DVB）项目的研究。其宗旨是在全面考虑卫星、有线、地面广播以及不同等级清晰度业务的基础上, 进行数字电视的技术开发和标准制定工作, 以便各国可以根据国情逐步推进这种新业务。自 1994 年 12 月起先后制定出用于卫星电视的 DVB-S（S 为 Satellite, 卫星）、用于有线电视的 DVB-C（C 为 Cable, 电缆）和用于地面广播电视的 DVB-T（T 为 Terrestrial, 地面）三个标准。它们为适应不同的信道特性采用了不同的调制方式: DVB-S 采用 QPSK; DVB-C 采用正交调幅（Quadrature Amplitude Modulation, QAM）; DVB-T 采用编码正交频分复用（Coded Orthogonal Frequency Division Multiplex, COFDM）。

日本在模拟 HDTV 研发领域原先处于领先地位, MUSE 制的试播持续了多年, 在发展数字电视方面曾因国内分歧而有所延缓。在美国推出数字制式后, 为了保护本国利益, 日本在 1996 年启动了自己的数字电视制式研究项目, 并于 1998 年在 DVB 基础上提出了地面综合业务数字广播（Integrated Services Digital Broadcasting-Terrestrial, ISDB-T）标准。它采用的是 BTS-OFDM 调制方式（Band Segmented Transmission, BTS）频带分段传输。

1999 年, 我国成立国家数字电视领导小组, 明确宣示自主制定数字电视技术标准。2004 年 8 月, 中国工程院评估认定清华大学的多载波方案地面数字多媒体广播（Terrestrial Digital Multimedia Broadcasting, DMB-T）与上海交大的单载波方案先进地面数字电视广播（Advanced Digital Television Broadcasting-Terrestrial, ADTB-T）各有所长, 确定国标在两者融合基础上产生。2006 年 8 月 18 日颁布了《数字电视地面广播传输系统帧结构、信道编码和调制》（GB 20600—2006）, 即数字电视地面多媒体广播（Digital Television Terres trial Multimedia Broadcasting，DTMB）标准。2007 年 8 月 1 日，国家标准化委员会公布 DTMB作为中国地面数字电视信号标准正式实施。2012 年 1 月 22 日，国际电信联盟无线通信局将 DTMB 批准为继美国、欧洲、日本之后的第四个数字电视国际标准。DTMB 标准使用 TDS-OFDM（Time Domain Synchronous，TDS，时域同步）单多载波调制方式。

以上四个地面数字电视传输标准在国际上形成了多极化的局面。从被调载波来讲，可分为两大类，即单载波制式和多载波制式。随着数字电视技术的发展，目前数字电视传输标准还在不断发展过程中，美国、欧洲和中国分别相继提出了 ATSC-M/H、DVB-T2、DTMB-A 等演进标准。

3. 通用的压缩编码标准

多极化的数字电视传输标准的主要区别在于调制和传输方式的不同，在视频压缩编码和传送流（Transport Stream，TS）方面则都采用国际通用的视频压缩编码标准，都是以活动图像专家组（Moving Pictures Experts Group，MPEG）制定的 MPEG-2 标准为基础。该专家组自 1988 年成立以来，已建立了一个用于活动图像及伴音压缩编码的标准系列，包括 MPEG-1、MPEG-2 和 MPEG-4 等。MPEG-2 从 1994 年 11 月到 1996 年 6 月陆续按 9 个部分以国际标准化组织/国际电工委员会（International Organization for Standardization /International Electrotechnical Commission，ISO/IEC）的 ISO/IEC13818 文件制定，是用于 SDTV 和 HDTV 的视频压缩标准。

因特网和多媒体技术的广泛应用推动着视频编码理论和技术的不断发展。ISO/IEC 和 ITU-T（国际电信联盟电信部；T 为 Telecommunication Sector，电信部）是国际上制定视频编码标准的两大组织。ISO/IEC 在制定了用于视频存储和广播电视的 MPEG-1 和 MPEG-2 标准后，在 1999 年至 2000 年初又制定了支持多媒体应用的 MPEG-4（ISO/IEC14496）标准。与此同时，ITU-T 于 1990 年制定了用于视频会议等实时视频通信的视频编码标准 H.261，此后于 1995 年、1998 年和 2000 年又相继制定了 H.263、H.263+ 和 H.263++。2001 年 12 月，ISO/IEC 的 MPEG 和 ITU-T 的视频编码专家组（Video Coding Experts Group，VCEG）组成视频联合工作组（Joint Video Team，JVT），制定了一个性能超过 MPEG-4 和 H.263 的视频编码标准 H.264/AVC（Advanced Video Coding，先进视频编码）。2010 年由 VCEG 和 MPEG 组成了视频编码联合协作组（Joint Collaborative Team on Video Coding，JCT-VC），并 2013 年 1 月制定了一个最新的视频编码国际标准 H.265/HEVC（High-Efficiency Video Coding，高效视频编码）。该标准在相同的主观质量下压缩率比 AVC/H.264 提高 1 倍，支持多种色度格式、可伸缩编码和立体、多视点视频。

为了建立中国独立产权的数字音视频编码标准，我国于 2002 年成立了数字音视频编解码技术标准工作组，于 2003 年至 2005 年制定了《信息技术先进音视频编码》系列标准，简称音视频编码标准（Audio Video coding Standard，AVS）。AVS 与 AVC 的编码效率相当，而具有较低的运算复杂度。

目前，数字电视运营商在视频编码方面多数还在使用 MPEG-2 标准，在我国正在大力推广 AVS 标准。预计随着电视和多媒体产业的发展 AVC/H.264 甚至 HEVC/H.265 等标准也会有越来越广泛的应用。

本章先以 MPEG-2 标准为基础介绍视频压缩编码理论与技术，然后再对其他视频编码标准进行简明的介绍。

4.2 视频图像信号的数字化和压缩编码概述

4.2.1 模拟电视信号的数字化

模拟信号数字化的过程称为模-数转换或 A/D 转换。在完成数字传输和处理后,把数字信号再复原为模拟信号的过程称为数-模转换或 D/A 转换。电视信号的模-数转换器(Analog-Digital Converter,ADC)采用脉冲编码调制(Pulse Code Modulation,PCM)方式,又称为编码器(Encoder),其中包括采样、量化和编码。数-模转换器(Digital-Analog Converter,DAC)又称为解码器(Decoder),是对 PCM 信号的解调,包括解码和低通滤波。

通过采样使时间上连续的模拟电视信号变成时间上离散的脉冲幅度调制(Pulse Amplitude Modulation,PAM)信号。从理论上讲,根据采样定理,采样频率应大于模拟信号最高频率的 2 倍,否则会导致频谱混叠失真。因此,在采样前需要用一个前置低通滤波器限制模拟信号的带宽。

量化是使幅度连续的采样值进一步在幅度上离散化的过程。量化的目的是为了能用有限字长的数码来表示每个采样值的幅度。以 n 位(bit,常音译为比特)四舍五入的均匀量化为例,设电视信号的幅度范围为 $0 \leqslant E \leqslant A$,在此区间等间隔地取 2^n 个量化级 $k = 0$,$1, \cdots, 2^n - 1$,E 所对应的量化级 k 为

$$k = \text{int}\{(2^n - 1)E/A\} \tag{4-3}$$

其中 $\text{int}\{\cdot\}$ 表示四舍五入运算。两个相邻量化级之间的幅度差称为量化间隔。由式(4-3),量化间隔 $q = A/(2^n - 1)$。在量化过程中会产生非线性的幅度失真,超出 $0 \sim A$ 的量化范围会产生量化过载失真,即使在正常量化范围内,也会产生数值在 $\pm q/2$ 之间的量化误差。量化误差对解码复原图像信号的影响表现为随机杂波,称为量化噪声。常用量化信噪比(Signal to Noise Ratio,SNR)来度量量化失真。对于采样值在量化范围 $(0 \sim A)$ 均匀分布的单极性信号,量化信噪比表示为信号的峰值功率 A^2 与量化均方误差(Mean Square Error,MSE)之比的分贝数。容易证明,n 位四舍五入的均匀量化的量化信噪比为

$$\text{SNR} = 10\log(A^2/\text{MSE}) = 10.8 + 6n (\text{dB}) \tag{4-4}$$

显然量化位数 n 越大,量化信噪比就越大,再生图像的质量就越高。然而实际上 n 的选取是受到一定的限制的。从硬件实现考虑,电视信号的数字化需要较高的采样频率,通常采用并行量化编码,即用 $(2^n - 1)$ 个电压比较器,使采样值并行地与 $(2^n - 1)$ 个判决电平(位于相邻量化电平的中点)比较,同时确定出它所对应的 n 位数码。因此,n 每增加 1,比较器的数目和精度就要增加 1 倍。另外,模拟电视信号经数字编码后转变成一个有序传送的比特串,即比特流(或称码流),n 直接影响比特流的传送速率(称为比特率,也称码率,单位为 b/s 或 bit/s)。串行传送时,比特率等于 n 与采样频率的乘积,所需的信道带宽至少应为比特率的一半(在理想条件下,每 1Hz 宽的频带最多可传 2b/s)。对于给定的信道带宽,n 是不能任意增大的。实验表明,当量化信噪比为 50~60dB 时,再生图像中的量化噪声已不易觉察。除了均匀量化方式外,为了用较少的编码位数获得较高的量化信噪比,有时还采用量化间隔不等的非均匀量化方式。

编码是指将采样值的量化级编成二进制数码。十进制量化级 $k(k=0,1,\cdots,2^n-1)$ 与 n 位二进制数码 $(c_{n-1},c_{n-2},\cdots,c_0)$ 之间可有多种对应关系,即存在多种编码方式。表 4-1 以 3 位编码为例示出了两种常用的数码:自然二进制码和交替二进制码(格雷码)。

表 4-1　两种常用数码($n=3$)

量化级	0	1	2	3	4	5	6	7
自然二进制码	000	001	010	011	100	101	110	111
格雷码	000	001	011	010	110	111	101	100

自然二进制码是权重码,易于编码、解码和算术逻辑运算,其编码公式为

$$k = \sum_{i=0}^{n-1} c_i 2^i = c_{n-1}2^{n-1} + c_{n-2}2^{n-2} + \cdots + c_0 \tag{4-5}$$

其中,$c_i=0$ 或 $1,i=0,1,\cdots,n-1$。在实际系统中,0 和 1 是由两种不同的物理状态区分的,例如用低电平表示 0,高电平表示 1。格雷码不是权重码,其相邻码之间仅有一位有差别,因误码引起的幅度误差在统计平均上较小,具有较强的抗误码能力。

经上述采样、量化、编码所得到的数字信号即为 PCM 信号。编码器将 PCM 信号传送给数字处理器进行所需要的数字处理。在短距离传送 PCM 信号时采用并行传送方式,即每一采样的 n 位码字连同为收发端同步用的采样时钟在 $(n+1)$ 条传输线中并行传送。在中远距离传输时采用全串行传送方式,对 n 位数字首先进行并-串转换,然后在同一条线路上依次传出。

由数字处理器输出的 PCM 信号在解码器中进行与编码过程相反的解码处理。首先将依次接收到的码字转换成平顶化(零阶保持)的 PAM 脉冲序列,然后经后置低通滤波器再生复原为模拟信号。零阶保持对再生模拟信号有高频衰减的作用,因此后置低通滤波器应具有高频提升特性以补偿这种衰减。

电视信号数字化以后,就可以采用数字方式进行电视信号的传输、处理和储存,这就给电视技术带来了根本性的变革。数字电视以二值信号传递信息,它的抗干扰性、抗非线性失真能力远比模拟电视强。数字电视信号能够整帧地储存在半导体存储器中,能够在包含时间轴在内的三维空间进行数学运算,从而具有模拟方式难以实现的多种信号处理功能,例如高效率的数据压缩、时分复用、复杂的时基处理、空间变换和滤波等,从根本上克服模拟电视的缺陷,实现电视的多功能节目制作、高效传输和高质量接收。此外,数字信号的储存和处理电路易于超大规模集成,从而使数字电视设备比模拟电视设备元件少,易于调整,重量、体积、功耗下降,寿命和可靠性提高。数字电视设备便于与电子计算机或其他数字设备接口,便于加入公用数据通信网,实现生产、运行的自动化和视听信息处理的综合化、网络化。

4.2.2　标准清晰度电视的分量编码

本章我们将模拟电视图像的经 γ 校正的亮度和两个色差信号分别用 E_Y'、$E_R'-E_Y'$ 和 $E_B'-E_Y'$ 表示,而将它们经数字化以后的信号分别用 Y、C_R 和 C_B 表示。

为从根本上克服模拟电视复合信号方式的缺陷,数字电视采用数字分量时分多工的方式传送图像信号。这就要求对模拟图像信号的 3 个分量 E_Y'、$E_R'-E_Y'$ 和 $E_B'-E_Y'$ 分别进行

数字化和编码,即分量编码。

1. ITU-R BT.601 分量编码标准的数据格式

为便于国际间的电视节目交换,CCIR 于 1982 年确定了电视演播室分量编码的国际标准即 601 号建议,现改称 ITU-R BT.601-A(ITU 为 International Telecommunication Union,国际电信联盟;R 为 Radio communication Sector,无线电通信部;BT 为 Broadcasting service Television,广播服务电视)。随着电视技术的发展 ITU 从 1986 年至 2007 年又对这个标准进行了多次补充修订,2007 年的版本为适用于 4∶3 和宽屏 16∶9 幅型比的 ITU-R BT.601-6。

分量编码时,需要先根据对图像清晰度的要求适当地限制 3 个分量信号的带宽。所选定的采样频率应不小于 2.2 倍信号最高频率,以便使由低通滤波器的过渡特性引入的频谱混叠失真小于容限。另外,3 个分量信号的采样频率之间以及它们与行频之间应有整数倍的关系,形成空间正交的固定采样结构,以便于时分复用和信号处理。ITU-R BT.601 充分考虑了这些因素,同时还考虑了对 525 行制和 625 行制的兼容性,以便于不同制式间的电视节目交换。

ITU-R BT.601 规定了两种视频数据格式:保持模拟信号带宽的 4∶2∶2 数据和具有更高彩色分解力的 4∶4∶4 数据。4∶2∶2 是数字电视演播室最常用的一种视频数据格式,其 3 个分量信号 $E'_Y/(E'_R-E'_Y)/(E'_B-E'_Y)$ 的采样频率为 13.5MHz/6.75MHz/6.75MHz,所谓 4∶2∶2 就是按分量信号采样频率之间的这种比例关系而命名的。在每一行中,两个色度信号的样点为空间同位(即在同一位置采样),而色度信号与亮度信号的奇数样点空间同位。相对于亮度信号的样点,两个色度分量进行了 1/2 下采样,彩色水平分解力减半。由于人眼的彩色分辨力较低,基本不会引起图像质量的下降。对于 525 行制和 625 行制,亮度信号的每行样点数分别为 858 和 864,两个色度分量的每行样点数均为亮度的 1/2。因为采样频率是行频的整数倍,所以采样结构都是空间正交结构。图 4-6(a)示出了 4∶2∶2 数据的采样点的空间位置,图中的虚线框表示框内的所有亮度样点共用框内的色度样点。

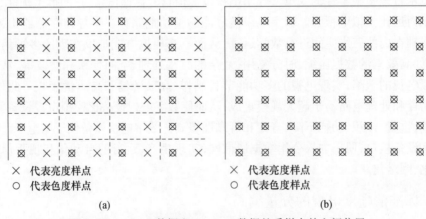

× 代表亮度样点　　　　　　　　× 代表亮度样点
○ 代表色度样点　　　　　　　　○ 代表色度样点

(a)　　　　　　　　　　　　　　(b)

图 4-6　4∶2∶2 数据和 4∶4∶4 数据的采样点的空间位置

(a)4∶2∶2 数据;(b)4∶4∶4 数据。

对于 4∶2∶2 数据格式,无论 525 行制还是 625 行制,数字有效行的亮度信号样点数都是 720,色度信号样点数都是 360,每行中的(720+2×360)个"有效"样点是必须储存或处理的。显然,数字有效行的规定消除了制式间的差别。图 4-7 示出了 525 行制和 625 行制的数字有效行的亮度、色度样点与模拟同步基准之间的对应关系,其中采样点出现在每个方块起始的地方,不带括弧的数字是 525 行制的参数,括弧内的数字是 625 行制的不同于 525 行制的参数。其中,O_H 是相邻模拟行分界处的标识。另外,4∶2∶2 数据格式规定的亮度和两个色度信号的每帧有效采样行数,对于 625 行制为 576 行,对于 525 行制为 480 行。这样无论 625 行制还是 525 行制,电视图像的每秒采样点数和有效像素数都相同,以亮度信号为例,每秒采样点数均为 13.5M,每秒有效像素数均为 10.368M。这就方便了不同制式间的电视节目交换。

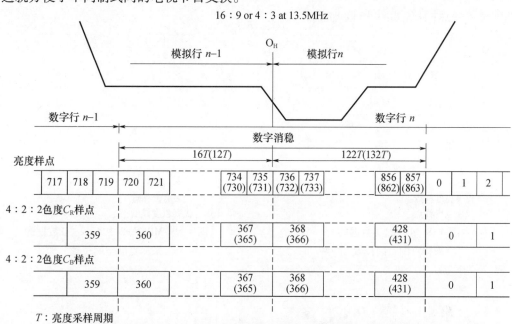

图 4-7　数字有效行的亮度、色度样点与模拟同步基准之间的对应关系

4∶4∶4 数据与 4∶2∶2 数据的区别是对色度信号不进行下采样,$E_Y'/(E_R'-E_Y')/(E_B'-E_Y')$ 或 $E_R'/E_G'/E_B'$ 的采样频率为 13.5MHz/13.5MHz/13.5MHz。4∶4∶4 数据可以获得比 4∶2∶2 数据更高的彩色分解力,但也需要更宽的视频信号带宽,其采样点的空间位置如图 4-6(b)所示。

2. 其他常用的数据格式

4∶2∶2 和 4∶4∶4 数据是为电视演播室制定的要求较高的分量编码格式。在某些应用场合为了进一步降低编码后的比特率,可采用较低级别的编码格式,如 4∶1∶1 和 4∶2∶0 数据。在 4∶1∶1 数据中,$E_Y'/(E_R'-E_Y')/(E_B'-E_Y')$ 的采样频率为 13.5MHz/3.375MHz/3.375MHz。两个色度信号在垂直方向上的分解力与亮度信号相同,在水平方向上则为亮度信号的1/4。与 4∶4∶4 数据相比,视频带宽下降一半。其采样点的空间位置如图 4-8 所示。4∶1∶1 数据格式适合应用于彩色带宽较窄的 NTSC 模拟视频数字化编码系统,以及数字视频(Digital Video,DV)存储系统等。

在 4∶2∶0 数据格式中,亮度信号和色度信号的水平采样频率与 4∶2∶2 标准相同,即色度信号的水平分解力比 4∶1∶1 数据加倍,但两个色度信号每2行取1行(4∶2∶0 的称谓由此而来),垂直分解力减半。色度信号在水平和垂直方向上的分解力均取为亮度信号的 1/2。这很好地适应了 PAL 模拟视频数字化编码系统,因为其垂直色度分解力只有 NTSC 的一半,但水平色度分解力较高。与 4∶1∶1 数据一样视频带宽也是 4∶4∶4 数据的 1/2。

目前,4∶2∶0 数据与 4∶2∶2 和 4∶4∶4 数据一起被 MPEG、H.26X 以及 DV 等编码标准采用。根据色度样点空间采样位置的不同,存在 3 种不同的 4∶2∶0 方案。在 MPEG-2 标准中,C_B 和 C_R 空间同位,在垂直方向上定位于两个 Y 样点的中间位置上,如图 4-9 所示。在 JPEG、H.261 和 MPEG-1 中,C_B 和 C_R 空间同位,并定位于交替的 Y 样点之间,如图 4-10 所示。在采用 4∶2∶0 数据的 DV 中,C_B 和 C_R 空间同位,并隔一行与 Y 的奇数样点同位,如图 4-11 所示。

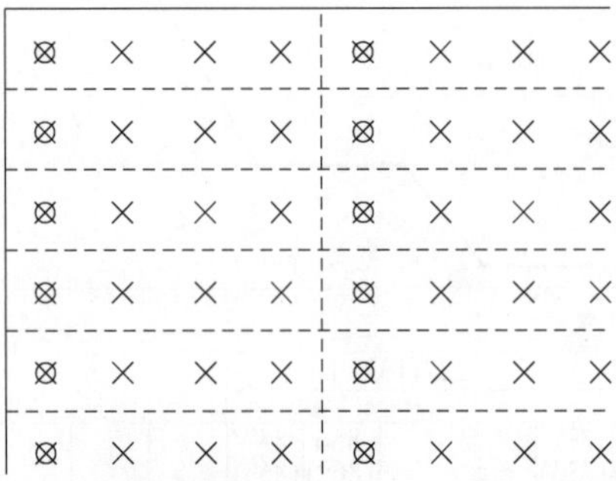

× 代表亮度样点
○ 代表色度样点

图 4-8　4∶1∶1 数据的
采样点的空间位置

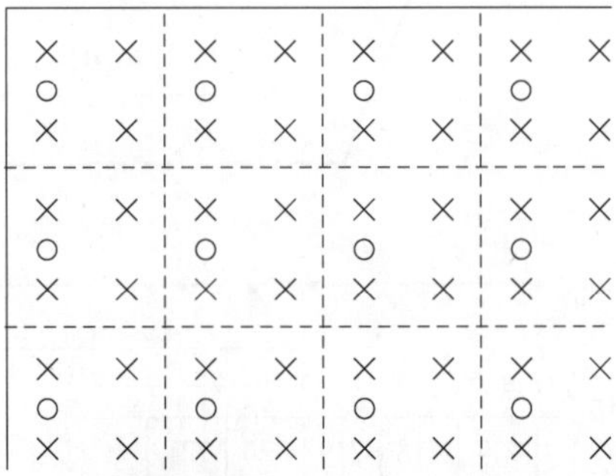

× 代表亮度样点
○ 代表色度样点

图 4-9　MPEG-2 中 4∶2∶0 数据的
采样点的空间位置

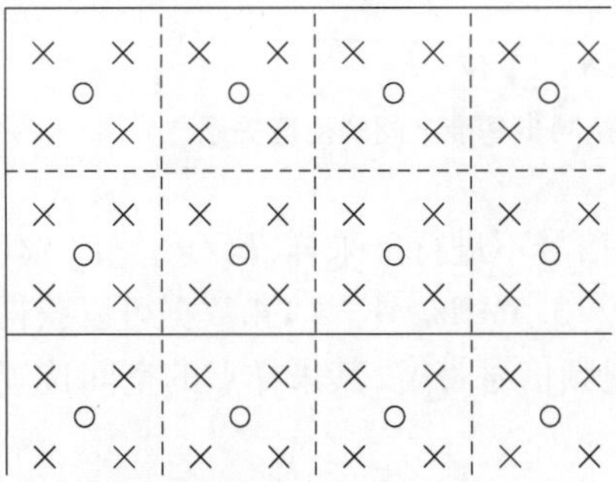

× 代表亮度样点
○ 代表色度样点

图 4-10　JPEG、H.261 中 4∶2∶0 数据的
采样点的空间位置

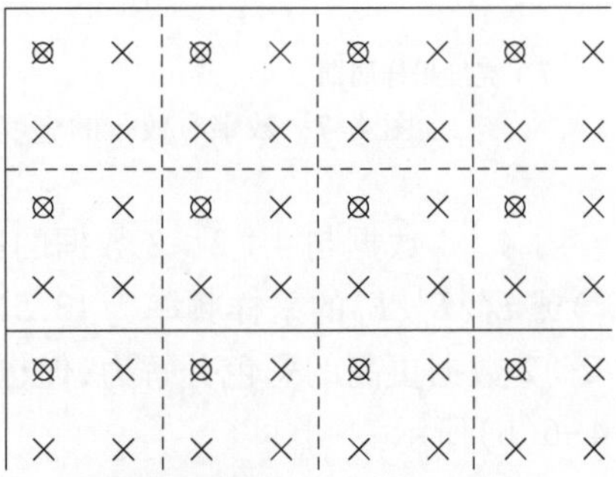

× 代表亮度样点
○ 代表色度样点

图 4-11　DV 中 4∶2∶0 数据的
采样点的空间位置

3. ITU-R BT.601 分量编码标准的量化等级

ITU-R BT.601-6 标准规定,3 个经 γ 校正的模拟分量信号 E'_Y、$E'_R - E'_Y$、$E'_B - E'_Y$ 采用 8 位或 10 位四舍五入的均匀量化方式,并在量化前将 3 个分量信号归一化到相同的量化范围。为此,规定红、蓝色差信号的归一化压缩系数分别为 $K_R = 0.5/0.701 = 0.713$,$K_B = 0.5/0.886 = 0.564$。压缩后的信号表达式为

$$\begin{cases} E'_Y = 0.299E'_R + 0.587E'_G + 0.114E'_B \\ E'_{C_R} = K_R(E'_R - E'_Y) = 0.500E'_R - 0.419E'_G - 0.081E'_B \\ E'_{C_B} = K_B(E'_B - E'_Y) = -0.169E'_R - 0.331E'_G + 0.500E'_B \end{cases} \tag{4-6}$$

对于100-0-100-0彩条信号，E'_Y的变化范围为0~1，E'_{C_R}和E'_{C_B}的变化范围均为-0.5~0.5，动态范围一致。亮度信号的编码采用自然二进制码。色差信号是双极性信号，采用偏移二进制码。偏移二进制码可以理解为色差信号的取值0对应于第128量化级的自然二进制码。

为了避免8位和10位精度之间的混淆，在10位精度下，其高8位作为整数部分，另外2位作为小数部分。例如，8位精度的10010001表示145_d（下标d代表十进制数）或91_h（下标h代表十六进制数），而10位精度1001000101表示145.25_d或91.4_h。若在10位系统里处理8位字，只需将8位字添加两个最低有效位0。

标准规定，8位精度的00_h和FF_h，以及10位精度的00.0_h和$FF.C_h$是作为同步标示字符保留的，能够用于视频信号的取值范围分别是01_h~FE_h和01.0_h~$FE.C_h$。为了防止量化过载，需要在信号取值范围的底部和顶部留出一些量化级作为过载保护带。亮度信号只占据220个（8位）或877个（10位）量化级，黑电平对应于量化级16.00_d。量化后的亮度信号Y的十进制值由下式确定：

$$Y = \text{int}\{(219E'_Y + 16) \times D\}/D \tag{4-7}$$

对于8位和10位量化，其中D的值分别取1和4。类似地，色差信号只占据225个（8位）或897个（10位）量化级，零电平对应于量化级128.00_d。量化后的色差信号C_R和C_B的十进制值分别由以下两式确定：

$$C_R = \text{int}\{(224E'_{C_R} + 128) \times D\}/D \tag{4-8}$$

$$C_B = \text{int}\{(224E'_{C_B} + 128) \times D\}/D \tag{4-9}$$

图4-12从上至下依次示出了100-0-100-0彩条信号的Y、C_R、C_B及其在8位量化时的量化等级。

4. ITU-R BT.656数字分量视频信号的接口标准

ITU-R BT.656对4∶2∶2标准的分量数字信号规定了并行信号表示的结构和串行接口标准，以便于分量编码的数字电视设备的互联。该标准从1986年至2007年进行了多次修订，2007年版本为ITU-R BT.656-5。

标准规定了接口数字信号的格式。数据信号是二进编码的8位字或10位字，包括视频信号、数字消隐数据、定时基准和辅助信号。10位字以十六进制表示，如1001000101表示为245_h。8位字则用10位字左边的8个最高有效位（位9~位2）来表示。这8个最高有效位全部为0或全部为1时留作数据识别，只有254个8位字或1016个10位字用来表示信号值。

标准规定，视频数据字以27M字/s的速率以如下顺序时分复用传送：

$$C_B, Y, C_R, Y, C_B, Y, C_R, Y, \cdots$$

其中，字串"C_B, Y, C_R"是空间同位的亮度和色度样点，紧随其后的Y则对应下一个亮度样点。图4-13示出了接口数据流的组成，其中样点标识与ITU-R BT.601一致，不带括弧的数字是525行制的参数，括弧内的数字是625行制的不同于525行制的参数。

132

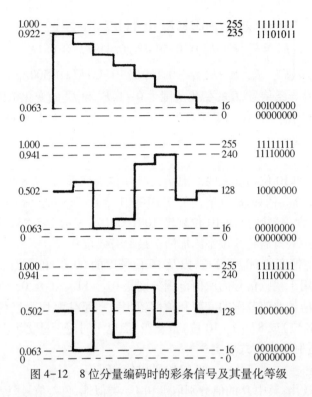

图4-12　8位分量编码时的彩条信号及其量化等级

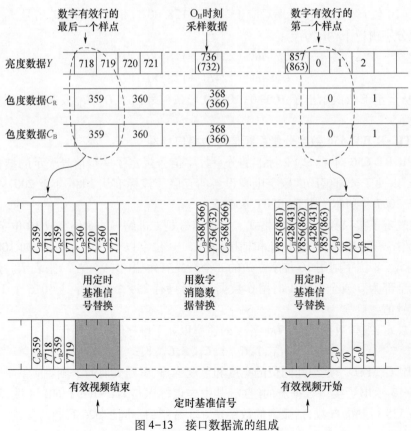

图4-13　接口数据流的组成

在传送数字有效行前后分别安排有 4 个字的有效视频起始(Start of Active Video, SAV)和有效视频结束(End of Active Video, EAV)定时基准码,如图 4-13 所示。每个定时基准码由以下格式的四字序列组成:

3FF,000,000,XYZ

前 3 个字是固定的标记,第 4 个字所含的 10 位由表 4-2、表 4-3 和表 4-4 定义。在未被视频数据和定时基准信号占据的数据流的其余部分可插入声音或各种控制信息。

表 4-2 定时基准信号的第 4 字内的位分配

位	值	说明	
9	1	固定	
8	F	第 1 场期间 $F=0$,第 2 场期间 $F=1$	(1) 所列出的值是关于 10 位接口的建议,为了与 8 位接口兼容,D_0 和 D_1 的值未定义;
7	V	场消隐期间 $V=1$,其他 $V=0$	(2) H、V 和 F(第 6 位~第 8 位)提供行、场消隐和奇偶场识别信息;
6	H	在 SAV,$H=0$;在 EAV,$H=1$	(3) 每个数字视频帧分为两场,场间隔定义详见表 4-4;
5	P_3	保护位(6/3 汉明码)	(4) 保护位能够校正 1 位误码,检出 2 位误码;
4	P_2		(5) P_0、P_1、P_2 和 P_3 的状态决定于 F、V 和 H 的状态,详见表 4-3
3	P_1		
2	P_0	偶数奇偶校验(对第 3 位~第 8 位)	
1	0		
0	0		

表 4-3 保护位状态

F	V	H	P_3	P_2	P_1	P_0
0	0	0	0	0	0	0
0	0	1	1	1	0	1
0	1	0	1	0	1	1
0	1	1	0	1	1	0
1	0	0	0	1	1	1
1	0	1	1	0	1	0
1	1	0	1	1	0	0
1	1	1	0	0	0	1

表 4-4 场间隔定义

			625	525	说明
V 数字场消隐	第 1 场	开始 $V=1$	行 624	行 1	(1) 信号 F 和 V 与位于数字行起始处的有效视频定时基准的末端同步地改变状态;
		结束 $V=0$	行 23	行 20	
	第 2 场	开始 $V=1$	行 311	行 264	(2) 数字行号改变状态在 O_H 之前,见图 4-7
		结束 $V=0$	行 336	行 283	
F 数字场识别	第 1 场 $F=0$		行 1	行 4	
	第 2 场 $F=1$		行 313	行 266	

位并行接口可用于 50m 最多 200m 以内的短距离传送。在并行接口中,上述 8 位(或 10 位)数据字在 8 个(或 10 个)平衡导线对中并行传送,另外的 1 个导线对传送 27MHz 的同步时钟。

位串行接口工作于 270MHz,相继的数据字以及每一个数据字的 10bit,通过单一的传送信道,以最低有效位先行的比特串行方式逐个传送。为了实现频谱形成、字同步和便于时钟恢复,串行的比特流在传送之前,用生成多项式 $G1(x) \times G2(x)$ 进行附加的加扰编码,形成一个加扰的比特极性不相关的 IBM 公司式不归零(Non Return to Zero IBM,NRZI)序列。生成多项式的具体形式为

$$G1(x) = x^9 + x^4 + 1; G2(x) = x + 1 \qquad (4-10)$$

对于 300m 左右的中等距离传送,标准建议使用同轴电缆信道,对于更远距离的传送则建议使用光纤信道。

4.2.3　高清晰度电视的分量编码

随着数字高清晰度电视技术的发展,ITU-R 在 ITU-R BT.709 中制定了用于节目制作和国际节目交换的 HDTV 标准参数。该标准从 1990 年至 2002 年进行了多次修订,2002 年的版本为 TU-R BT.709-5。该标准考虑到 1125/60/2∶1 和 1250/50/2∶1 这两个 HDTV 系统的多数参数已经得到世界范围的认可和应用,对这两个系统的光电转换参数、图像参数、扫描参数、信号格式,以及相应的模拟信号表示和数字信号表示进行了规定。该标准还为新的高清晰度电视节目制作和国际交换,制定了具有方像素通用图像格式(Common Image Format,CIF)的 HDTV 系统参数,下面对此进行简要地介绍。

CIF 具有与图像率无关的通用图像参数。图像率包括 60Hz、50Hz、30Hz、25Hz 和 24Hz。图像分为逐行(P)摄取和隔行(I)摄取。逐行摄取图像可以逐行(P)传输或逐行段帧(Progressive segmented Frame,PsF)传输。隔行摄取图像为隔行(I)传输。所谓 PsF 传输是指将逐行摄取的一帧图像分为两段传输,其中第 1 段包含逐行图像的奇数行,第 2 段包含其偶数行。当帧率在 30Hz 以下时可采用 PsF 技术,以避免图像闪烁。PsF 技术允许电影节目以原始帧率 24 帧/s 传输、后期制作和国际发布,因此避免了在传统的帧率转换中所产生的图像质量下降。表 4-5 列出了可采用的图像率和传输的各种组合。

表 4-5　图像率和传输的组合

系统	图像率	传输
60/P	60 逐行	逐行
30/P	30 逐行	逐行
30/PsF	30 逐行	段帧
60/I	30 隔行	隔行
50/P	50 逐行	逐行
25/P	25 逐行	逐行
25/PsF	25 逐行	段帧
50/I	25 隔行	隔行
24/P	24 逐行	逐行
24/PsF	24 逐行	段帧

HDTV 图像参数:幅型比为 16∶9,每有效行的样点数为 1920,每图像的有效行数为 1080,正交采样点阵,方像素(像素宽高比为 1∶1)。

当逐行摄取图像以段帧传输或段帧信号以逐行格式处理时须遵守以下规则:①摄取帧从上至下的行标号是顺序的;②逐行摄取图像的有效行 1 和有效行 1080 分别映射到总

行 42 和总行 1121;③逐行摄取图像的奇数有效行(1,3,…,1079)映射到段帧接口的从总行 21 直到 560;④逐行摄取图像的偶数有效行(2,4,…,1080)映射到段帧接口的从总行 584 直到 1123。图 4-14 示出了逐行图像到逐行和段帧传输的接口映射。

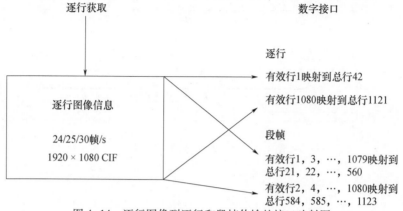

图 4-14　逐行图像到逐行和段帧传输的接口映射图

关于 HDTV 的模拟表示,标准规定基色信号在设计上的非线性预校正值 $\gamma = 0.45$,亮度方程式为

$$E'_Y = 0.2126E'_R + 0.7152E'_G + 0.0722E'_B \tag{4-11}$$

色差信号导出式(也称模拟编码)为

$$E'_{C_B} = (E'_B - E'_Y)/1.8556, \quad E'_{C_R} = (E'_R - E'_Y)/1.5748 \tag{4-12}$$

对上述亮度和色差信号进行量化编码(数字编码)得到数字亮度和色差信号 Y、C_B、C_R。E'_Y、E'_R、E'_G、E'_B 的标称值(mV):基准黑 0,基准白 700;E'_{C_B}、E'_{C_R} 的标称值(mV):± 350;同步电平(mV):± 300;同步信号形式:双极性三电平;行同步定时基准:O_H。图 4-15 和图 4-16 分别示出了叠加在分量信号上的同步电平和行同步信号波形。图 4-17 和图 4-18 分别示出了场/帧/段同步信号波形及其细节。图 4-15~图 4-18 中的电平和行定时规范如表 4-6 所列。

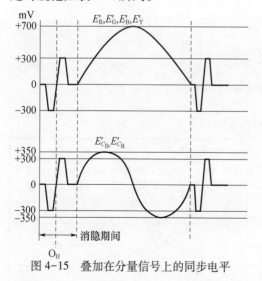

图 4-15　叠加在分量信号上的同步电平

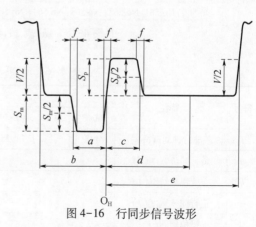

图 4-16　行同步信号波形

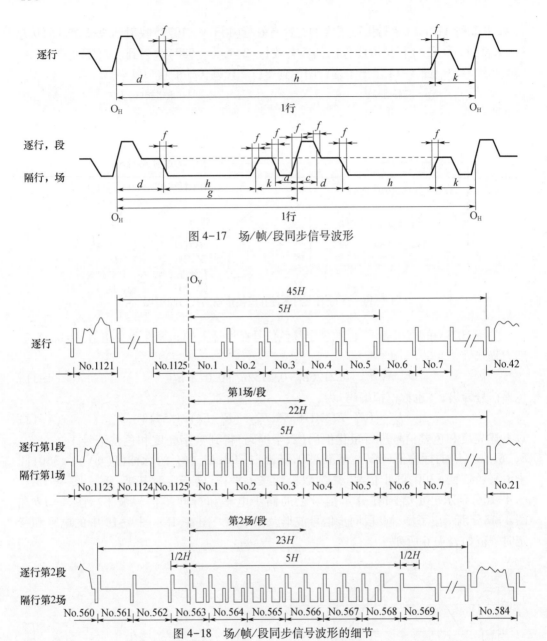

图 4-17 场/帧/段同步信号波形

图 4-18 场/帧/段同步信号波形的细节

表 4-6 电平和行定时规范

符号	参数	系统值									
		60/P	30/P	30/PsF	60/I	50/P	25/P	25/PsF	50/I	24/P	24/PsF
T	基准时钟周期(μs)	1/148.5	1/74.25			1/148.5	1/74.25			1/74.25	
a	负行同步宽度(T)	44									
b	有效视频结束(T)	88				528				638	
c	正行同步宽度(T)	44									
d	钳位期间(T)	132									

（续）

符号	参数	系统值									
		60/P	30/P	30/PsF	60/I	50/P	25/P	25/PsF	50/I	24/P	24/PsF
e	有效视频起始（T）	192									
f	上升/下降时间（T）	4									
—	有效行期间（T）	1920									
S_m	负脉冲幅度（mV）	300									
S_p	正脉冲幅度（mV）	300									
V	视频信号幅度（mV）	700									
H	行周期（T）	2220				2640				2750	
g	半行期间（T）	1100				1320				1375	
h	垂直同步宽度（T）	1980		880		1980		880		1980	880
k	垂直同步脉冲结束（T）	88				528		308		638	363

注："T"表示基准时钟周期，即时钟频率的倒数。一"行"从行同步定时基准 O_H（包括 O_H）开始，至下一个 O_H 时刻结束

关于 HDTV 的数字表示，标准规定已编码信号为 R、G、B 或 Y、C_B、C_R。R、G、B、Y 的采样点阵为空间正交和图像重复的；C_B、C_R 的采样点阵也为空间正交和图像重复的，C_B、C_R 彼此同位并且与 Y 的奇数点同位（有效样点从 1 开始）。R、G、B、Y 的每行有效样点数为 1920，C_B、C_R 的每行有效样点数为 960。编码格式为线性 8 位或 10 位分量编码。量化电平和量化电平分配如表 4-7 所列。

表 4-7 量化电平和量化电平分配

		8 比特编码	10 比特编码
量化电平	R、G、B、Y 的消隐电平	16	64
	C_B、C_R 的消色电平	128	512
	R、G、B、Y 的标称峰值电平	235	940
	C_B、C_R 的标称峰值电平	16 和 240	64 和 960
量化电平分配	视频数据	1~254	4~1019
	定时基准	0 和 255	0~3 和 1020~1023

标准规定的 HDTV 的图像扫描特性如表 4-8 所列。

表 4-8 图像扫描特性

参数	系统值									
	60/P	30/P	30/PsF	60/I	50/P	25/P	25/PsF	50/I	24/P	24/PsF
在扫描系统中样点显示的顺序	从左到右，从上到下； 对于隔行和段帧系统，第一场的第一个有效行位于图像顶端									
一行总样点数	1125									
场/帧/段频率/Hz	60	30	60		50	25	50		24	48
隔行比	1:1		2:1		1:1		2:1		1:1	

（续）

参数	系统值									
	60/P	30/P	30/PsF	60/I	50/P	25/P	25/PsF	50/I	24/P	24/PsF
图像率/Hz	60	30		50		25			24	
行频/Hz	67500	33750		56250		28125			27000	
每整行样点数 —R、G、B、Y —C_B、C_R	2200 1100					2640 1320			2750 1375	
标称模拟信号带宽/MHz	60	30		60		30				
R、G、B、Y采样频率/MHz	148.5	74.25		148.5		74.25				
C_B、C_R采样频率/MHz	74.25	37.125		74.25		37.125				

4.2.4 视频压缩编码的必要性及其理论依据

分量编码后得到的数字信号还不能直接进行广播电视传输。仅以标准清晰度采用 $4:2:2$ 数据的一路数字彩色电视图像信号为例,直接传输的码率就达到 216Mb/s,所需的信道带宽至少为 108MHz,是传输一路模拟彩色电视信号的 18 倍。如此高的传输码率,无论对于地面载波通信系统还是对于卫星通信系统来说都是有困难的。直接传输高清晰度数字电视所需的信道带宽更是难以实现。为了合理地使用信道,节省频率资源,必须解决数字电视信号的传输带宽压缩问题。在数字电视技术中,需要对 PCM 编码后的图像信号进一步施行信源编码和信道编码。信源编码和信道编码的目的是在保证一定的电视接收图像质量的前提下,尽量压缩数字电视信号的带宽,提高数字电视信号传输的有效性和可靠性。信源编码和信道编码也用于数字电视信号的储存,是节省存储介质空间的必要手段。包括信源编码和信道编码的数字电视系统的简要框图如图 4-19 所示。

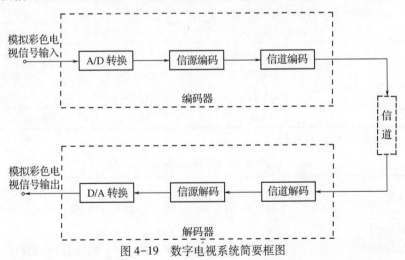

图 4-19　数字电视系统简要框图

本章主要讨论信源编码。信源编码的目的是压缩数字电视图像的数据量,从而降低信号传输的数码率,减小传输带宽。实现图像数据压缩的理论依据主要基于以下两个方面。

（1）从统计上讲,原始图像数据在空间及时间上的冗余度很大,存在大量无需传送的多余信息。每一帧数字电视图像都可看成由 4 种类型的局部图像结构组成的,它们是准均匀区、低对比度细节区、高对比度细节区和边缘区。前 3 种类型都可用近似平稳的马尔可夫(Markov)模型加以描述,只有最后一种类型是非平稳的。前 3 种类型占图像的绝大部分,它们在水平方向的相邻像素之间以及垂直方向的相邻行之间的变化一般都很小,存在很强的空间相关性(或称帧内相关性)。另外,电视图像不仅仅是二维空间图像,它具有在时间轴上以场频和帧频为扫描周期的时空型结构。在相邻的场或帧对应像素间存在的相关性,称为时间相关性(或称帧间相关性)。这种相关性与电视图像中物体的运动有关,运动越快相关性越弱。对大多数像素来说时间相关性是很强的。曾经对不同类型的 NTSC 彩色电视图像进行过测量,在相邻帧之间,亮度信号平均只有 7.5% 的像素有明显变化(帧间差值>6/256),色度信号平均只有 0.75% 的像素有明显变化。

在信息论中,用熵 $H(s)$ 来定量地表述信源的平均信息量的大小。根据香农(Shannon)无干扰编码定理,原始图像的熵确定了无失真图像编码平均码长 $\overline{L}$ 的下限,编码冗余度 r 定义为

$$r = \frac{\overline{L}}{H(s)} - 1 \tag{4-13}$$

信源的相关性越强熵越小。如果我们不考虑像素间的相关性,直接将它等同于独立性信源进行编码,就必然存在较大的编码冗余。若能采用某种处理方法,如将在下面几节讨论的预测和正交变换,去除相关性后再进行编码,就能够实现数据压缩。

从减少信源的相关性出发实现图像数据压缩的信源编码称为信息保持(无损)压缩编码。因为它压缩的只是冗余信息而保持了有效信息,所以在客观上不会引入图像失真。

（2）仅采取信息保持压缩编码,往往还不能达到所期望的数据压缩率。对视觉的生理学、心理学特性研究发现,允许经过压缩编码的复原图像在客观上存在一定的失真,只要这种失真在主观上是难以察觉的。基于这种思想实现的压缩编码称为信息非保持(有损)压缩编码。在电视图像的 PCM 编码参数选择中,采样频率是根据图像高频成分的保真要求决定的;量化等级是由图像的大面积缓变区的保真要求决定的;场频和帧频是由画面中景物可能出现的最快运动及人的视觉惰性决定的。然而对视觉特性的研究表明,人眼对图像细节、幅度变化和图像的运动并非同时具有最高的分辨能力,当对一方要求较高时,可以适当降低对另一方的要求,使产生的误差刚好处于可觉察门限之下。这样既能实现较高的数据压缩率,又能达到较好的主观感觉。

数字电视系统中的信源编码,如下面介绍的 MPEG-2 视频压缩编码标准,就是联合使用上述信息保持和信息非保持编码技术,实现了数据压缩率达 50 倍以上的高效编码。

4.2.5　MPEG-2 的视频格式

为了适应广播、通信、计算机和家电视听产品的各种需求,适应不同的数字电视体系, MPEG-2 有 4 种视频格式,用级别(levels)加以划分;有 5 种不同的处理方法,用档次(profiles)加以划分。在 MPEG-2 的 4 种视频格式中,低级(Low Level,LL)视频格式,以亮度像素(pel)数计,是 352×240×30pel/s 或 352×288×25pel/s,最大输出码率是 4Mb/s。主

级(Main Level,ML)的视频格式符合 ITU-R BT. 601 标准,即 720×480×30pel/s 或 720×576×25pel/s,最高输出码率为 15Mb/s(高档主级是 20Mb/s)。高 1440 级(High-1440Level,H14L)的视频格式是 1440×1152pel 高清晰度格式,最高输出码率为 60Mb/s(高档为 80Mb/s)。高级(High Level,HL)的视频格式是 1920×1152pel 高清晰度格式,最高输出码率为 80Mb/s(高档为 100Mb/s)。在 MPEG-2 的 5 个档次中,每升高一档将提供前一档没使用的附加的码率压缩工具,编码更为精细。各档次之间存在向后兼容性,即若接收机能解码用高档工具编码的图像,也就能解码用较低档工具编码的图像。最低的档是简单档(Simple Profile,SP),其次是主档(Main Profile,MP),比简单档增加了双向预测压缩工具。主档没有可分级性,但质量要尽量好。比主档高的档次是信噪比可分级档(SNR Scalable Profile,SNRP),以及更高的空间可分级档(Spatially Scalable Profile,SSP),这两个档次将编码的视频数据分为基本层以及一个以上的增强层信号。基本层包含编码图像的基本数据,但相应的图像质量较低,增强层信号用来改进信噪比或清晰度。以上 4 个档次是逐行顺序处理两个色差信号的(如 4∶2∶0),高档(High Profile,HP)则支持逐行同时处理色差信号(如 4∶2∶2),并且支持全部可分级性。MPEG-2 的档次和级别如图 4-20 所示,图中 MPEG-2 格式用档次和级别的英文缩写词来表示,如 MP@ML 是指主档和主级,用于标准清晰度数字电视;MP@HL 是指主档和高级,用于高清晰度数字电视。图中只画出了 20 种可选组合中的 11 种获准通过的组合,这些格式称为 MPEG-2 适用点。

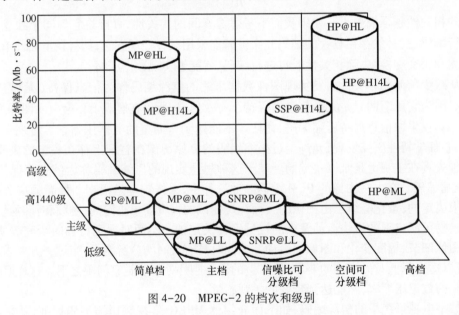

图 4-20　MPEG-2 的档次和级别

4.3　预测编码原理

4.3.1　预测编码概述

预测编码是数字电视信号信源编码的主要方法之一。预测编码也称为差分脉冲编码调制(Differential Pulse Code Modulation,DPCM),图 4-21 是 DPCM 系统方框图。图中 X_n

是经 PCM 编码的待传送的数据,在 DPCM 系统中不是直接传送 X_n,而是先计算它与预测值 $\hat{X}_n$ 的差值:

$$e_n = X_n - \hat{X}_n \qquad (4-14)$$

然后将 e_n 量化得到 e'_n,并把它传送出去。预测值是用与它在空间或时间上相关性强的若干个已编码数据(式中用上标"'"标识"已编码")的线性组合产生的,即

$$\hat{X}_n = \sum_{i=1}^{N} a_i X'_{n-i} \qquad (4-15)$$

式中:N 为预测器的阶数;a_i 为预测系数,其取值由 X'_{n-i} 与 X_n 相关性的强弱确定。

除少数图像内容变化剧烈的地方外,预测是相当准确的,预测值 $\hat{X}_n$ 充分反映了预测区中各像素的共性部分。因此,预测差值 e_n 基本上去除了像素间的相关性,其变化幅度比像素本身的幅度在统计上要小得多,可以用较少的比特进行量化和编码,从而使图像数据得到压缩。

在 DPCM 系统的接收端,通过解码得到量化后的差值 e'_n,并用与发送端相同的预测器计算出 $\hat{X}_n$,将 e_n 与 $\hat{X}_n$ 相加得到再生的像素值:

$$X'_n = e'_n + \hat{X}_n \qquad (4-16)$$

再生的像素值 X'_n 与原始像素值 X_n 的差别仅为由量化器产生的量化误差 q_n,如下式所示:

$$X_n - X'_n = (e_n + \hat{X}_n) - (e'_n + \hat{X}_n) = e_n - e'_n = q_n \qquad (4-17)$$

如图 4-22 所示,对亮度信号的前值预测(用同一行上的前一个像素值作为预测值)差值所作的统计表明,其概率密度呈拉普拉斯分布,即

$$p(e) = \frac{1}{\sqrt{2}\,\sigma_e} \exp\left(-\frac{\sqrt{a}}{\sigma_e} |e| \right) \qquad (4-18)$$

式中:e 为差值信号;σ_e 为其标准差。

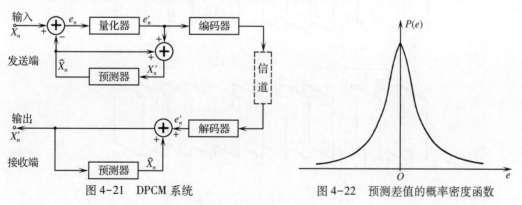

图 4-21 DPCM 系统   图 4-22 预测差值的概率密度函数

统计表明,约 80%~90% 以上的差值信号绝对值落在 16~18 个量化级以内。因此,可以用较少的比特表示每一个差值,达到数据压缩的目的。

图 4-21 中的预测器可以是利用空间相关性的帧内预测器,也可以是利用时间相关性的帧间预测器。预测编码也相应地分为帧内预测编码和帧间预测编码。联合使用帧内和帧间预测编码,特别是带运动补偿的帧间预测编码,已成为数字电视实现数据压缩的主

要手段。为了便于实时处理,在数字电视中只采用低阶的预测器。帧内预测编码通常采用1阶前值预测器,帧间预测编码采用1阶前向预测器或2阶双向预测器。图4-21中的量化器是与变换编码结合在一起的,将在第4.4节中讨论。图4-21中的编码器一般采用可变字长编码,其目的是进一步压缩数据率,在第4.5节将有较详细的讨论。

预测编码的主要缺点是抗御误码能力差。若传输中产生误码,则由于递归预测算法,对于帧内编码会使误差扩散到图像中一个较大的区域,对于帧间编码会使误差扩散到后续的若干帧中。因此,通常隔一段时间传输一次原始像素的基准值,以终止可能的误码扩散;同时在信源编码后,要加入带纠错保护的信道编码。

在 MPEG-2 视频编码算法中,为便于联合运用帧内编码和帧间编码技术,将由一个个连续的电视画面组成的视频序列(Sequence)划分为许多图像组(Group of Picture, GOP),每个图像组由几帧至十几帧图像组成,在这些图像之间存在预测和生成关系。图像组的第一帧图像是采用帧内预测编码的图像,称为 I 图像(Intra-Coded Picture);后面可包括数帧采用前向帧间预测编码的图像,称为 P 图像(Predictively-Coded Picture),P 图像是以 I 图像或前一个 P 图像为参考图像进行帧间预测编码的;在 I 图像与 P 图像或 P 图像与 P 图像之间可有数帧(通常为两帧),根据这前后两个图像进行双向预测编码的图像,称为 B 图像(Bidirectionally-Coded Picture),图 4-23(a)按显示顺序示出了视频序列中的一个由 12 帧图像组成的图像组。由于 B 图像的存在,图 4-23(b)示出的图像组的编码顺序不同于其显示顺序。关于 P 图像、B 图像以及图像组的编码顺序在后面的帧间预测编码中还要进行详细讨论,下面先讨论一下 I 图像中所采用的帧内预测编码。

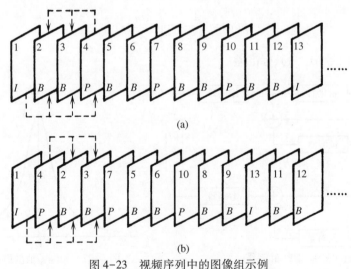

图 4-23　视频序列中的图像组示例

(a)图像组的显示顺序;(b)图像组的编码顺序。

I—帧内预测编码图像;P—前向预测编码图像;B—双向预测编码图像。

4.3.2　I 图像的帧内预测编码

在 I 图像的帧内预测编码中,预测编码是配合变换编码一起进行的。首先将 I 图像中亮度(Y)图像及两个色度分量(C_R 和 C_B)图像划分为许多小的像块(Block),每个像块由 8×8 个像素组成,如图 4-24(a)所示。每 4 个 2×2 排列的 Y 像块与空间上相对应的 C_R 像块、C_B 像块一起组合为一个宏块(Macroblock),图 4-24(b)示出了 4∶2∶0、4∶2∶2 和 4∶4∶4 三种色度格式下宏块的组成及宏块中块的顺序。在同一个宏块行(16 扫描行宽)中的若干个(至少一个)相邻的宏块组成一个像条(Slice)。有两种像条结构,一种是不覆盖整幅图像的通用像条结构,另一种是覆盖整幅图像的特殊像条结构,如图 4-25 所示。在两种结构中,像条的位置均可随图像而变化。大多数情况下采用通用像条结构,编码只在像条所在区域内进行。上述关于像块、宏块及像条的定义也适用于 P 图像和 B 图像。

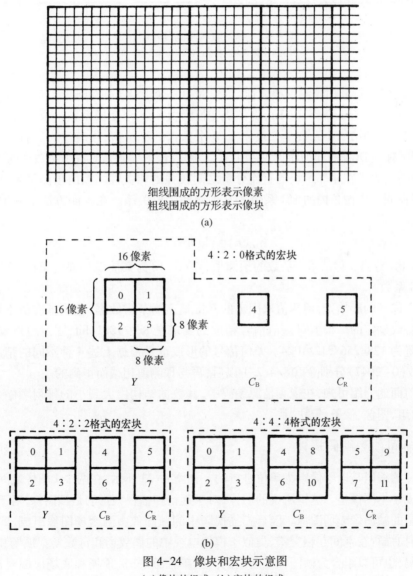

图 4-24　像块和宏块示意图
(a)像块的组成;(b)宏块的组成。

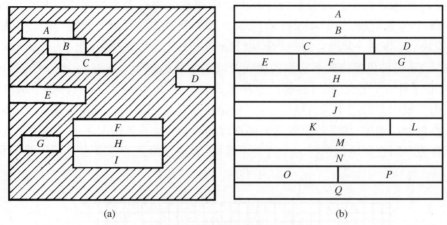

图 4-25　像条的两种结构示意图

(a)通用像条结构;(b)特殊像条结构。

在对 I 图像进行帧内预测编码之前,首先对每一个 8×8 的像块进行二维离散余弦变换(Discrete Cosine Transform,DCT),将像块变换为由 8×8 个变换系数组成的系数块。位于系数块左上角的第一个系数是像块中 8×8 个像素的平均值,代表像块的直流分量,称为 DC 系数(有关 DCT 的详细讨论见 4.4 节)。帧内预测编码是对各个系数块的 DC 系数进行的,目的是去除在相邻像块的直流分量之间较强的相关性。帧内预测又是基于像条的,即只有在同一个像条内的 DC 系数才有预测和生成关系。在预测方法上采取简单的前值预测,即

$$\hat{y}_{00}(n) = y'_{00}(n-1) \tag{4-19}$$

式中:$\hat{y}_{00}(n)$ 为对第 n 像块 DC 系数的预测值;$y'_{00}(n-1)$ 为其前面相邻的第 $(n-1)$ 像块的已编码 DC 系数。

在每个像条的起始处,预测值取固定的基准值。为节省数据,这些基准值不传输,而是由传输协议确定的。根据对差值信号精度的要求是 8/9/10/11bit,固定地将预测器的基准值设置为 128/256/512/1024。差值信号的形成也是根据上述 4 种不同的精度要求,将 DC 系数(0~2047)分别除以 8/4/2/1 以后,再与预测值相减而得到的。

通过前面的介绍可知,在视频信源编码中,其数据结构由大到小的排列顺序是:视频序列、图像组、图像、像条、宏块、块。

4.3.3　帧间预测编码概述

帧间预测编码是以图像组为单位进行的。如图 4-23 所示,在两个 I 图像之间的若干帧图像构成一个图像组。这里所说的图像,对于逐行扫描视频指的是帧图像,对于隔行扫描视频指的是帧图像或场图像。隔行扫描视频中的帧图像由两个场图像组成,即顶场和底场,两场扫描行在空间互相交错,类似于模拟电视中的偶数场和奇数场。顶场和底场可以单独编码,也可以组合为帧图像一起编码。当单独编码时,顶场和底场应成对出现,两场共同组成一个编码帧。对于编码 P 帧或编码 B 帧,其中的两场同为 P 场图像或 B 场图像。对于编码 I 帧,第 1 幅图像为 I 场图像,第 2 幅图像则可以是 I 场图像,也可以是 P

场图像。

在图像组中,I 图像是帧内编码图像,其编码不依赖于其他图像,同时它还是 P 图像、B 图像编码和解码的参考图像。P 图像是前向预测编码图像,像素的预测值取为前面与其相邻的 I 图像或 P 图像中相应的已编码像素值,即采用帧间运动补偿前值预测。B 图像是双向预测编码图像,像素的预测值取为前后与其距离最近的 I 图像或 P 图像相应已编码像素值的加权平均,即采用帧间运动补偿前后平均预测,预测系数的取值与图像间的距离成反比。例如,当 B 图像与用来预测的前后两个参考图像距离为 1∶1 时,两个预测系数均取为 1/2;而当距离为 2∶1 时,两个预测系数则分别取 1/3 和 2/3。需要注意,B 图像不能作为其他 B 图像或 P 图像编码的参考图像。B 图像的引入是因为它比 P 图像有更高的预测效率,其代价是需要帧或场延迟存储器。因此,在 I 和 P 图像间或两个 P 图像间所插入的 B 图像一般不宜过多,通常为两个左右。传送码流中编码图像的顺序称为编码顺序,在解码输出端重建图像的顺序称为显示顺序。引入 B 图像后,视频序列的编码顺序与显示顺序是不同的。以图 4-23(a)为例,该图像序列中的图像为帧图像,图中的排列顺序是在编码器输入端或解码器输出端的显示顺序,即

1　2　3　4　5　6　7　8　9　10　11　12　13
I　B　B　P　B　B　P　B　B　P　B　B　I

而在编码器的输出端、编码比特流中或解码器输入端的编码顺序则为(如图 4-23(b)所示)

1　4　2　3　7　5　6　10　8　9　13　11　12
I　P　B　B　P　B　B　P　B　B　I　B　B

一个图像组的图像数目虽然是没有限制的,但一般也不宜过多,或者说在图像序列中隔一定时间就应传送一幅 I 图像。其原因是,在某些情况下,例如接收机刚开机、切换频道或存在严重的信道误码时,作为参考图像的 I 图像可能丢失,这时图像组中的其他图像会因为无法解码而使接收处于混乱状态。适当选择图像组的长度可使这种"混乱"不被察觉。另外,图像组中的 I 图像是视频编辑的切入点,为了能在图像的快进或快倒中随机访问图像序列,也必须频繁地发送 I 图像。I 图像编码后的数码率比 P 图像和 B 图像高得多,为获得速率恒定的比特流,需要大量的缓冲存储器及复杂的控制方法。为此可采用一种对 I 图像各个像块逐步刷新的方法,即每次 I 图像出现时仅在图像的某些像块内进行帧内编码,通过多个这样的 I 图像使各个像块轮流得到周期性的刷新。

4.3.4　运动补偿帧间预测编码

我们首先以 P 帧图像的帧间预测编码为例,说明运动补偿原理。若简单地采用帧间前值预测,即直接用前面帧的像素值作为后面帧相同位置像素的预测值,对于物体静止的部分预测是精确的,而对于物体运动的部分特别是剧烈运动的部分,预测误差是很大的,致使压缩效率不高。因此,高效的预测是建立在两帧之间运动补偿基础上的预测。

以亮度图像为例,设正在编码的 P 帧(用序号 k 表示,称为编码帧)中某一像素值为 $f_k(x,y)$,运动补偿帧间预测是用与其相邻的前一个 I 帧或 P 帧(用序号 $k-1$ 表示,称为参考帧)中已编码的相应像素作为它的预测值的,即 $\hat{f}_k(x,y)=f_{k-1}(x_1,y_1)$。"相应像素"是指二者在统计上具有较强的相关性。P 帧对预测的差值(或称残差)$e_k(x,y)$ 进

行编码：

$$e_k(x,y) = f_k(x,y) - \hat{f}_k(x,y) = f_k(x,y) - f'_{k-1}(x_1,y_1) \tag{4-20}$$

预测越准确，预测差值就越小，也就越能实现高效的数据压缩。对于图像的静止部分，参考帧中用来预测的像素显然与编码帧中正在编码像素处于相同的空间位置上，即

$$\hat{f}_k(x,y) = f'_{k-1}(x_1,y_1) = f'_{k-1}(x,y)$$

对于图像中的运动部分，将参考帧和编码帧中相应像素坐标之间的位置差记为

$$D_x = x_1 - x, D_y = y_1 - y \tag{4-21}$$

$f_k(x,y)$ 的最佳预测值应取为

$$\hat{f}_k(x,y) = f'_{k-1}(x_1,y_1) = f'_{k-1}(x+D_x,y+D_y) \tag{4-22}$$

将式(4-22)用矢量表示，设 $\boldsymbol{Z} = (x,y)$，$\boldsymbol{D} = (D_x,D_y)$，则

$$\hat{f}_k(\boldsymbol{Z}) = f'_{k-1}(\boldsymbol{Z}+\boldsymbol{D}) \tag{4-23}$$

式中：$\boldsymbol{D}$ 称为运动矢量，它表示从编码帧到参考帧像素运动的方向和距离。如式(4-23)那样，考虑了运动矢量的帧间预测称为具有运动补偿的帧间预测。通过比较参考帧与编码帧中的图像求出运动矢量称为运动估值。

摄像机所摄取的景物其运动可能是十分复杂的，如平移、旋转、镜头变焦、照明环境变化、物体间的遮挡和移开等，不同的物体还可能具有不同的运动，因此要对每个像素精确地进行运动估值是十分困难的。即使做了这样的运动估值，若对每个像素都传输运动矢量的附加信息（这是解码所必需的）也不利于数据压缩。实际上在许多情况下，物体上的各个像素均做相同的运动，这时只需估计其整体的运动就可以了，没有必要分别对每个像素进行运动估值。在 MPEG-2 视频编码算法中是采用块匹配方法进行运动估值的。在块匹配法中，以图像中每个宏块为运动估值单元，将每个宏块视为一个"运动物体"，找出该宏块的运动矢量，并将它作为该宏块所有像素共同的运动矢量。块匹配法基于下述假设：宏块只在与摄像机镜头平行的平面内做平移运动，宏块平移时照明条件不变。在块匹配法中，对每个编码帧宏块中的 16×16 亮度块，在参考帧中 $[\pm M] \times [\pm N]$ 像素的搜索范围内，搜索与它最相似的匹配块，并根据匹配块与它的坐标差，确定运动矢量，如图 4-26 所示。实际的搜索范围（即 M、N 的取值）是根据图像格式及图像内容的运动程度来确定的。对宏块中的 C_R、C_B 色度块不另作运动估值，色度块直接使用同一宏块中亮度块的运动矢量。

亮度宏块匹配程度的判定准则有最大互相关函数准则、最小均方差准则及平均绝对差准则等。研究结果表明，匹配判定准则对运动估值精度的影响不是太大。为简化运算，常采用平均绝对差（Mean Absolute Difference，MAD）准则。

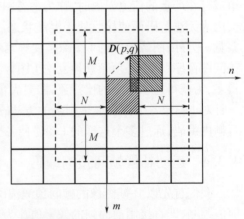

▨ 编码帧的当前编码宏块 $MB_{p,q}$；

▧ 参考帧的最佳匹配块。

图 4-26　块匹配运动估值示意图

在图 4-26 中,编码帧的当前编码宏块记为 $MB_{p,q}$,设以其左上角的第一个像素为坐标原点,其中像素表示为 $f_k(m,n)$。在已编码参考帧中与 $MB_{p,q}$ 空间距离为 (i,j) 的16×16像块中的像素表示为 $f'_{k-1}(m+i,n+j)$,定义该像块与 $MB_{p,q}$ 的 MAD 函数为

$$\mathrm{MAD}_{p,q}(i,j) = \frac{1}{256}\sum_{m=0}^{15}\sum_{n=0}^{15}|f_k(m,n)-f'_{k-1}(m+i,n+j)| \tag{4-24}$$

根据 MAD 准则,宏块 $MB_{p,q}$ 的运动矢量 $\boldsymbol{D}(p,q)$ 对应在搜索范围内使 $\mathrm{MAD}_{p,q}(i,j)$ 为最小的 $(i,j)=(i_1,j_1)$,即

$$\boldsymbol{D}(p,q)=(i_1,j_1)=\underset{-M\leqslant i\leqslant M,-N\leqslant j\leqslant N}{\mathrm{argmin}\mathrm{MAD}_{p,q}(i,j)} \tag{4-25}$$

$MB_{p,q}$ 中像素的运动补偿帧间预测残差为

$$e_{p,q}(m,n)=f_k(m,n)-f'_{k-1}(m+i_1,n+j_1) \tag{4-26}$$

按式(4-26)寻找匹配块时,参考帧的像块要在搜索范围内逐像素地移动,每移动一次,计算一次 MAD 函数。这种搜索方式称为全搜索,总的计算次数为

$$K=(2M+1)(2N+1) \tag{4-27}$$

当 $M=128,N=32$ 时,$K=16705$,可见全搜索的运算量是相当大的。具体实现时可采用并行运算来解决运算速度问题。除了全搜索方法外,为加快搜索过程,已提出了不少其他搜索方法,如二维对数法、三步法、共轭方向法和正交搜索法等,但全搜索仍是最可靠的一种搜索方法。

通过在参考帧的搜索范围内逐像素移动寻找匹配块得到的运动矢量是整像素精度的。实际上 MPEG-2 中的运动补偿采用的是半像素精度,以便得到更好的运动补偿。首先通过整数搜索在参考帧中找到最佳整数匹配位置,然后在最佳整数匹配位置周围根据已知的整像素值用线性内插的方法得到半像素值,再进一步进行块匹配计算,得到最佳半像素匹配位置,如图 4-27 所示。

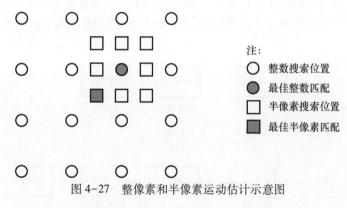

图 4-27 整像素和半像素运动估计示意图

关于 B 帧图像的帧间预测编码,预测值是其前面参考帧的前向预测值与其后参考帧的后向预测值的平均值,即双向预测值,对 B 帧图像的像素值与双向预测值之间的差值进行编码。因此,在进行运动补偿时,需要前向和后向两个运动矢量。这两个运动矢量的求法与前面所述 P 帧编码时运动矢量的求法相同。图 4-28 示出了当 B 帧的前后两个参考帧与之相邻时的运动估值情况。

在图像序列中,P 帧和 B 帧传送的是像素值与预测值的差值。为了能使接收端重建

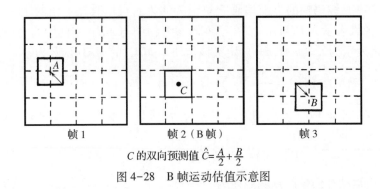

帧1　　　　　帧2（B帧）　　　　帧3

C的双向预测值 $\hat{C}=\dfrac{A}{2}+\dfrac{B}{2}$

图 4-28　B 帧运动估值示意图

P 帧和 B 帧的原始帧图像,每个宏块的运动矢量必须与差值信号一起传送到接收端。考虑到相邻块间运动矢量具有相关性,为降低传送运动矢量所需的比特数,运动矢量采用前值预测编码,即用前面相邻宏块的运动矢量作为当前宏块运动矢量的预测值,只对它们的差值编码。

4.3.5　帧间预测模式

为了既能处理逐行扫描图像,又能处理隔行扫描图像,数字电视的帧间预测编码包括几种预测模式,主要有帧图像的帧预测、帧图像的场预测、场图像的场预测以及双基预测、16×8 预测等。

1. 帧图像的帧预测

在前面讨论运动补偿时所用的预测方法就是帧图像的帧预测。帧图像中的 16×16 宏块数据可以取自逐行扫描的一帧图像,也可由隔行扫描的顶场和底场两场图像组成。P 帧的参考帧是其前面最近的 P 帧或 I 帧,B 帧的参考帧是前后各一个最近的 P 帧或 I 帧。P 帧的每个宏块需要一个运动矢量,B 帧的每个宏块需要两个运动矢量,如图 4-29 所示。

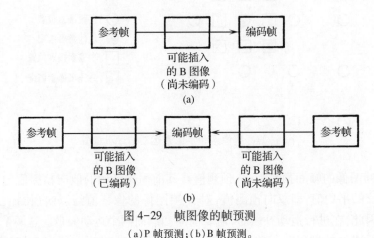

图 4-29　帧图像的帧预测

（a）P 帧预测；（b）B 帧预测。

2. 帧图像的场预测

将帧图像中 16×16 的帧宏块分为两个 16×8 的场宏块,这两个场宏块分别由顶场和底场的像素组成。每个场宏块各自使用独立的场预测器。对于 P 帧图像的场预测,参考场是前面最近的 I 帧或 P 帧中的顶场或底场;对于 B 帧图像的场预测,参考场是前后最近的 I 帧或 P 帧中的顶场或底场。P 帧图像的场预测需要两个运动矢量,B 帧图像的场预测需要 4 个运动矢量,如图 4-30 所示。帧图像的场预测用于运动剧烈的情况。

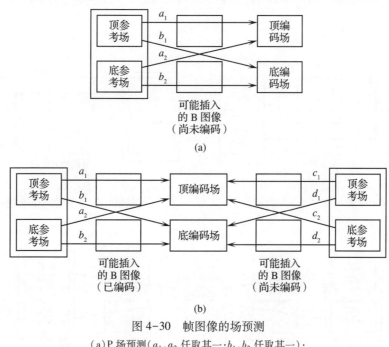

图 4-30　帧图像的场预测
(a)P 场预测(a_1、a_2 任取其一;b_1、b_2 任取其一);
(b)B 场预测(a_1、a_2 任取其一;b_1、b_2 任取其一;c_1、c_2 任取其一;d_1、d_2 任取其一)。

3. 场图像的场预测

在场图像中取 16×16 像素为一个宏块,宏块中的数据来自同一场,相应帧图像16×32 图像范围。对于 P 场图像的场预测,若该场是编码帧的第 1 场图像,则预测参考场可以是前面最近的 I 编码帧或 P 编码帧中的顶场或底场;若该场是编码帧的第 2 场图像,其参考场可以是前面最近的 I 编码帧或 P 编码帧中的同极性场("极性"指底或顶),也可以是所在编码帧的第 1 场,如图 4-31(a)所示。对于 B 场图像的场预测,两个参考场中,一个是前面最近的 I 编码帧或 P 编码帧中的顶场或底场,另一个是后面最近的 I 编码帧或 P 编码帧中的顶场或底场。P 场图像的场预测需要一个运动矢量,B 场图像的场预测需要两个运动矢量,如图 4-31(b)所示。

4. 双基预测

双基预测也称为 DP(Dual-Prime)预测。这种预测模式仅用于 P 图像,适用于无 B 图像的图像序列。P 图像可以是场图像也可以是帧图像。在帧图像的情况下,要将帧宏块分成相应于顶场和底场的两个场宏块。每个场宏块用前一个编码的顶场和底场分别进行具有运动补偿的帧间预测,取两个预测值的平均值作为该场宏块中像素的预测值。每个场宏块具有两个运动矢量。为减少传送运动矢量的比特数,只需按原样传送同极性参考场的运动矢量,此外要将该矢量缩短或伸长到不同极性的参考场,得到该矢量在不同极性参

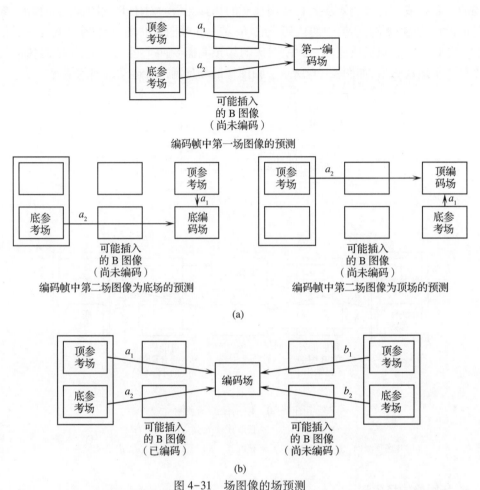

图 4-31　场图像的场预测

(a) P 场预测(a_1、a_2 任取其一);(b) B 场预测(a_1、a_2 任取其一;b_1、b_2 任取其一)。

考场的预测值,只传送不同极性参考场的运动矢量与该预测值的差值。该差值称为差分运动矢量(Differential Motion Vector,DMV),其水平和垂直分量的数值限制为+1、0、-1,用 2bit 码即可表示。图 4-32 是垂直方向双基预测的示意图,图中实线箭头表示要传送的运动矢量及其相应于另一个运动矢量(虚线箭头)的差分运动矢量(DMV),无箭头的虚线表示运动矢量的扩展。图中的数字表示半像素精度下像素点的垂直坐标,以被编码像素点的垂直位置为坐标原点,顶场和底场的坐标原点位置相差 0.5。双基预测可以达到与双向预测相比拟的性能,且不存在由 B 帧引入的编码延时。缺点是在编码过程中需要较多的存储量和运算量。

5. 16×8 预测

16×8 预测仅用于场图像。P 场的每个场宏块使用两个运动矢量,第一个运动矢量用于上半块 16×8 的区域,第二个运动矢量用于下半块 16×8 的区域,每个半块分别进行场间预测。与此类似,B 场的每个场宏块具有 4 个运动矢量,其中包括两个前向预测和两个后向预测。

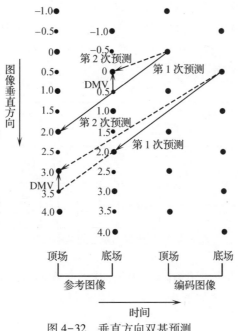

图 4-32　垂直方向双基预测

　　帧间预测编码的预测模式通常并不是固定不变的,可以按宏块逐块地改变。例如,在隔行扫描情况下,对于慢速运动图像采取帧预测方式效果较好,对于快速运动图像则采取场预测方式效果较好。对于某些宏块,可能出现采用哪种帧间预测方式效果都不好的情况,这时可采用帧内编码。因此,在 P 帧中允许出现 I 块,在 B 帧中允许出现 I 宏块或 P 宏块。自适应改变预测方式时,通常是检查宏块预测误差绝对值之和的大小,选择相应于较小值的预测方式作为该宏块的预测方式。

4.4　变换编码原理

4.4.1　变换编码和 DCT 概述

　　在数字电视信号的信源编码中,与预测编码一样,变换编码也是实现图像数据压缩的主要手段之一。MPEG-2 中的变换编码是将图像数据,采用二维离散余弦变换(Discrete Cosine Transform,DCT),将它们从空间域变换到由正交的 DCT 基图像定义的变换域中,以去除其空间相关性,并对变换域系数采用适当的编码方法,达到数据压缩的目的。变换编码系统的基本结构示于图 4-33。考虑到像素间的相关性只在一定的距离内比较显著,并且从减少计算量和存储量出发,图像数据首先被分割成许多方块。I 帧的方块是由 8×8 的原始图像像素组成的像块,P、B 帧的方块是由 8×8 的经运动补偿帧间预测得到的残差图像像素组成的像块。像块经 DCT 后成为由彼此相互独立的系数组成的 8×8 系数块。图像在空间域中的强相关性,使变换域中各个系数的功率有很大差别,功率集中于方块的左上角部位。另外,这些系数分别对应于不同的空间频率分量,对人的视觉有不同程度的影响。因此,在对变换系数的量化中,可以只保留重要的系数,而将不重要的系数量化为零。对保留下的系数,根据其对视觉的重要程度还可采用不同的量化间隔。对量化后的系数进一步施行熵编码,如游程编码和霍夫曼编码,从而完成图像数据压缩的变换编码。在接收端,通过熵解码、反量化和逆离散余弦变换(Inverse Discrete Cosine Transform,IDCT),使原始图像得到复原。

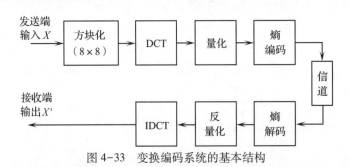

图 4-33　变换编码系统的基本结构

设由 8×8 像素组成的像块用矩阵 X 表示,其正交变换后的 8×8 系块数用矩阵 Y 表示,则二维 DCT 和 IDCT 公式如下:

$$\begin{cases} Y = CXC^{\mathrm{T}} \\ X = C^{\mathrm{T}}YC \end{cases} \tag{4-28}$$

式中:C 表示 8×8 的 DCT 矩阵;C^{T} 是其转置矩阵。

8×8 的 DCT 变换矩阵 C 的第 i 行、第 j 列元素按下式定义:

$$C_{ij} = \begin{cases} \dfrac{1}{\sqrt{8}}, & i=0, 0 \leqslant j \leqslant 7 \\ \dfrac{1}{2}\cos\dfrac{i(2j+1)\pi}{16}, & 1 \leqslant i \leqslant 7, 0 \leqslant j \leqslant 7 \end{cases} \tag{4-29}$$

C 满足正交矩阵的性质,即

$$CC^{\mathrm{T}} = C^{\mathrm{T}}C = I \tag{4-30}$$

式中:I 为 8×8 的单位矩阵。式(4-30)意味着 C 的各个行矢量(由 C 的某一行的系数组成的向量) $\{u_i, i=0,1,\cdots,7\}$ 是正交归一的。即

$$u_i^{\mathrm{T}} u_j = \begin{cases} 1, & i=j \\ 0, & i \neq j \end{cases} \tag{4-31}$$

设 y_{pq} 表示系数矩阵 Y 中的第 p 行、第 q 列的系数,则由式(4-28)有

$$X = \sum_{p=0}^{7} \sum_{q=0}^{7} y_{pq}[u_p u_q^{\mathrm{T}}] \tag{4-32}$$

其中,$\{[u_p u_q^{\mathrm{T}}]; 0 \leqslant p \leqslant 7, 0 \leqslant q \leqslant 7\}$ 是 64 个 8×8 的矩阵,称为 DCT 基图像。由式(4-31)容易证明,各个基图像之间是正交归一的,即

$$\sum_{j=0}^{7} \sum_{i=0}^{7} [u_p u_q^{\mathrm{T}}]_{i,j} [u_r u_s^{\mathrm{T}}]_{i,j} = \begin{cases} 1, & p=r, q=s \\ 0, & p \neq r \text{ 或 } q \neq s \end{cases} \tag{4-33}$$

式(4-32)和式(4-33)表明,像块 X 可表示为彼此正交的 DCT 基图像的加权和,各个加权系数即变换系数 $\{y_{pq}\}$ 是线性独立的,即通过二维 DCT 去除了像素之间的相关性的。

由式(4-28)和式(4-29),变换系数 y_{pq} 为

$$
\begin{cases}
y_{pq} = \dfrac{1}{4}K(p)K(q)\displaystyle\sum_{i=0}^{7}\sum_{j=0}^{7}x_{ij}\big[\cos(2i+1)p\pi/16\big]\big[\cos(2j+1)q\pi/16\big] \\
K(p) = \begin{cases}1/\sqrt{2}, & p=0 \\ 1, & p\neq 0\end{cases}; K(q) = \begin{cases}1/\sqrt{2}, & q=0 \\ 1, & q\neq 0\end{cases}
\end{cases}
\tag{4-34}
$$

式中:x_{ij} 为 X 的第 i 行、第 j 行列元素。在接收端由系数矩阵 Y 复原像块 X 的 IDCT 公式为

$$
\begin{cases}
x_{ij} = \dfrac{1}{4}\displaystyle\sum_{p=0}^{7}\sum_{q=0}^{7}K(p)K(q)y_{pq}\big[\cos(2i+1)p\pi/16\big]\big[\cos(2j+1)q\pi/16\big] \\
K(p) = \begin{cases}1/\sqrt{2}, & p=0 \\ 1, & p\neq 0\end{cases}; K(q) = \begin{cases}1/\sqrt{2}, & q=0 \\ 1, & q\neq 0\end{cases}
\end{cases}
\tag{4-35}
$$

由式(4-29)可见,随着行标号 i 的增加,DCT 矩阵 C 的行矢量 $\{u_i, i=0,1,\cdots,7\}$ 的振荡频率是递增的。因此位于系数矩阵 Y 的右下角部分的变换系数对应空间高频分量,而位于左上角部分的变换系数对应空间低频分量。其中 y_{00} 对应空间直流分量,称为 DC 系数,其他 63 个对应交流分量的系数则称为 AC 系数。

4.4.2 DCT 系数的量化

DCT 去除了像块中各像素间的相关性,为数据压缩创造了必要条件,但要最终实现数据压缩还需要对变换系数量化和编码。DCT 系数的量化是基于限失真(Finite Distortion)编码理论,即允许 DCT 系数经量化后对图像造成一定的失真,只要这种失真在视觉所容许的容限之内。根据人的视觉对高频幅度失真比较不敏感的特点,在 I 帧的变换编码中,位于系数矩阵左上角部位的系数采用较小的量化间隔,位于右下角部位的系数则采用较大的量化间隔。对于 P 帧和 B 帧的变换编码,由于所处理的是帧间预测的差值图像,DCT 系数已不仅仅决定于空间频率,因此采用相同的量化间隔。各变换系数量化间隔的不同反映在量化加权矩阵上。图 4-34 示出了分别用于 4∶2∶0 格式的 I 帧和 P、B 帧亮度、色度信号的量化加权矩阵 W。

8	16	19	22	26	27	29	34
16	16	22	24	27	29	34	37
19	22	26	27	29	34	34	38
22	22	26	27	29	34	37	40
22	26	27	29	32	35	40	48
26	27	29	32	35	40	48	58
26	27	29	34	38	46	56	69
27	29	35	38	46	56	69	83

16	16	16	16	16	16	16	16
16	16	16	16	16	16	16	16
16	16	16	16	16	16	16	16
16	16	16	16	16	16	16	16
16	16	16	16	16	16	16	16
16	16	16	16	16	16	16	16
16	16	16	16	16	16	16	16
16	16	16	16	16	16	16	16

(a)　　　　　　　　　　　　　(b)

图 4-34　用于 4∶2∶0 格式的量化加权矩阵
(a)对于 I 帧的亮度和色度;(b)对于 P、B 帧的亮度和色度。

矩阵 W 中第 p 行、第 q 列($p,q=0\sim7$)的元素为量化间隔 w_{pq} 的值。I 帧 DC 系数 y_{00} 的量化按下式进行:

$$Q_{00} = \text{round}\left(\frac{y_{00}}{w_{00}}\right) \tag{4-36}$$

若 DCT 的输入为 8 位数据,则变换后的 DCT 系数可表示为 11 位精度的数据。在图 4-33 中,$w_{00} = 8$ 是针对 DCT 的输入和输出均为 8 位精度而言的,当输出取 9 位、10 位、11 位精度时,w_{00} 则分别为 4、2 和 1。其他系数(包括 I 帧 AC 系数及 P、B 帧的 DC、AC 系数)的量化,除决定于量化加权矩阵外,还决定于量化尺度 F_s(在 1~31 取值),按下式进行量化(式中忽略了一些次要因素):

$$\begin{cases} A_{pq} = \text{round}\left(\dfrac{y_{pq}}{w_{pq}}\right) \\[2mm] Q_{pq} = \text{round}\left(\dfrac{16A_{pq}}{F_s}\right) \end{cases} \tag{4-37}$$

引入 F_s 的目的是可以根据图像内容灵活调节量化间隔,使码率维持恒定。

在接收端要对 Q_{pq} 施行反量化以恢复 DCT 系数矩阵。由式(4-36)和式(4-37),有

$$y'_{00} = Q_{00}w_{00} \quad (\text{对于 I 帧的 DC 系数}) \tag{4-38}$$
$$y'_{pq} = Q_{pq}w_{pq}F_s/16 \quad (\text{对于其他系数}) \tag{4-39}$$

显然,恢复的 y'_{00} 和 y'_{pq} 与发送端的 y_{00} 和 y_{pq} 已有区别,二者之间的差值为量化误差。

4.4.3 游程编码

对自然景物图像的统计表明,DCT 系数矩阵的能量集中在反映水平和垂直低频分量的左上角。量化的 DCT 系数矩阵变得稀疏,大部分位于矩阵右下角的高频分量系数被量化为零。游程编码(Run Length Coding,RLC)的思想是,用适当的扫描方式将已量化的二维 DCT 系数矩阵变换为一维序列,所用的扫描方式应使序列中连零的数目尽量多,或者说使连零的游程尽量长,对游程的长度进行游程编码以替代逐个地传送这些零值,就能进一步实现数据压缩。MPEG-2 标准中规定了两种扫描方式,一种如图 4-35(a)所示,按图中数字由小到大的顺序扫描,通常称为 Z 形扫描方式;另一种如图 4-35(b)所示,称为交替扫描方式。前一种方式用得较多,后一种方式适用于隔行扫描图像的编码。

0	1	5	6	14	15	27	28
2	4	7	13	16	26	29	42
3	8	12	17	25	30	41	43
9	11	18	24	31	40	44	53
10	19	23	32	39	45	52	54
20	22	33	38	46	51	55	60
21	34	37	47	50	56	59	61
35	36	48	49	57	58	62	63

(a)

0	4	6	20	22	36	38	52
1	5	7	21	23	37	39	53
2	8	19	24	34	40	50	54
3	9	18	25	35	41	51	55
10	17	30	42	46	56	60	
11	16	27	31	43	47	57	61
12	15	32	44	48	58	62	
13	14	29	33	45	49	59	63

(b)

图 4-35　游程编码中的两种扫描顺序

(a)Z 形扫描;(b)交替扫描。

在游程编码中将扫描得到的一维序列转化为一个由二元数组(run,level)组成的数组序列,其中 run 表示连零的长度,level 表示紧接在这串连零之后出现的非零值。当剩下的所有系数都为零时,用符号 EOB(End of Block)来代表。图 4-36 画出了一个游程编码的例子。

89	101	114	125	126	115	105	96
97	115	131	147	149	135	123	113
114	134	159	178	175	164	149	137
121	143	177	196	201	189	165	150
119	141	175	201	207	186	162	144
107	130	165	189	192	171	144	125
97	119	149	171	172	145	117	96
88	107	136	156	155	129	97	75

DCT →

1125	−32	−185	−7	2	−1	−2	2
−22	−16	45	−3	−2	0	−2	−2
−165	32	17	9	5	−1	−3	0
−7	−4	0	2	2	−1	−1	2
−2	0	0	3	0	0	2	1
3	1	1	−1	−2	0	2	0
0	0	2	−1	−1	2	1	−1
0	3	1	−1	2	1	−2	0

量化
(除以16) ↓

70	−2	−11	0	0	0	0	0
−1	−1	2	0	0	0	0	0
−10	2	1	0	0	0	0	0
0	0	0	0	0	0	0	0
0	0	0	0	0	0	0	0
0	0	0	0	0	0	0	0
0	0	0	0	0	0	0	0
0	0	0	0	0	0	0	0

← Z形扫描

70, −2, −1, −10, −1, −11, 0, 2, 2, 0, 0,
0, 1, 0, 0, 0, 0, 0, 0, 0, 0, 0, 0, 0, 0, 0,
0, 0, 0, 0, 0, 0, 0, 0, 0, 0, 0, 0, 0, 0, 0,
0, 0, 0, 0, 0, 0, 0, 0, 0, 0, 0, 0, 0, 0, 0,
0, 0, 0, 0, 0, 0, 0

↓ 游程编码

0, 70, 0, −2, 0, −1, 0, −10, 0, −1,
0, −11,1, 2, 0, 2, 3, 1,EOB

图 4-36　游程编码举例

4.5　熵编码原理

4.5.1　霍夫曼(Huffman)编码

熵编码(Entropy Coding)是一类无损编码,因编码后的平均码长接近信源的熵而得名。熵编码用可变字长编码(Variable Length Coding,VLC)实现。其基本思想是对信源中出现概率大的符号赋以短码,对出现概率小的符号赋以长码,从而在统计上获得较短的平均码长。一般所编的码是即时可译码,即某一个码不会是另一码的前缀,各个码之间无需附加信息便可自然分开。MPEG-2 中的可变字长编码采用霍夫曼编码。为实时进行霍夫曼编码和解码,可按符号与霍夫曼编码的对应关系预先将数据写入只读存储器(Read Only Memory,ROM)中。编码时,以符号为地址读出相应的霍夫曼编码;解码时,以霍夫曼编码为地址读出相应的符号。

4.5.2　运动矢量的熵编码

MPEG-2 标准规定,宏块运动矢量在水平或垂直方向的差值 D 等于运动码(motion-code)M 与运动步长 f 的乘积,即

$$D = Mf \qquad\qquad (4-40)$$

在式(4-40)中,$f = 2^m, m = 0, 1, \cdots, 6; M$ 从 -16 到 15 共有 32 个符号。对于一定的 f,帧间运动越大 $|M|$ 就越大,而 $|M|$ 取大值的概率较小。运动码采用的霍夫曼编码,如表4-9所列。

表 4-9　运动码的霍夫曼编码

霍夫曼码	运动码	霍夫曼码	运动码
1	0	0000 0011 001	-16
010	1	0000 0111 011	-15
0010	2	0000 0011 101	-14
0001 0	3	0000 0011 111	-13
0000 110	4	0000 0100 001	-12
0000 1010	5	0000 0100 011	-11
0000 1000	6	0000 0100 11	-10
0000 0110	7	0000 0101 01	-9
0000 0101 10	8	0000 0101 11	-8
0000 0101 00	9	0000 0111	-7
0000 0100 10	10	0000 1001	-6
0000 0100 010	11	0000 1011	-5
0000 0100 000	12	0000 111	-4
0000 0011 110	13	0001 1	-3
0000 0011 100	14	0011	-2
0000 0011 010	15	011	-1

4.5.3　DCT 系数的熵编码

I 帧的 DC 系数差值的编码采用"size+differential"(差值码长度+差值)的方法,即若 size $\neq 0$,它的后面就跟着一个长度为 size 位的差值。根据小差值概率大,大差值概率小的规律,size 采用霍夫曼编码,表4-10列出了亮度信号 size 的霍夫曼编码。差值 differential 若是正值用原码,若是负值则用反码。例如,4 的编码为 101100,-11 的编码为 1100100。

表 4-10　亮度信号 I 帧 DC 系数差值码长度(size)的霍夫曼编码

霍夫曼码	DC 系数码长(size)
100	0
00	1
01	2
101	3
110	4

（续）

霍夫曼码	DC 系数码长（size）
1110 0	5
1111 0	6
1111 10	7
1111 110	8
1111 1110	9
1111 1111 0	10
1111 1111 1	11

对于经游程编码后的其他 DCT 系数，根据游程（run）与电平（level）组合出现概率的不同，进行后续霍夫曼编码。为节省篇幅，表 4-11 列出了部分游程码的霍夫曼编码（详见 MPEG-2 标准）。其中需要说明的 3 种情况如下：

（1）块结束码即 EOB 码。此码出现后，表示块中其余的系数都为零。

（2）正常系数码。由该码可解出（run，level）数组，只是此处的 level 为电平的绝对值，它的正负由后面跟着一个单独的位"s"表示，s=0 时为正，s=1 时为负。

（3）转义（escape）码。此码是用于表示那些出现概率较小，没有赋予霍夫曼编码的（run，level）组合。在 escape 码的后面紧跟着 6bit 定长编码的 run 值，以及 12bit 定长编码的带符号 level 值。

表 4-11　DCT 系数的霍夫曼编码

霍夫曼码	游程（run）	电平（level）
10	块结束（EOB）	
1s（用于 DC 系数）	0	1
11s（用于 AC 系数）	0	1
0010	转义码（escape）	
011s	1	1
0100s	0	2
0101s	2	1
0010 1s	0	3
0011 1s	3	1
0001 10s	4	1
0001 11s	1	2
0001 01s	5	1
⋮	⋮	⋮

4.6　MPEG-2 视频编解码器

在 MPEG-2 视频编码标准中，联合运用了预测编码和变换编码技术，图 4-37 示出了 MPEG-2 视频编码器方框图。图中帧内/帧间模式选择是通过检查宏块帧间预测误差大小来进行的。当误差在一定范围内时开关接到"1",视频编码采用运动补偿帧间预测编码模式;当误差超过一定的范围时,开关接到"0",视频编码采用帧内编码模式。在帧间编码模式下,反馈环接通。经过 DCT 和量化(Q)后的预测误差,在反馈环中首先由反量化(Q^{-1})和 IDCT 加以恢复,然后与预测值相加得到带有量化误差的当前帧的像素值。将它存入预测器的帧存储器中,作为下一帧编码的参考帧。当前帧与当前帧的参考帧在运动估值器中进行块匹配,得到运动矢量。运动矢量与编码像素的位置相加,得到参考像素的位置,从参考帧存储器的这个位置上读出参考像素值作为运动补偿的预测值。编码像素与这个预测值相减便得到帧差信号。帧差信号经 DCT、量化和可变长熵编码送到视频缓冲校验器(Video Buffering Verifier,VBV)。VBV 是最大容量为 8Mb 的先进先出(FIFO)存储器,其目的是对输出码流的速率进行控制。由于帧差信号的统计特性是不平稳的,经 DCT 和可变长编码后,码序列的长度是不固定的,因此熵编码后码流速率是变化的。为了在具有固定传输速率的信道上传送这个码流,在其进入信道之前需要通过缓冲存储器使码流速率保持恒定。VBV 对码率的控制是通过图 4-37 中示出的反馈支路实现的。当图像运动剧烈导致码流速率高于信道速率时,缓存器会越来越满,当超过一定的存储器占有率时,通过反馈支路使量化间隔加大,从而使码率下降。此时适当加大量化间隔对图像质量不会造成很大影响,因为人眼对剧烈运动图像的幅度失真不敏感。当码流速率低于信道速率时,缓存器会越来越空,当超过一定限度时,通过反馈支路使量化间隔减小,从而使码率提高。此时适当减小量化间隔是适应了人眼对缓慢运动的图像的幅度失真敏感的特点。这样,通过反馈机制,在不使缓冲存储器上溢和下溢的情况下,使码率保持恒定,同时适应了人眼的视觉特性。通常 I 帧编码比特数大于 P 帧编码比特数,P 帧编码比特数又大于 B 帧编码比特数。为了使它们的量化间隔不致有很大差别,使图像质量稳定,规定 I 帧的缓存器允许占有率大于 P 帧占有率,P 帧占有率又大于 B 帧占有率。具体的占有率数值是通过对图像复杂度进行估值,动态地进行分配的。

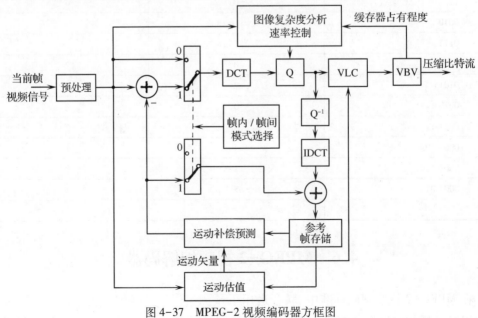

图 4-37　MPEG-2 视频编码器方框图

帧内编码时,帧间运动补偿预测的反馈环断开。原始数字图像直接经 DCT、量化、熵编码和缓存成为速率恒定的压缩视频信号进入信道。

MPEG-2 视频解码器方框图示于图 4-38。解码器收到的是速率恒定的比特流,但比特流的输入过程与解码过程之间是不同步的,因此解码器的前端必须有一个输入缓存器作为输入比特流与解码器之间的接口。与编码器的输出缓存器一样,解码器的输入缓存器也是一个 8Mb 的先进先出存储器。它按照码流中的时序指令控制读出时间,从而不会发生上溢和下溢。从输入缓存器输出的数据首先在 VLD(Variable Length Decoding)中进行变字长解码。如果是 I 帧数据,变长解码后再经过反 Z 型扫描、反量化和 IDCT 变换,就能解码出视频图像。如果是 P 帧或 B 帧数据,通过上述步骤解出的只是帧差图像,还必须与经运动补偿的参考图像相加才能得到视频图像。为得到后者,VLD 将解出的运动矢量送到运动估值器,在那里运动矢量与待解码的像素位置相加得到参考帧的像素位置,然后从帧存储器中读出这个参考帧的像素。解码后的视频数据一方面输出,一方面再反馈存入帧存储器中,作为后续帧解码的参考图像。

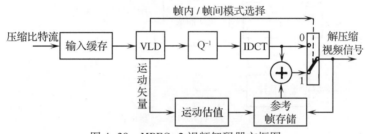

图 4-38　MPEG-2 视频解码器方框图

4.7　H.264/AVC 视频编码标准

随着数字视频技术在电视广播、互联网视频服务、视频监控等领域的广泛应用,市场迫切需要一种压缩比更高、失真更小且能适应不同网络环境的新型压缩算法。2001 年年底,ITU-T VCEG(Video Coding Expert Group)和 ISO MPEG(Motion Picture Expert Group)合作成立了视频联合工作组 JVT(Joint Video Team),合作开发新一代视频编码国际标准。2003 年 5 月,JVT 的提案被 ITU-T 采纳为 H.264 标准,并被 ISO-IEC 采纳为国际标准14496-10,即 MPEG-4 标准第 10 部分:先进视频编码(Advanced Video Coding,AVC),下文简称其为 H.264 标准。目前,除了我国大力推行自主知识产权的 AVS 标准,大部分的HDTV 电视广播、互联网视频以及网络摄像机均采用 H.264 标准。

4.7.1　H.264 编码器及其分层结构

1. H.264 编码器框架

H.264 标准的编码框架与 MPEG-2 标准的框架一致,都是基于块的混合编码方法,但是它采用了大量新的编码技术,例如,帧内预测、可变块大小的运动补偿、多参考帧预测、1/4 像素精度的运动估计、4×4 整数 DCT、去方块滤波器等(图 4-39),其编码效率与之前的标准相比有很大提高。有关研究表明,H.264 编码视频流与 MPEG-2 相比最多节省 64% 的比特率,与 H. 263 或 MPEG-4 简单档相比平均可节省 39% 的比特率。H. 264 视频压缩性能获得显著提高的代价是其复杂度也大幅度提高,与 H. 263 相比,复杂度提高了 3~4 倍。

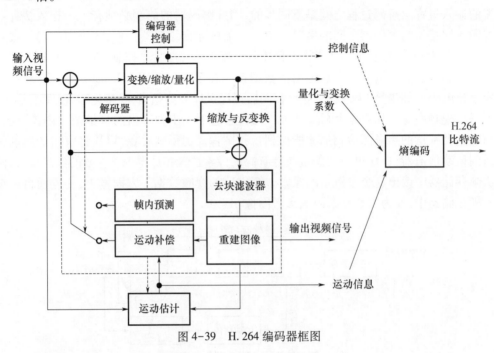

图 4-39　H. 264 编码器框图

2. H. 264 的 NAL 层

H. 264 系统在设计之初,就将视频压缩后的码流对网络传输的适应性作为一个重要指标。它采用分层结构的设计思想,对视频编码和传输特性进行了拆分,对应 H. 264 标准的视频编码层(Video Coding Layer, VCL)和网络抽象层(Network Abstraction Layer,

NAL),图 4-40 示出了 H. 264 编码器的分层结构。NAL 层的作用是将 VCL 层的数据按不同通信系统的传输层协议重新封装,以便通过 MPEG-2 广播系统、基于 RTP/IP 的 Internet 服务、各种文件存储格式、H. 32x 通话服务等不同的通信系统传输视频数据。

NAL 层是由 NAL 单元(NAL unit)构成的,NAL 单元又分为 VCL 单元和非 VCL 单元,VCL 单元中包含图像数据的采样值,而非 VCL 单元包含与图像数据相关的附加信息,如参数

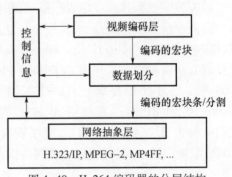

图 4-40　H. 264 编码器的分层结构

设置信息(作为图像解码的头信息)和增强信息(时间信息等)。每个 NAL 单元的第一个字节是头信息,用以说明 NAL 单元的类型;之后是负载数据,它包含整数个已编码的图像数据字节。负载部分以原始字节序列负载(Raw Byte Sequence Payloads, RBSP)数据结构封装,而 RBSP 结构中又包含数据比特串(String of Data Bits, SODB)数据结构。

H. 264 标准中定义了两种传输 NAL 单元的数据流格式,分别为面向数据包的传输格

式和面向比特流的传输格式。在比特流格式中,每个 NAL 单元都是由称为起始码前缀 (start code prefix)的 3 个字节 000001ₕ 开始(负载数据中如果也出现 000001ₕ,就在第 3 个字节前插入仿效阻止字节 03ₕ,变成 00000301ₕ,这样可把起始码前缀作为对 NAL 单元的唯一标识)。在数据包格式中,已编码的图像数据将被封装到传输协议包中,此数据包不再包含起始码前缀。

在 NAL 单元流中可能包含有一个或多个已编码好的图像序列,每个序列是由一系列的接入单元(access units)组成的(每个接入单元又由一组 NAL 单元构成),这些接入单元使用同样的序列参数设置信息,能够独立于其他序列进行解码。一个接入单元包含一个主编码图像(primary coded picture),其作用类似 MPEG-2 中的图像(picture),解码后可重建出一幅图像。此外,接入单元还可包含一个或多个冗余编码图像和一个辅助编码图像,冗余编码图像包含图像的全部或是一部分内容,当主编码图像解码出错时提供备份图像数据,而辅助编码图像提供未在 H.264 标准中定义的数据,可与主编码图像数据一起使用(H.264 标准在解码中对冗余编码图像和辅助编码图像都不作要求)。在此不对接入单元的结构进行具体介绍。

即时解码刷新(instantaneous decoding refresh,IDR)接入单元包含一幅帧内编码图像,不需要其他图像作为参考图像就可以解码。编码图像序列(coded video sequence)由一个 IDR 接入单元和随后的零个或更多的非 IDR 接入单元组成,其作用类似 MPEG-2 中的图像组(group of pictures)。

4.7.2　H.264 的预测编码

1. 帧内预测

在编码过程中,当无法提供足够的图像之间的时间相关性时,往往利用图像的空间相关性进行帧内预测编码。H.264 采用了比以往编码标准更为精确和复杂的帧内预测方式,提供了 5 种帧内预测模式,包括 4×4 亮度块的帧内预测、8×8 亮度块的帧内预测、16×16亮度块的帧内预测、8×8 色度块的帧内预测和 PCM 预测模式。

对于每个 4×4 亮度块,都有 9 种可选预测模式,图 4-41 示出 4×4 亮度块参考点的标注以及各种预测模式对应的预测方向(预测模式为 2 时,将左侧和上方参考点的平均值作为预测值),表 4-12 给出了每种模式的具体说明。表 4-12 中的 $\text{pred}(x,y)$ 表示对第 y 行 x 列像素的预测值,$p(x,y)$ 表示参考点的值,$x,y=0,1,2,3$。图 4-41 中的参考点与表 4-12 中的 $p(x,y)$ 的对应关系为:Q 即 $p(-1,-1)$,I~L 即 $p(-1,0)$~$p(-1,3)$,A~H 即 $p(0,-1)$~$p(7,-1)$。表中给出的计算方法仅针对所有参考点都可用的情况,当 4×4 亮度块位于图像边缘而使部分参考点不可用时,计算方法与表中说明有差异。

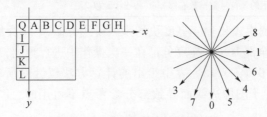

图 4-41　4×4 亮度块的预测模式

表 4-12　4×4 亮度块帧内预测模式说明

预测模式	说明
0（垂直）	$\mathrm{pred}(x,y)=p(x,-1)$
1（水平）	$\mathrm{pred}(x,y)=p(-1,y)$
2（直流）	$\mathrm{pred}(x,y)=(\mathrm{pred}(0,-1)+\mathrm{pred}(1,-1)+\mathrm{pred}(2,-1)+\mathrm{pred}(3,-1)+\mathrm{pred}(-1,0)+$ $\mathrm{pred}(-1,1)+\mathrm{pred}(-1,2)+\mathrm{pred}(-1,3)+4)\gg3$
3（左下对角线）	$\mathrm{pred}(3,3)=(p(6,-1)+3\times p(7,-1)+2)\gg2;$ 其他的 $\mathrm{pred}(x,y)=(p(x+y,-1)+2\times p(x+y+1,-1)+p(x+y+2,-1)+2)\gg2$
4（右下对角线）	当 $x>y,\mathrm{pred}(x,y)=(p(x-y-2,-1)+2\times p(x-y-1,-1)+p(x-y,-1)+2)\gg2;$ 当 $x<y,\mathrm{pred}(x,y)=(p(-1,y-x-2)+2\times p(-1,y-x-1)+p(-1,y-x)+2)\gg2;$ 当 $x=y,\mathrm{pred}(x,y)=(p(0,-1)+2\times p(-1,-1)+p(-1,0)+2)\gg2$
5（垂直偏右）	令 $z=2\times x-y;$ 当 $z=0,2,4,6$ 时,$\mathrm{pred}(x,y)=(p(x-y/2-1,-1)+p(x-y/2,-1)+1)\gg1;$ 当 $z=1,3,5$ 时,$\mathrm{pred}(x,y)=(p(x-y/2-2,-1)+2\times p(x-y/2-1,-1)+$ $p(x-y/2,-1)+2)\gg2;$ 当 $z=-1$ 时,$\mathrm{pred}(x,y)=(p(-1,0)+2\times p(-1,-1)+p(0,-1)+2)\gg2;$ 当 $z=-2,-3$ 时,$\mathrm{pred}(x,y)=(p(-1,y-1)+2\times p(-1,y-2)+p(-1,y-3)+2)\gg2$
6（水平偏下）	令 $z=2\times y-x;$ 当 $z=0,2,4,6$ 时,$\mathrm{pred}(x,y)=(p(-1,y-x/2-1)+p(-1,y-x/2)+1)\gg1;$ 当 $z=1,3,5$ 时,$\mathrm{pred}(x,y)=(p(-1,y-x/2-2)+2\times p(-1,y-x/2-1)+$ $p(-1,y-x/2)+2)\gg2;$ 当 $z=-1$ 时,$\mathrm{pred}(x,y)=(p(-1,0)+2\times p(-1,-1)+p(0,-1)+2)\gg2;$ 当 $z=-2,-3$ 时,$\mathrm{pred}(x,y)=(p(x-1,-1)+2\times p(x-2,-1)+p(x-3,-1)+2)\gg2$
7（垂直偏左）	当 $y=0,2$ 时,$\mathrm{pred}(x,y)=(p(x+y/2,-1)+p(x+y/2+1,-1)+1)\gg1;$ 当 $y=1,3$ 时,$\mathrm{pred}(x,y)=(p(x+y/2,-1)+2\times p(x+y/2+1,-1)+$ $p(x+y/2+2,-1)+2)\gg2$
8（水平偏上）	令 $z=x+2\times y;$ 当 $z=0,2,4$ 时,$\mathrm{pred}(x,y)=(p(-1,y+x/2)+p(-1,y+x/2+1)+1)\gg1;$ 当 $z=1,3$ 时,$\mathrm{pred}(x,y)=(p(-1,y+x/2)+2\times p(-1,y+x/2+1)+$ $p(-1,y+x/2+2)+2)\gg2;$ 当 $z=5$ 时,$\mathrm{pred}(x,y)=(p(-1,2)+3\times p(-1,3)+2)\gg2;$ 当 $z>5$ 时,$\mathrm{pred}(x,y)=p(-1,3)$

注:"$\gg n$"表示对二进制表示的无符号整型数右移 $n$bit,相当于除以 2^n

　　8×8 亮度块的预测模式和 4×4 亮度块的预测模式类似,不再介绍。

　　对于一个宏块的全部 16×16 亮度分量在一次操作中进行预测,有 4 种可选模式,如表 4-13 所列,其中 $x,y=0,1,\cdots,15$。表中给出的计算方法仅针对所有参考点都可用的情况,当 16×16 亮度块位于图像边缘而导致部分参考点不可用时,计算方法与表中说明有差异。

表 4-13　16×16 亮度块预测模式

预测模式	说明
0(垂直)	$\mathrm{pred}(x,y)=p(x,-1)$
1(水平)	$\mathrm{pred}(x,y)=p(-1,y)$
2(直流)	$\mathrm{pred}(x,y)=\left(\sum_{x'=0}^{15}p(x',-1)+\sum_{y'=0}^{15}p(-1,y')+16\right)\gg5$
3(平面)	先计算 H、V： $H=\sum_{x'=0}^{7}(x'+1)\times(p(8+x',-1)-p(6-x',-1))$, $V=\sum_{y'=0}^{7}(y'+1)\times(p(-1,8+y')-p(-1,6-y'))$ 再计算中间变量 a、b、c： $a=16\times(p(-1,15)+p(15,-1))$, $b=(5\times H+32)\gg6, c=(5\times V+32)\gg6$, 则 $\mathrm{pred}(x,y)=\mathrm{Clip1_Y}((a+b\times(x-7)+c\times(y-7)+16)\gg5)$

注：$\mathrm{Clip1_Y}(x)$ 是钳位函数，将计算结果限制在 $[0,255]$（$p(x,y)$ 用 8bit 表示时）

　　8×8 色度分量的 4 种预测模式和 16×16 亮度块预测模式相似,包括竖直(模式 0)、水平(模式 1)、直流(DC,模式 2)、平面(模式 3)。

　　宏块采用 PCM 编码时,解码器可以直接得到当前宏块的像素值而不经过其他任何计算。

2. 帧间预测

　　H.264 与以往标准帧间预测的区别在于块尺寸范围更广(从 16×16 到 4×4)、亚像素运动矢量的使用(亮度采用 1/4 像素精度 MV)及多参考帧的运用等。

　　1) 树状结构运动补偿

　　对每一个 16×16 像素宏块的运动补偿可以采用不同的大小和形状,每个 16×16 宏块可以按 4 种模式进行分割:一个 16×16,两个 16×8,两个 8×16,或者四个 8×8,而 8×8 模式的每个子宏块又可以进行 4 种模式分割:一个 8×8,两个 8×4,两个 4×8,或者四个 4×4。每个小模块分割都有其对应的运动补偿,而这些小块模式的运动补偿提高了运动估计的性能,减少了方块效应,提高了图像的编码质量。这种宏块分割下的运动补偿称为树状结构运动补偿,同时每种分割有其对应的帧间预测模式。图 4-42 示出了宏块分割与帧间预测模式的关系。

　　对大的分割尺寸而言,MV 选择和分割类型只需少量的比特表示,但在多细节区域运动补偿的残差将有较高的能量;小尺寸分割运动补偿残差能量低,但需要较多的比特表征 MV 和分割选择。分割尺寸的选择会影响压缩性能,整体而言,大的分割尺寸适合平坦区域,而小的分割尺寸适合多细节区域。

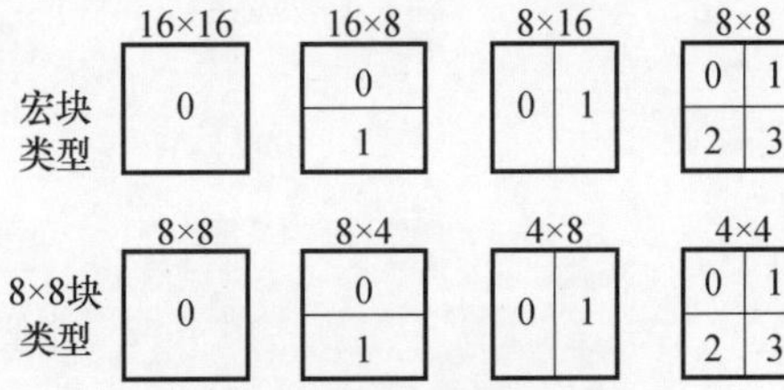

图 4-42　宏块分割与帧间预测模式的关系

2）高精度的亚像素运动估计

H.264中对亮度样值采用1/4像素精度的运动估计,而在4：2：0的视频信号采样格式中,色度样值的水平和竖直间隔都是亮度样值的2倍,所以对色度样值而言,运动估计的精度达到1/8像素。在保证相同重建视频图像质量的前提下,H.264使用1/4或者1/8像素精度的运动估计后的残差要比H.263采用半像素精度运动估计后的残差来得小,因此H.264在帧间编码中所需的码率更低。亚像素位置的亮度和色度像素并不存在于参考图像中,而是利用邻近已编码点进行内插得到的。1/2像素位置的样值是在水平和竖直方向上分别用一维的6阶FIR滤波器计算得到,而1/4像素位置的样值由整像素和1/2像素位置上的样值求平均得到。

如图4-43所示,1/2像素位置的 b、h、j 的值分别按以下各式得出：

$$b1 = (E-5F+20G+20H-5I+J) \tag{4-41}$$
$$h1 = (A-5C+20G+20M-5R+T) \tag{4-42}$$
$$b = (b1+16) \gg 5 \tag{4-43}$$
$$h = (h1+16) \gg 5 \tag{4-44}$$
$$j1 = (cc-5dd+20h1+20m1-5ee+ff) \tag{4-45}$$
$$j = (j1+512) \gg 10 \tag{4-46}$$

其中,cc、dd、$m1$、ee、ff 的计算方法与 $h1$ 类似。

注：在式（4-43）、式（4-44）和式（4-46）中,"$\gg n$"表示对二进制表示的无符号整型数右移 n 比特,相当于除以 2^n。

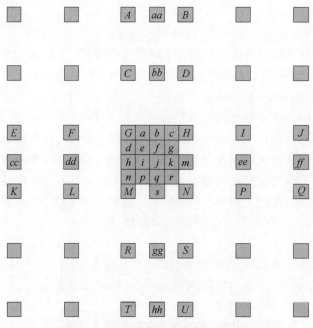

图4-43 非整像素位置像素的内插方法

1/4像素位置的 a、c、d、n、f、i、k、q 这些点是通过对两个最临近的整像素和1/2像素位置的样值取均值后向上取整而得到,例如：

$$a = (G+b+1) \gg 1 \qquad (4\text{-}47)$$

1/4 像素位置的 e、g、p、r 这些点是通过对在对角线方向上两个最临近的 1/2 像素位置的样值取均值后向上取整而得到,例如:

$$e = (b+h+1) \gg 1 \qquad (4\text{-}48)$$

H.264 也允许运动矢量超出图像的边界,此时参考帧需要先重复边缘的样值来扩展图像边界,然后再进行内插。

3)多参考帧预测

H.264 提供了可选的多参考帧预测功能,在运动估计过程中采用了多参考帧预测来提高预测精度。多参考帧预测就是在编解码端建立一个存储 M 个重建帧的缓存,当前的待编码块可以在缓存内的所有重建帧中寻找最优的匹配块进行运动补偿,以便更好地去除时间域的冗余。这样就提供了更好的编码性能,可以提高图像编码质量和压缩效率。

4.7.3　H.264 的整数变换与量化

H.264 没有像先前的标准那样采用 8×8DCT 变换,而是采用了 4×4 整数变换。采用 4×4 变换块的优点是与进行运动估计的最小单元尺寸一致,而且能显著降低变换误差造成的振铃效应。另外,DCT 变换矩阵中有的系数是无理数,用有限字长的数字计算机对原始数据先进行 DCT 变换再进行 DCT 逆变换后恢复的数据并不一定等于原始数据。为了避免这种失配的问题,H.264 采用了与 DCT 性能相近的整数变换。

$$\boldsymbol{H} = \text{round}(\alpha \boldsymbol{H}_{\text{DCT}}) \qquad (4\text{-}49)$$

变换矩阵 $\boldsymbol{H}$ 的系数是对 DCT 变换矩阵乘以一个系数后再取整而得到的,如式(4-49)所示,α 取 2.5,从而得到变换矩阵

$$\boldsymbol{H} = \begin{bmatrix} 1 & 1 & 1 & 1 \\ 2 & 1 & -1 & -2 \\ 1 & -1 & -1 & 1 \\ 1 & -2 & 2 & -1 \end{bmatrix} \qquad (4\text{-}50)$$

为了简化逆变换的处理过程,逆变换矩阵 $\tilde{\boldsymbol{H}}_{\text{inv}}$ 为

$$\tilde{\boldsymbol{H}}_{\text{inv}} = \begin{bmatrix} 1 & 1 & 1 & \dfrac{1}{2} \\ 1 & \dfrac{1}{2} & -1 & -1 \\ 1 & -\dfrac{1}{2} & -1 & 1 \\ 1 & -1 & 1 & -\dfrac{1}{2} \end{bmatrix} \qquad (4\text{-}51)$$

$\tilde{\boldsymbol{H}}_{\text{inv}}$ 实际是通过对 $\boldsymbol{H}$ 的逆矩阵乘以一个对角矩阵而得到的,如式(4-52)所示。

$$\tilde{\boldsymbol{H}}_{\text{inv}} \text{diag}\left\{ \dfrac{1}{4} \quad \dfrac{1}{5} \quad \dfrac{1}{4} \quad \dfrac{1}{5} \right\} \boldsymbol{H} = \boldsymbol{I} \qquad (4\text{-}52)$$

4×4 整数变换及逆变换可以仅通过加法和移位运算来快速实现。

H.264 除了对所有预测误差数据的 4×4 块进行一次 4×4 整数变换之外,还要抽取

Intra_16×16 编码模式下的亮度及色度变换系数中的 DC 系数(其中 16 个 4×4 亮度块的 DC 系数组成一个 4×4 矩阵,8 个 4×4 色度块的 DC 系数组成两个 2×2 矩阵)进行离散哈达玛变换(DHT),以消除系数矩阵之间的相关性。

H.264 中可选 52 种不同的量化等级,量化级每增加 1,量化步长增加大约 12%。

4.7.4 H.264 的熵编码

H.264 中的熵编码包含多种技术:指数格罗姆码(Exp-Golomb Code)、基于上下文的自适应变长编码(Context-Adaptive Variable Length Coding,CAVLC)以及基于上下文的自适应二进制算术编码(Context-Adaptive Binary Arithmetic Coding,CABAC)。在宏块条层之上,对于压缩码流的语法元素的变长编码采用指数格罗姆码;在宏块条层及以下层,根据编码模式的不同,采用 CAVLC 或 CABAC 对量化后的变换系数编码。CABAC 应用于 H.264 主档次,相比 CAVLC 能获得更高的压缩效率,但同时复杂度也更高。

CAVLC 使用的可变长编码和游程编码技术与 MPEG-2 的类似,而其基于上下文的自适应性体现在编码时根据已编码块的非零系数个数、变换系数幅度等信息选择当前应使用的码表,从而能够获得更高的压缩效率。此处不对 CAVLC 进行详细介绍。

CABAC 熵编码器的结构如图 4-44 所示。输入的语法元素首先进入二进制化单元(Binarization),在二进制化单元中,首先对语法元素类型进行判断:

(1) 若该语法元素是二进制语法元素(其取值非"0"即"1"),则无需进行二进制化,直接输出其本身。

(2) 若该语法元素不是二进制语法元素(其取值不限于"0"或"1"),则对其进行二进制化。CABAC 主要有 4 种二进制化算法方案,它们分别是"Unary Binarization"、"Truncated Unary Binarization"、"EGk Binarization"和"FL Binarization"。以 Unary Binarization(一元二进制化)方法为例,Unary binarization 是把语法元素的值表示成连续的"1"后跟一位"0"的形式,"1"的个数标志着语法元素的值。二进制化单元输出的二进制序列称为"bins"。

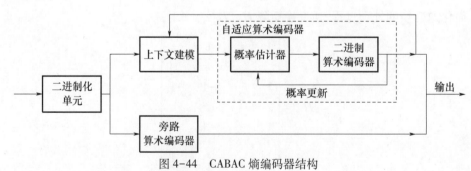

图 4-44　CABAC 熵编码器结构

算术编码模块由两条编码支路并行构成:

(1) 由上下文建模单元和自适应算术编码器构成的主路编码,编码过程分为三个步骤:第一步,确定上下文模型;第二步,概率的自适应估计;第三步,进行算术编码。

上下文模型就是一个或多个二进制序列的概率模型,该模型的初始状态由量化参数 QP 的初值决定,因为 QP 对不同数据符号的出现概率有很大影响,之后会根据最近编码的数据符号的统计特性重新从给定的模型中选择。

进入主路编码的二进制符号,首先确定其所属的上下文模型;接下来判断其属于最大概率符号(Most Probable Symbol,MPS)或最小概率符号(Least Probable Symbol,LPS),确定其概率,完成区间划分、新的编码区间的确定以及区间下限的确定,而后更新其对应概率模型下的概率分配;最后,为下一个二进制符号完成上下文模型的更新。

(2)由旁路算术编码器构成的旁路编码,此时则不再采用概率自适应技术,而是认为"0"和"1"的概率均固定为1/2,以此固定概率分配进行二进制算术编码。此时无需进行概率的更新计算,因此效率更高。

4.7.5 H.264 的其他特征

1. SI/SP 帧

在 MPEG-2 标准和 H.264 中,帧(frame)和场(field)统称为图像(picture),在不引起混淆的情况下,后文使用的"帧"实际是"图像"。

MPEG-2 标准定义的帧类型有 I 帧、P 帧和 B 帧,其中只有 I 帧可独立解码,但通常 I 帧的数据量远大于 P 帧、B 帧的数据量。为了降低码率,一种常见做法是增加 P 帧、B 帧的比例,但其缺点是当 I 帧解码出错时,错误会影响后续的所有以其为参考帧的 P 帧和 B 帧;然而,在快进、快退、切换码流时只有找到 I 帧才能进行解码,不利于对视频内容的随机访问。为此,H.264 标准定义了切换 I 图像(Switching I-Picture,SI)和切换 P 图像(Switching P-Picture,SP)两种新的帧类型。

SP 帧编码的基本原理同 P 帧类似,都是通过运动补偿预测来去除时间冗余;不同之处在于,SP 帧编码允许在使用不同参考帧图像的情况下重建相同的帧,因此在许多应用中可以取代 I 帧,提高压缩效率。SI 帧的编码方式类似 I 帧,都使用空间预测变换,它能够同样地重建一个对应的 SP 帧。

SP 帧分为主 SP(Primary SP)和次 SP(Secondary SP),主 SP 帧的参考帧和当前编码帧属于同一个码流,而次 SP 帧的参考帧与当前编码帧分别属于当前码流和待切换码流。

如图 4-45 所示,A2 帧为主 SP 帧,可作为码流 A 中的切换点。当编码器要从码流 A 切换到码流 B 时,会用次 SP 帧 AB2 代替 A2 帧传输,AB2 是以 A1 为参考帧、对 B2 进行编码的切换帧。解码器根据 A1、AB2 解码出 B2,并作为 B3 的参考帧。如果 A1 与 B2 的相关性很低,切换帧会使用 SI 帧。

SI/SP 帧可以很好地解决视频流应用中带宽变化、不同内容节目的拼接、快进快退特效以及错误恢复等问题,应用十分广泛。

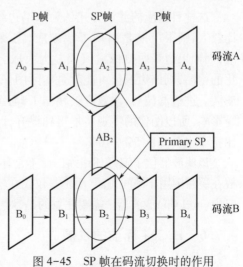

图 4-45　SP 帧在码流切换时的作用

2. 灵活的宏块分组

H.264 规定了两种宏块组成宏块条(slice)的方式:一种是按光栅扫描顺序,把相邻的宏块组成宏块条,如图 4-46(a)所示;另一种称为灵活的宏块排序(Flexible Macroblock Ordering，FMO），是通过宏块分组映射表（MB to slice group map），把每个宏块分配到不按扫描顺序排列的宏块条分组（slice group）中。如图4-46（b）所示为一种前景与背景的宏块条分组方式，可用于对图像中感兴趣区域的编码；如图4-46（c）所示为一种棋盘格式的宏块条分组方式，由于不同的宏块条分组的解码是相互独立的，因此当#0组中的宏块解码出现错误时，可以利用#1组正确解码的宏块来进行掩错处理。

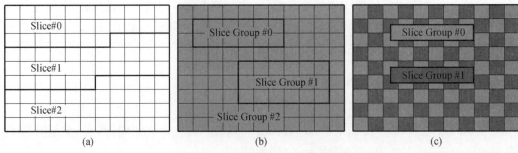

图4-46　按扫描顺序排列的宏块条

（a）按扫描顺序排序；（b）区分前景与背景的FMO方式；（c）棋盘格图案的FMO方式。

3. 环路去块效应滤波器设计

基于块的编码有时会在解码图像中产生可见的块结构（即块效应），这是由于重建块的边缘部分像素比块内部像素的精度低而产生的瑕疵。为此，H.264设计了一种自适应的环路去块效应滤波器（adaptive in-loop deblocking filter）。

如图4-47所示为一个块的一维边缘的像素，p_0和q_0分处于块的两侧。p_0、q_0和p_1、q_1是否被滤波取决于与量化参数QP相关的两个门限值$\alpha(QP)$和$\beta(QP)$，而$\beta(QP)$比$\alpha(QP)$小许多。

只有当$|p_0-q_0|<\alpha(QP)$，$|p_1-p_0|<\beta(QP)$且$|q_1-q_0|<\beta(QP)$时，p_0和q_0才会被滤波。同样地，只有当$|p_2-p_0|<\beta(QP)$或$|q_2-q_0|<\beta(QP)$时，p_1、q_1才会被滤波。

这种自适应的滤波方式认为如果边缘两侧像素值相差比较大，则很可能是出现了块效应，需要通过滤波进行平滑；而如果边缘两侧像素值相差太大以至于不能归因为量化的粗糙，则该边缘很可能就是实际图像的边缘，不应该被滤波。进行滤波后，块效应被减弱了，而图像的锐度基本不

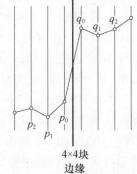

图4-47　4×4块边缘像素

受影响，所以图像的主观质量得到提升，而且块的边缘变平滑以后高频分量减少，编码的比特率也会降低5%~10%。

该滤波器位于解码环路内部而不是环路的输出之后，即经过滤波后的图像将根据需要放在缓存中用于帧间预测，而不是仅仅在输出重建图像时用来改善主观质量，因而被称为环路内（in-loop）滤波器。需要注意的是，对于帧内预测，使用的是未经过滤波的重建图像。

4.7.6　H.264标准的发展

JVT制定H.264标准的工作分为4个阶段。第一阶段从2001年12月到2003年5

月,制定第一版标准,规定了基本档(Baseline Profile)、主档(Main Profile)和扩展档(Extended Profile)。第二阶段从 2003 年 6 月到 2004 年 10 月,制定高保真编码的扩展标准(FRExt),规定了高档(High Profile)和专业档(professional profiles)。第三阶段从 2005 年 11 月到 2007 年 7 月,制定可分级编码的扩展标准(SVC),规定了可分级基本档(Scalable Baseline)、可分级高档(Scalable High)和可分级帧内编码高档(Scalable High Intra profiles)。第四阶段从 2006 年 7 月到 2009 年 3 月,制定多视点视频编码扩展标准(MVC),规定了立体视频高档(Stereo High)和多视点视频高档(Multiview High profiles)。

表 4-14 H.264 标准的发展及参考模型

发布日期	名称	应用场合	参考模型
2003.5	H.264/AVC 视频压缩编码标准	高效压缩应用、网络视频通信	JM
2005.3	增修案Ⅰ:高保真压缩	高保真度的压缩应用	JM
2007.4	增修案Ⅱ:4:4:4 相关类定义	支持高精度色度的应用	JM
2007.8	增修案Ⅲ:可分级视频编码	网络视频传输	JM
2009.3	增修案Ⅲ:多视点视频编码	3D 视频、自由视点视频	JMVC

表 4-14 给出了 H.264 标准及其增修案的基本信息,本节将对 FRExt、SVC 和 MVC 扩展标准做简单介绍。

1. FRExt

H.264 标准定义的主档(Main Profile)主要面向 SDTV、HDTV 和 DVD 等广播电视领域高画质应用,但是在 2003 年蓝光光碟协会(Blu-ray Disc Founders)进行的一次数字电影产业界的评估中,测试结果表明,在对高清电影序列进行高码率的视频编码时,H.264 的主观图像质量不如 MPEG-2,不能满足电影产业界的要求。于是,从 2003 年 5 月至 2004 年 7 月,JVT 在第一版标准的主档的基础上加入一些新的扩展,并加入了一些以前未被采纳但适合高清晰度视频压缩的提案,最终于 2005 年 3 月形成了 H.264 标准的增修案——保真度扩展(Fidelity Range Extension,FRExt)。根据在 2004 年的一次由 BDA 发起的对 FRExt 主观质量的评估结果,当采用 H.264 FRExt 时,只需要 8Mb/s 的码流就能产生比 24Mb/s MEPG-2 码流更好的主观视觉效果,当码率达到 16Mb/s,就几乎看不出和原始码流有任何区别。同时,采用了 H.264 FRExt 后,视频的峰值信噪比也有显著提高。DVD 论坛制定的 HD-DVD 标准、蓝光光碟协会制定的 BD-ROM 标准、DVB 制定的 HDTV 都规定必须支持 H.264 FRExt 新定义的高档规格。

FRExt 在主档的基础上定义了 4 种新的档次,共同被称为高档(High profiles)。

(1)High profile(HP)支持 4:2:0 的 8bit 视频,主要是面向高级的终端消费者以及其他一些需要高分辨率的视频,这些视频的采样值的精度和色度下采样方式都和主档相同。

(2)High 10 profile(Hi10P)支持 4:2:0 的格式,每个采样值最高可用 10bit 来表示。

(3)High 4:2:2 profile(H422P)支持 4:2:2 的格式,每个采样值最高可用 10bit 来表示。

(4)High 4:4:4 profile(H444P)支持 4:4:4 的格式,每个采样值最高可用 12bit

来表示,并且支持对视频内容的某些特定的区域进行有效的无失真编码。同时也支持对 RGB 视频序列进行编码来避免 RGB 和 YCbCr 之间转换的误差。

2. SVC

现今的视频传输与存储大多通过互联网和移动网络,不论是网络连接质量还是终端设备的解码与显示能力(如小屏幕手机与 HDTV 的屏幕分辨力对比)都有很大的差异。可分级视频编码(Scalable Video Coding,也译作"可伸缩视频编码")提供了一种有效的解决方案,其基本思想是当编码后的码流完全传输并解码时,能得到全部的视频内容,而丢弃或只解码部分码流时,得到的是减少的视频内容。视频内容的减少主要包括时间上视频帧率的变小(称为时间可分级),空间上视频大小的减小(称为空间可分级),以及视频主客观质量的下降(称为质量可分级或信噪比可分级)。

MPEG-2 标准的可分级档已经提出了使用分层编码来实现空间分辨率和视频质量的可分级性,并且提出通过丢弃 B 帧的方式实现简单的时间可分级;随后的 H.263、MPEG-4 Visual 标准也都包含了支持类似可分级模式的工具。然而,这些标准的可分级档很少得到应用,主要原因是可分级档带来了编码效率的下降和解码器复杂度的上升,以及来自网络同播技术(simulcast)和转换编码技术(transcoding)的竞争。

JVT 在 H.264 基础上提出的可分级视频编码扩展 SVC 利用分层编码以及分层 B 图像(Hierarchical B Pictures)技术,同样实现了时域、空域和质量可分级功能。

SVC 的参考编码器使用了两层的空间域分层编码模型,如图 4-48 所示,层 0 为基本层,对原始视频进行空间下采样后得到的低分辨率视频进行编码,层 1 为增强层,对原始视频进行编码。由于各层处理的视频实际上是同一视频的不同分辨率的版本,具有很强的空间相关性,因此引入层间预测机制可提高多层编码效率,从层 0 到层 1 间有运动、纹理、残差等信息的传输,这样层 1 可以充分利用层 0 尽可能多的信息来减少层间冗余。该分层结构实现了空间可分级。

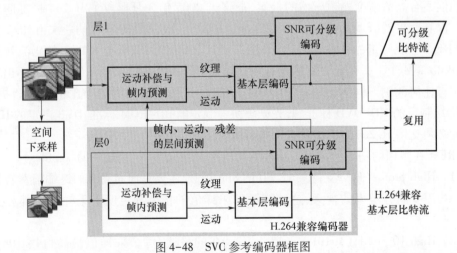

图 4-48　SVC 参考编码器框图

当 SVC 的基本层和增强层图像的空间分辨率相同时,即可实现粗粒度质量可分级(Coarse Grain Scalability,CGS),上层的编码采用较小的量化步长来实现更高的图像质量。为了提高码流的适应性、对错误的鲁棒性以及支持多重码率后的编码性能,SVC 还提供了中粒度质量可分级编码(Medium-Grain Scalability,MGS)方式。MGS 和 CGS 的主要区别有两点:一是 MGS 提供了一种高层的信令,允许在任何访问单元中切换 MGS 层;二是提出了关键帧(Key Picture)的概念,允许在漂移(drift,即预测误差累积)和增强层编码效率之间调整平衡点。MGS 技术允许在一个质量可分级码流中丢弃任意的增强层的 NAL 单元,从而实现精细到数据包级别的质量可分级编码。此外,MGS 还支持将增强层的变换系数分散到几个宏块条中,便于分别打包传输。

为了实现时间可分级,SVC 为每一帧增加了一个时间等级标识符 T,$T=0$ 标识最基本的时间层,其他时间层则依次加 1。编码器是按时间层从低到高的顺序进行编码,低时间层的帧可以作为同层或更高层的帧的参考帧,反之则不行。当解码端需要第 k 时间层的数据时,那些时间层标识符 $T>k$ 的所有数据将被抛弃。SVC 提出了分层 B 帧,与传统 B 帧不同的是,分层 B 帧可以作为参考帧给后续的 B 帧使用。

从 H.264 SVC 的编码器框图和以上分析可知,H.264 SVC 允许组合使用空间域、时间域和质量可分级技术。此外,H.264 还支持感兴趣区域(Region Of Interest,ROI)可分级,可以用宏块条组(slice groups)划定感兴趣区域,然后对其中的宏块采用更精细的量化步长来获得更好的质量。

3. MVC

多视点(multiview)视频指的是由不同视点的多个摄像机从不同视角拍摄同一场景得到的一组视频信号,是一种有效的 3D(3 Dimensional,三维)视频表示方法,能够更加真实地再现场景;3D 电视、视频会议、医学诊疗、虚拟现实等都是多视点视频的典型应用。目前的 3D 电影和 3D 电视主要以双目立体显示技术为基础,只需要相互平行的两个视点,但加入更多视点可允许观众在一定范围内变换视角,增强了立体视频的临场感。

对多视点视频进行编码的最直接方式是使用与 2D 视频相同的编码器分别对各个视点的视频序列编码。然而,与单视点视视频相比,多视点视频除了时间冗余和空间冗余外,在各个视点的视频之间还存在着冗余。MVC 的核心内容是在原来的 2D 视频编码的基础上,有效地利用多个视点之间的相关性来组织帧间预测关系,从而提高多视点视频编码的效率。

MVC 引入了视差矢量(Disparity Vector,DV)这一概念进行视点间的预测。视差矢量是指被拍摄的事物上的同一点在两个摄像机拍摄的两幅图像中的坐标位置偏差,类似于 2D 视频里面的运动矢量,所以设计视点间的帧间预测时,可以借用原来帧间预测的方法,只是将参考图像由原来时间上的不同帧变为了视点间的不同帧。

2006 年 7 月,JVT 发布了 MVC 的测试模型 JMVM(Joint Mulitview Video Model),后来更名为 JMVC(Joint MultiView Video Coding)。MVC 标准作为 H.264 标准的增修案,必须要对 H.264 兼容,所以 JMVC 也与 H.264 的测试模型 JM(Joint Model)兼容,即用 JMVC 对 2D 视频编码可获得与用 JM 进行编码相同的效果。JMVC 会选取立体视频中的某一个视点作为基本视点(Base View)先进行编码,编码方法与 H.264 2D 视频编码完全相同;在对其他视点进行编码时,将视点间参考图像和时间域参考图像统一放入参考图像列表,利用块匹配方法对当前编码块进行估计,搜索出最佳匹配块,获取运动矢量和视差矢量以及预测残差,最后对矢量和残差信息进行编码压缩。

图 4-49 所示为两视点的立体视频编码过程。

（1）视点 1 按照 H.264 2D 视频编码的步骤进行编码。

（2）视点 2 的第一帧在采用帧内预测的同时,以视点 1 第一帧为参考进行视差补偿预测,并保存视差矢量和残差。

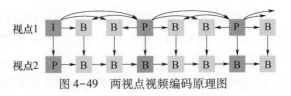

图 4-49　两视点视频编码原理图

（3）视点 2 的第一帧之后各帧,以视点 2 的已编码帧为参考进行运动补偿预测,遍历所有模式,记录最优预测块的运动矢量 MV1、残差 D1 及开销 Cost1;然后以视点 1 同一时间的图像为参考进行视差补偿预测,遍历所有模式,记录最优块的视差矢量 DV2、残差 D2 及开销 Cost2;选择开销最小的模式为最佳编码模式,记录矢量和残差。

由于视差矢量的性质与运动矢量不同,视差矢量的幅度一般会大于运动矢量,因此在 JMVC 中使用了较大的搜索窗来进行估计,这样才能找到视差估计时的最优匹配块。同时使用时间预测和视点间预测可以提高编码效率,但是随着参考图像的增加和搜索窗的加大,编码复杂度也成倍增加。

4.8　最新视频编码标准

4.8.1　H.265/HEVC 视频编码标准

随着数字视频应用的快速发展,视频空间分辨率正在从标清向高清全面升级,甚至在一些视频应用领域中出现了 4K×2K(3840×2160)、8K×4K(7680×4320)的数字视频格式,视频的帧率也在由 30 帧/s 向 60 帧/s 转换。另外,存储空间和网络带宽仍是视频应用中最关键的资源。视频编码器通过并行计算或超大规模集成电路方式实现的技术趋势也日益明显,因此迫切需要提高编码器的并行化程度。面对这些新的需求,国际运动图像专家组 ISO-IEC/MPEG 和国际电信联盟的视频编码专家组 ITU-T/VCEG 于 2010 年成立了视频编码联合工作组 JCT-VC,在全球范围内征集视频编码技术提案,在 H.264 基础上开始制定新一代高效视频编码标准 HEVC,核心目标是针对高分辨率视频图像,在 H.264 高档(high profile)基础上将压缩效率再提高 1 倍,即在保证相同重建视频图像质量的前提下,视频编码率减少 50% 以上。JCT-VC 在 2013 年 1 月份发布了最终国际标准草案,在 H.264 标准 2~4 倍复杂度的基础上,将压缩效率提升了 1 倍以上。

HEVC 的编码器框架与 H.264 类似(图 4-38),但有了全面的技术改进。本节介绍图像编码单元划分、运动信息合并模式、像素自适应补偿、对并行编解码的支持等重要技术改进,而略过关于更精细的帧内预测、基于 DCT 的亚像素插值滤波器设计等技术优化的内容。

1. 编码单元、预测单元和变换单元的划分

在以往的视频标准中,编码单元都是以 16×16 大小的宏块作为最基本单元,不同的编码标准对宏块的划分略有差别;由于高清视频越来越普及,研究表明使用更大的编码单元能够进一步提高高清视频的编码效率。因此,HEVC 采用了更加灵活的编码单元组织形式,编码单元的大小从 8×8 到 64×64,并且表示为递归的编码树(Coding Tree Block,CTB)。当编码单元大小为 64×64 和递归深度为 4 时,编码单元分割形式如图 4-50(a)

所示,组织形式如图 4-50(d)所示。每个编码单元的叶子节点可以分割成一个或多个预测单元,图 4-50(a)中的叶子节点 h 可以采用 4 种不同形状的预测单元进行帧间预测编码,如图 4-50(b)所示,但帧内预测都是基于正方形块进行的。对预测残差的变换同样可以采用不同大小的块形状,分割模式如图 4-50(c)所示。每个变换单元可以包含多个预测单元,但不能超过一个编码单元的大小,变换单元的大小从 4×4 到 32×32,而一个预测单元也可以使用多个变换单元。

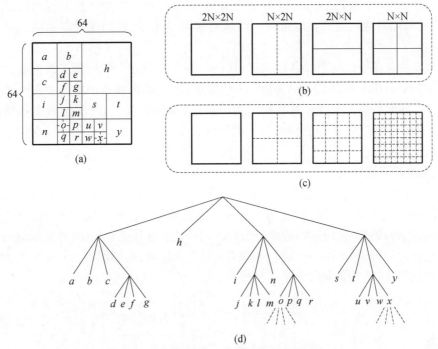

图 4-50　编码单元、预测单元和变换单元
(a)编码单元划分;(b)预测单元;(c)变换单元;(d)编码单元组织形式。

2. 运动信息合并模式

在传统视频编码技术中,为了提高运动矢量的编码效率,编码端和解码端使用相同的预测模型对当前编码运动矢量进行预测,即使用空域中相邻的左上块、左边块和右上块的运动矢量的中值作为预测运动矢量,然后对运动矢量预测误差进行编码。在 HEVC 中,编码块候选运动矢量集由来自空间域中左边、上边相邻块以及参考图像中对应位置的时域相邻块的运动矢量构成,如图 4-51 所示:空间域候选块包括当前编码块上面相邻块 B_0、B_1、B_2,左边相邻块 A_0 与 A_1;时间域候选块为当前编码块对应位置的中央块 C_1 及其右下角的相邻块 C_0。如果某个空间域候选块位于帧内编码位置或位于当前宏块条/图像片之外,则不可用。如果时域候选块 C_0 的运动矢量不可用,则直接使用 C_1 的运动矢量作

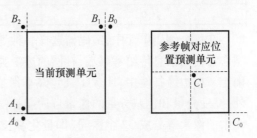

图 4-51　空域和时域预测
运动矢量位置示意

为候选运动矢量。

在合并模式(Merge mode)的运动矢量预测中,在使用候选运动矢量时需依次检查 $\{A_1,B_1,B_0,A_0,B_2\}$ 的可用性。宏块条的头部规定了候选运动矢量的个数 C;如果候选运动矢量多于 C 个,则选用前 $C-1$ 个空间域候选运动矢量和 1 个时域候选运动矢量;如果候选运动矢量不足 C 个,则要生成更多的运动矢量来凑足 C 个。

在非合并模式(Nonmerge mode)的运动矢量预测中,候选运动矢量集包含的运动矢量个数为两个,第一个来自 $\{A_0,A_1\}$,第二个来自 $\{B_0,B_1,B_2\}$。如果候选运动矢量小于两个,在没有禁用时域运动矢量时可使用时域候选运动矢量,否则使用零运动矢量来补足两个。

HEVC 的合并模式与 H.264 的直接(Direct)模式和跳过(Skip)模式的主要区别是会发送选中的运动矢量在候选运动矢量集中的索引,而且给出参考图像列表和参考图像索引。HEVC 的合并模式支持对具有相同运动参数(运动矢量、参考图像索引和预测方向等)的相邻块进行合并,共享相同的参考图像索引和运动矢量信息,从而减少传输这些辅助信息的数据量。

3. 像素自适应补偿

像素自适应补偿技术通过对编码单元的重建像素进行分类,并且对每类像素进行自适应的补偿以减少由于变换、量化和预测带来的块效应和振铃效应。HEVC 中使用了两种类型的像素自适应补偿技术:边缘补偿和区间补偿。在边缘补偿中,首先对编码中的每个像素进行边缘分类,如图 4-52 所示,像素 c 是当前像素,相邻像素为 a 和 b,像素 c 的边缘属性根据表 4-15 中的条件分为 5 种类型。

图 4-52　边缘模式判断

表 4-15　边缘类型分类

边缘类型	分类条件
1	$c<a$ 且 $c<b$
2	($c<a$ 且 $c=b$)或($c=a$ 且 $c<b$)
3	($c>a$ 且 $c=b$)或($c=a$ 且 $c>b$)
4	$c>a$ 且 $c>b$
0	其他

在每个编码单元中,编码器选择一种类型的边缘进行自适应补偿并把选择的边缘类型作为辅助信息传给解码端,补偿的边缘类型和具体的补偿值由编码器率失真优化算法确定。在边缘补偿中,HEVC 只允许平滑操作,因此补偿值的符号由算法隐式确定。另外,亮度分量和色差分量的像素自适应补偿是互相独立的。在区间补偿中,将每个编码单元中的像素等分成 32 个区间(即量化步长为 8),编码器根据率失真优化算法选择连续 5 个区间进行自适应补偿操作,补偿区间的起始位置及每个区间的补偿值作为辅助信息传给解码端。通过区间补偿可以有效地消除由于运动估计或量化算法导致的相移问题。每

个编码单元只能选择一种边缘补偿或者区间补偿操作,相关辅助信息也可由左边或者上边编码单元预测得到。

4. 对并行编解码的支持

为了适应多核 CPU 技术和多线程编码技术的发展,在高层语法方面,HEVC 还提供了并行编解码机制,主要包括宏块条并行、像素片(tile)并行和波前并行处理(Wavefront Parallel Processing,WPP)3 种方式,如图 4-53 所示。

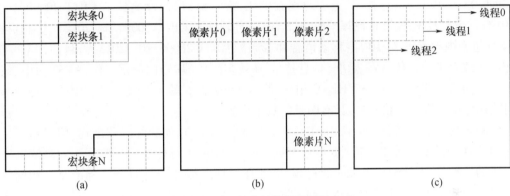

图 4-53　HEVC 中的并行编解码方式
(a)宏块条并行;(b)像素片并行;(c)波前并行。

在宏块条并行方法中,每个宏块条可以独立编码和解码,宏块条之间的分割按照顺序扫描方式进行,宏块条边缘的环路内滤波由高层语法控制,这种宏块条划分方式对误码有较强的鲁棒性。在像素片并行方法中,编码图像被分割成大小相同的像素片,每个像素片同样可以进行单独的编码和解码。在波前并行方法中,每个线程负责一行编码单元的编码或者解码,但是下一行编码单元的处理必须比前一行延迟两个编码单元;在每行编码单元开始时,必须对 CABAC 进行重新初始化,其他与正常编码完全一样,这种波前并行方法对压缩效率损失最少。

另外,在对预测残差变换系数进行 CABAC 编码时,由于大变换块中系数的统计特性比较分散,难以使用统一的模型进行概率估计和编码,因此首先将变换系数块划分成子块,再对非零子块进行对角、水平或者垂直方向的扫描,将二维数据转换成一维数据进行编码传输。在每个方向扫描中,各行、各列或者各对角线数据都可以独立编码和解码,与传统的"之"字形扫描方式相比,大大降低了编码系数之间的相关性,有利于进行并行熵编解码,提高数据处理速度。

4.8.2　AVS 视频编码标准

2002 年 6 月,国家信息产业部科学技术司批准成立中国数字音视频编解码技术标准工作组(简称 AVS 工作组)。AVS 工作组的成员包括国内外从事数字音视频编码技术和产品开发的一百多家机构和企业,任务是面向我国的信息产业需求,组织制定数字音视频的压缩、解压缩、处理和表示等共性技术标准,为数字音视频设备与系统提供高效经济的编解码技术,服务于高分辨率数字广播、高密度激光数字存储媒体、无线宽带多媒体通信、Internet 宽带流媒体等重大信息产业应用。AVS 工作组制定的《信息技术—先进音视频编码》系列标准简称为 AVS 标准(Audio Video coding Standard),是我国具有自主知识产权的编码标准。

AVS 标准包含系统、视频、音频、符合性测试等 14 个部分,其中"第 2 部分:视频"已于 2006 年 2 月成为国家标准 GB/T 20090.2—2006,并且其修订版于 2013 年 12 月成为国家标准 GB/T 20090.2—2013,将替代 GB/T 20090.2—2006。2013 年 6 月 4 日,AVS 视频部分由 IEEE(美国电气和电子工程师协会)出版,标准号为 IEEE 1857—2013。此外,AVS系列标准获颁为国标并已实施的还有《信息技术 先进音视频编码 第 1 部:系统》(GB/T 20090.1—2012)、《信息技术 先进音视频编码 第 4 部:符合性测试》(GB/T 20090.4—2012)、《信息技术 先进音视频编码 第 5 部:参考软件》(GB/T 20090.5—2012)、《信息技术 先进音视频编码 第 10 部:移动语音和音频》(GB/T 20090.10—2013)。目前,AVS 工作组正致力于第二代 AVS 标准《信息技术 高效多媒体编码》的制定工作,AVS2 对电影、电视视频的压缩率与 H.265/HEVC 相当,但是 AVS2 特有的场景模式可在编码监控视频时将压缩率再提高 1 倍左右,具有明显的技术优势。

AVS 标准第二部分(即 AVS1-P2)采用了和 H.264 相同的编码器结构,但避免了使用 H.264 中的专利技术。另外,由于 AVS1-P2 主要用于对标准清晰度视频和高清晰度视频的编码,并不处理更小尺寸的视频,因此在保证压缩性能与 H.264 标准基本相同的前提下,AVS1-P2 采用了复杂度更低的技术实现,例如 AVS1-P2 的块尺寸固定为8×8,大大降低了运动补偿、运动估计和环路内滤波的复杂度。

目前,AVS1-P2 定义了一个档次,即基准档。基准档分为四级,用于标清的 4.0(4:2:0)级和 4.2(4:2:2)级,以及用于高清的 6.0(4:2:0)级和 6.2(4:2:2)级。本节将对 AVS1-P2 的技术特点进行介绍。

1. 变换量化

AVS1-P2 采用 8×8 二维整数余弦变换(Integer Cosine Transform,ICT),其性能接近于8×8 DCT,但精确定义到每一位的运算避免了不同反变换之间的失配。ICT 可用加法和移位直接实现。

由于采用 ICT,各变换基矢量的模大小不一,因此必须对变换系数进行不同程度的缩放以实现归一化。AVS 采用了带预缩放整数变换(Pre-Scaled Integer Transform,PIT)的8×8 ICT 技术,即正向缩放、量化、反向缩放结合在一起,如图 4-54 所示;解码端只进行反量化,不再需要反缩放。由于 AVS1-P2 中采用总共 64 级近似 8 阶非完全周期性的量化,PIT 的使用可以使编、解码端节省存储与运算开销,而性能上又不会受影响。AVS 的8×8变换量化可在 16 位处理器上无失配地实现。

图 4-54 PIT 编码

2. 帧内预测

AVS1-P2 采用基于 8×8 块的帧内预测,亮度和色度帧内预测分别有 5 种和 4 种模式。相邻已解码块在环路内滤波前的重建像素值用作当前块的参考。

在 AVS1-P2 的直流模式、对角左下(Diagonal Down Left)模式和对角右下(Diagonal Down Right)模式中先用 3 抽头低通滤波器(1,2,1)对参考样本滤波。另外,在 AVS1-P2

的直流模式中,每个像素值由水平和垂直位置的相应参考像素值来预测。

3. 帧间预测

AVS1-P2 支持 P 图像和 B 图像两种帧间预测图像,P 图像至多采用 2 个前向参考图像,B 图像采用前后各一个参考图像。帧间预测中每个宏块的划分有 4 种类型:16×16、16×8、8×16 和 8×8。P 图像有 5 种预测模式:P_Skip(16×16)、P_16×16、P_16×8、P_8×16 和 P_8×8。对于后 4 种预测模式的 P 帧,每个宏块由 2 个候选参考帧中的 1 个来预测,候选参考帧为最近解码的 I 或 P 帧;对于后 4 种预测模式的 P 场,每个宏块由最近解码的 4 个场来预测。

双向预测有两种模式:对称模式和直接模式。在对称模式中,每个宏块只需传送一个前向运动矢量,后向运动矢量由前向运动矢量通过一定的对称规则获得,从而节省后向运动矢量的编码开销。在直接模式中,前向和后向运动矢量都是由后向参考图像中相应位置块的运动矢量获得,不需传输运动矢量,因此也节省了运动矢量的编码开销。这两种双向预测模式充分利用了连续图像的运动连续性。

4. 亚像素插值

AVS1-P2 帧间预测与补偿中,亮度和色度的运动矢量精度分别为 1/4 和 1/8 像素,因此需要进行亚像素插值。亮度亚像素插值分成 1/2 和 1/4 像素插值两步。1/2 像素插值用 4 抽头滤波器 $\mathbf{H}_1(-1/8, 5/8, 5/8, -1/8)$。1/4 像素插值分两种情况:8 个一维 1/4 像素位置用 4 抽头滤波器 $\mathbf{H}_2(1/16, 7/16, 7/16, 1/16)$,另外 4 个二维 1/4 像素位置用双线性滤波器 $\mathbf{H}_3(1/2, 1/2)$。

5. 环路内滤波

AVS1-P2 采用自适应环路内滤波,即根据块边界两侧的块类型先确定块边界强度(Boundary strength,Bs)值,然后对不同的 Bs 值采取不同的滤波策略。帧内块滤波最强,非连续运动补偿的帧间块滤波较弱,而连续性较好的块之间不滤波,因此 Bs 可取 3 个不同值。若边界两边的两个块中有一个块是帧内编码的,Bs 等于 2;若两个相邻块的参考帧相同并且两个运动矢量的差值小于一个整像素,Bs 等于 0;否则 Bs 等于 1。Bs 等于 0 时不滤波,Bs 等于 1 和 2 时分别采取不同的滤波强度进行滤波。对于每条边界,滤波最多涉及 6 个像素,被修改的像素最多有 4 个。

6. 熵编码

AVS1-P2 所有语法元素的码字基于指数格罗姆码或定长码而构造。定长码用来编码具有均匀分布的语法元素,指数格罗姆码用来编码可变概率分布的语法元素。AVS1-P2 将指数格罗姆码的 CodeNum 取代霍夫曼码字存储在 VLC 码表中,这样解决了多个 VLC 表的高存储需求的问题。AVS1-P2 总共用到 21 个 VLC 码表。

AVS1-P2 采用基于上下文的 2D-VLC 来编码 8×8 块变换系数,也就是将(run,level)对视为一个事件联合编码,并用已编码的系数来确定 VLC 码表的切换。这种编码方法总共用到 19 个 2D-VLC 表,占用约 1KB 的存储空间。

习题与思考题

4.1 简述现行模拟彩色电视的缺陷。

4.2 什么叫高清晰度电视？美国和日本在研发 HDTV 制式时的着眼点有何异同？

4.3 在数字电视中"全数字"的含义是什么？数字电视有什么优越性？

4.4 目前,在国际上数字电视有哪几个主要制式？

4.5 高清晰度电视与数字电视有何联系？ATSC 制是否为数字高清晰度电视制式？

4.6 什么是 4：2：2 标准和 4：2：0 标准？在制定这两个标准时考虑到了哪些因素？

4.7 已知 3 个经 γ 校正的模拟分量信号 $E'_R = 0.8$、$E'_G = 0.6$、$E'_B = 0.4$,现按照ITU-R BT.601 标准规定进行 8 位四舍五入的均匀量化,试求量化后的亮度信号 Y 和色差信号 C_R、C_B 的十进制值。

4.8 在数字电视系统中,信源编码和信道编码的目的各是什么？

4.9 简述用视频信源编码压缩数字电视图像数据量的理论依据。

4.10 在 MPEG-2 视频编码算法中为什么要把视频序列划分为许多图像组？一般的图像组包括哪几类图像？

4.11 像块、宏块与像条之间有什么区别和联系？

4.12 4：2：0、4：2：2 和 4：4：4 三种视频格式的宏块格式有何不同？

4.13 MPEG-2 的帧内预测编码是如何实现的？

4.14 画出 MPEG-2 帧间运动补偿预测编码框图,说明运动补偿帧间预测编码是如何实现的？

4.15 在预测编码中用于预测的数据为什么是量化后的数据而不是量化前的数据？

4.16 帧间预测模式包括哪几种？

4.17 在数字电视信源编码中,变换编码的主要步骤是什么？

4.18 已知一个亮度像块的数据如图 4-55 所示,量化尺度因子 $f_s = 16$,试分别求出对该数据块进行 DCT、量化、Z 形扫描和游程编码的结果。

44	50	57	64	65	56	52	48
49	57	65	73	74	68	61	56
57	67	79	88	89	75	76	60
61	72	85	98	100	95	84	75
61	71	83	100	103	93	81	72
54	65	84	94	86	88	72	64
58	59	74	85	86	72	58	48
44	54	68	78	77	64	48	44

图 4-55 一个亮度像块的数据

4.19 在 MPEG-2 视频编码系统中视频缓冲校验器的作用是什么？

4.20 用免费的视频编解码器(可从 www.videolan.org 下载 VLC 软件)将一段视频分别转换为 MPEG-2、H.264、HEVC 格式,比较输出视频文件的大小以及图像质量的差异。

伴音、数据等。模拟电视采用频分复用解决多信源实时传送问题,每套节目中的色度信号和伴音信号通过副载波与亮度信号频分复用,各套节目又通过不同的射频调制频率频分复用传送。数字电视的传送对象是已经编码的数字化信号,不能采用类似模拟电视的频分复用方法,但离散的数字信号可以借助于存储器在时间上进行分组(打包)和重组(拆包),因此可采用时分复用的方法解决多信源实时传送问题。目前,数字电视广播系统中的基带码流都符合 MPEG-2 标准第一部分——系统(ISO/IEC 13818-1,Systems)所规定的数据复用方式及格式。

MPEG-2 标准定义了 4 种类型的码流,即 ES、PES、PS 和 TS,图 5-2 示出了数字电视码流之间的层次关系。

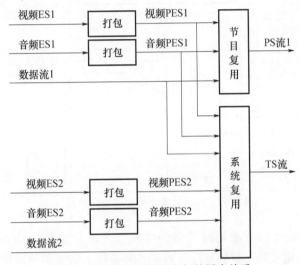

图 5-2　数字电视码流之间的层次关系

基本流(Elementary Stream,ES):数字电视各组成部分编码后所形成的直接表示基本元素内容的流,包含视频、音频或数据的连续码流。

打包基本流(Packetized Elementary Stream,PES):PES 是用于复用的逻辑结构,将 ES 根据需要分成长度不等的数据包,再加上包头就形成了 PES。一个音频 PES 包通常包含一个音频帧的数据,长度一般不超过 64kB;一个视频 PES 包通常包含一帧图像的数据,长度是可变的。

节目流(Program Stream,PS):PS 是由一个或多个具有共同的时间基准的 PES 流复用而成的单一比特流。PS 适用于误码小、信道较好的环境,如演播室、家庭环境和存储介质。

传送流(Transport Stream,TS):TS 是由一个或多个具有独立时间基准的一路或多路节目的多个视频 PES 和音频 PES 经时分复用形成的单一比特流。TS 用于易发生误码的传输信道环境和有损传输介质,而且接收机在任意时刻开始接收 TS 数据都能够在较短的时间内解码其中的音频、视频内容,所以数字电视广播采用 TS。

在发送端将多套数字电视节目,以及每套节目中的图像、伴音、数据等打成的数据包通过时分复用(也称复接)形成的传送码流,在接收端通过解复用(也称分接)和拆包处

第 5 章　数字电视的传输原理

如图 5-1 所示为 ITU-R 数字地面电视广播模型,如果将其中传输系统到接收机之间的天线换为电缆、卫星、光纤等介质,也可表述其他数字电视广播系统的结构。整个系统由三个子系统组成,它们是信源编码和压缩、业务复用和传送和射频(Radio Frequency,RF)传输。

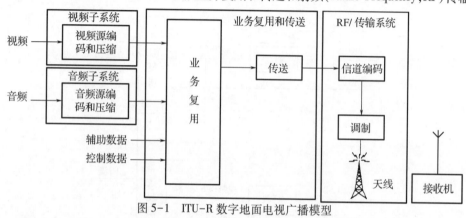

图 5-1　ITU-R 数字地面电视广播模型

信源编码和压缩是为了能用原带宽的电视频道来传输信息量约为原来的 5 倍的 HDTV 节目,或是传输多路 SDTV 节目而采取的必要技术措施。它是指视频、音频和辅助数据的数字编码和已编码码流的码率压缩。其中辅助数据包括保证系统正常运行的控制数据、条件接收(Conditional Access,CA)控制数据和与节目有关的其他数据。

业务复用和传送是指把不同信息类型的码流打成包(Packet),并给每一个包及包的类型以唯一的标识符(Identifier,ID);然后再将视频码流包、音频码流包和辅助数据码流包复用到单一的码流中去,即用时分多工方式将它们复合组成单一的传送流包(Transport Stream Packet,TSP,简称传送包)。

射频传输是指对传送码流进行信道编码和调制,形成用于发送的射频信号。由于经信道传输的信号会受到损伤,接收信号可能不能精确地重现发端传输的信号,因此要通过信道编码对传送的数据进行处理并加入一些附加信息,以便接收端可凭此较好地得到解码图像和伴音。

本书第 4 章介绍了常见的数字电视视频压缩编码标准,本章将介绍业务复用和传送,以及射频发送技术。

5.1　传送层的功能和格式

5.1.1　概述

电视是一种多信源实时传送系统,信源包括多套电视节目,以及每套节目中的图像、理,恢复出各类型码流供各自的解码器解码;同时还对传输错误进行检测。

下面对 PES 包和 TS 包进行具体说明。

5.1.2　PES 包

经压缩编码形成的基本流先经打包而形成打包基本流。PES 包的长度随信息类型的不同而不同。每个 PES 包有一个头部,称为包头(或标题),其中包含了有关码率、定时以及码流描述等信息。

PES 包的结构如图 5-3 所示(图中各段的长度不是按比例划分的)。其中 PES 包数据块是来自某一个连续的基本流的有效负载数据,其长度可变,对于视频、音频来讲,它一般是编码的视频帧或音频帧(也称存取单元)。

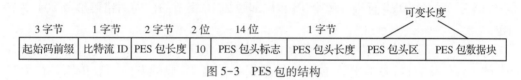

图 5-3　PES 包的结构

PES 包最前面的是共占 3 字节的包起始码前缀,它由一串 0(共 23 个)和 1 个 1 组成。

来自音频、视频等信源编码器的各类基本码流都由唯一的 ID 来识别,因此由其组成的 PES 包也都用 1 字节的 ID 唯一确定的标识本 PES 所属 ES 的种类及其编号。这样,当 PES 包再进一步被复用成传送包,并经传输后,在接收端便可根据此 ID 进行解复用恢复各类基本流。

PES 包长度字段给出 PES 包的长度。在视频流的 PES 包中,该字段可以为 0,表明该 PES 包的长度不定,直到下一个 PES 的包头为止。

14 位的 PES 包头标志码由一串说明码流特性的标识符和一串指示附加字段是否存在的指示符组成。它们标明的内容和占用的位数依次如下:加扰指示(2 位),优先级指示(1 位),数据相配(如传送的是否视频 PES 包)指示(1 位),有无版权(1 位),原版或复制(1 位),有无显示时间标志(Presentation Time-Stamp,PTS)和解码时间标志(Decoding Time-Stamp,DTS)(2 位),包头是否含基本流的时钟基准(1 位),是否含基本流的码率(1 位),是否有说明作为流来源的数字存储媒体(Digital Storage Media,DSM)模式的字段(1 位),未定义(1 位),是否有循环冗余检验(Cyclic Redundancy Check,CRC,用于核实数据的正确性)字段(1 位),是否有扩展段(1 位)。

PES 包头长度用来指明 PES 包头区(包括所有的段和填充字节)的总字节数。实际上,所有 PES 包头区中的各段都是可选的,特定的应用场合需要特定的段,并有相应的设置。编码器可在 PES 包头的末尾填充不多于 32 个字节的 FF$_h$ 以满足信道的要求,而解码器将忽略这些填充字节。

在前述 PES 包头标志中的码位就是根据实际编码器提供的信息来设置的,同时据此编码 PES 包头区中相应的段,标志码与相应的段有着一一对应的关系。对于视频基本流形成的 PES 包来说,组成 PES 包头区的是以下的各段:PTS/DTS、DSM 模式段、ES 时间基准、比特率、CRC、附加复制信息段、扩展数据段等。其中,PTS 和 DTS 是为音频、视频信息的同步复原所必需的。PES 扩展数据段是为了适应将来可能出现的各种业务需要而保留的部分,包括私有数据、PES 包计数器、P-STD(节目流的系统目标解码器)缓存尺寸等字段。

5.1.3　TS 包

传送流是按包(packet)进行传输的,TS 包的长度应尽可能长以使包头只占整个数据包的极小部分,但太长又不利于误码保护。另外,又考虑到与异步传输模式(Asynchronous Transfer Mode,ATM)通信网的兼容性,由于 ATM 信元(cell)的有效负载长度是 48 字节,MPEG-2 标准定义的 TS 包的长度为固定的 188 字节,每个传送包可纳入 4个 ATM 信元中。在传输过程中,ATSC 标准在每个 TS 包尾部添加 20 字节的前向纠错码形成 208 字节的包,DVB 标准在每个 TS 包尾部添加 16 字节的前向纠错码形成 204 字节的包。

如图 5-4 所示为仅承载视频和音频 PES 包的一组 TS 包。一个 TS 包最多包含 184字节的有效负载数据,各类 PES 包和辅助数据都作为 TS 包的有效负载传输。在承载PES 包时,PES 包头必须紧跟 TS 包头;较长的 PES 包的数据将按顺序拆分到多个 TS 包中,当最后一个 PES 包的数据没有填满 TS 包时,TS 包可以插入填充字节,但 TS 包中的数据只能来自一个 PES 包。

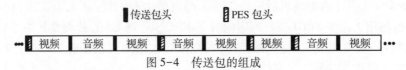

图 5-4　传送包的组成

如图 5-5 所示为传送包的格式。最前面的 4 字节是传送包的包头,其后可以有一个可变长度的适配区,有效负载数据最多为 184 字节。包头的 4 个主要功能如下所述。

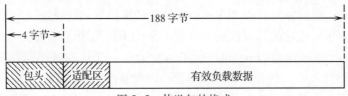

图 5-5　传送包的格式

(1) 包同步:它由包头中的第 1 个字节来完成。

(2) 包识别(Packet ID,PID):它由 13 位表示,用于识别复用在传送包中的各编码比特流,即根据 PID 对它们在发送端进行复用和在接收端进行解复用。

(3) 误码检测处理:在发送端,所有具有相同 PID 的携带有效负载数据的传送包,都由连续计数标志(4 位)从 0 到 15 进行循环计数。在正常工作的接收端,如在该 PID 中出现连续计数在数值上的间断,则表明数据在射频发送中有丢失。此时,传送子系统的接收端处理器即将此信息传递给相应类型码流的解码器,以便随后作出恰当的隐错处理。在某些特定的设置中,连续计数标志有不同的计数规则,不在此详述。

(4) 条件接收(Conditional Access,CA):这是只允许已预订并得到授权的用户接收节目的一种业务。此时,传送的数据是通过加扰而随机化了的,用户必须接收到一个加密的密钥,经解密和解扰(去随机化)过程才能恢复原始数据。在数字电视传输系统中,允许每一路基本流被独立地加扰。在制定的标准中只规定了所使用的解扰方法,对密钥的加密、传输和解密方法均未作规定。对有效负载数据的加扰是在传送包中实现的,并在包头中由加扰控制标志(2位)对此作出说明。这个标志同时还对传输、使用的解扰密钥给出指示。需要指出的是头部信息总是不会被加扰的。

如图5-6所示为TS包包头的格式。由图可见,除完成上述主要功能外,包头中还有完成其他功能的如下一些标志位:1位的传送包误码指示,表示当前的传送包中是否有不可纠正的误码,当其被设置时,传送包的有效负载数据不能使用;1位的有效负载数据单元起始指示,用于表明传送包有效负载数据包含打包数据结构(如音频、视频的PES包)的起始,即当PES包的第一个字节出现在传送包中时它被设置为"1";1位的优先级标志(数字电视系统不支持,在接收机中该标志被忽略);2位的适配区控制标志,表明传送包中适配区的存在与否以及存在时其后是否有有效负载数据。

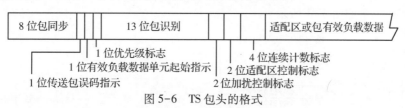

图5-6 TS包头的格式

传送包包头后的适配区是一个可变长的区段,但是只要它存在,就以固定长的2字节开始。适配区的3个主要功能如下所述。

(1)同步和定时:数字电视系统的同步问题与模拟电视系统完全不同。后者的图像信息与同步信息是同步地传输的,接收机可从图像同步信号中直接获得定时信号,这是一种自然同步的概念。然而,在数字电视系统中,每幅图像所形成的数据量是不同的,要视图像的编码方式和复杂度而定,因此无法直接从图像数据的开始来得到定时信息。为解决这个基本问题,在编码端,对27MHz系统时钟(System Time Clock,STC)进行周期性地采样而形成节目时钟基准(Program Clock Reference,PCR)值,并纳入传送包的适配区中传输给接收机。在解码端,把携带PCR值的传送包的到达时间连同PCR值本身与当前STC值进行对比,从而精确地再生出解码器的STC。再利用前面提到的包含在PES包头标志码中的DTS和PTS分别与之比较,便可指明视频、音频帧应在何时被解码和还原的声音和图像应在何时向观众呈现。这样,就可使节目的各组成部分达到同步。考虑到PCR可能在传输中发生变化,因此每隔100ms至少要传一次。另外顺便指出,在数字电视系统中,信源编码、解码器的系统时钟与调制、解调器的时钟是相互独立的。

(2)压缩码流的随机接入:在搜索节目和切换节目时会出现码流随机接入的情况。为此,在传送包的适配区中设有一个标志,用于指出此包是否包含一个基本流的随机接入点。随机接入点应尽可能多,以便实现频道快速切换。

(3)本地节目插入:这与频道切换在功能上很相似,不同之处是对剪接过程的时间限制,以及要求在节目插入段的末尾回到原节目的码流。在传送层上的基本流插入是以TS

包为单位进行的。为此,适配区中包含一些标志码,指引在插入节目过程中解码器能正确工作。例如,其中有一个不连续指示符,它会通知解码器 PCR 值将因有节目插入而要改变到一个新的时基上,此时解码器要继续正常的解码过程。

5.1.4 传送层的业务信息描述

1. 节目特定信息

MPEG-2 传送流中可包含有一套或多套节目的视频、音频和附加数据信息,承载不同类型数据的 TS 包用不同的 PID 来区分。为了描述传送流的内容组成,MPEG-2 定义了一组称为节目特定信息(Program Specific Information,PSI)的表。PSI 表也被复用在 TS 中,接收机能根据 PSI 表找到这些节目对应的 TS 包并进行解码。

PSI 包括节目关联表(Program Association Table,PAT)、节目映射表(Program Map Table,PMT)、条件接收表(Conditional Access Table,CAT)、网络信息表(Network Information Table,NIT)和传送流描述表(Transport Stream Description Table,TSDT)。各 PSI 表的相互关系如图 5-7 所示。

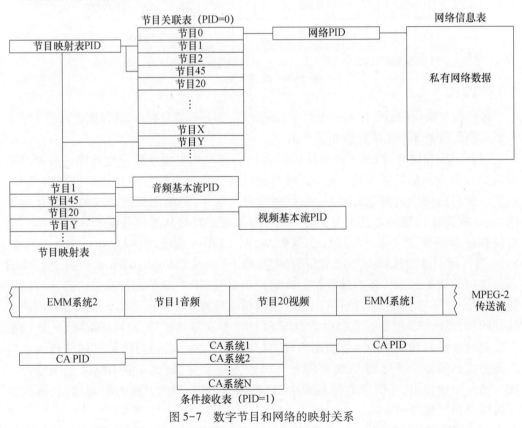

图 5-7 数字节目和网络的映射关系

节目关联表在 PID 为 0000_h 的 TS 包中传送,其作用是给出传送流中存在的所有节目的编号,以及各节目对应的节目映射表所在 TS 包的 PID。PAT 表还给出了网络信息表所在 TS 包的 PID,PAT 表中的节目 0 即指网络信息表。

节目映射表用于描述节目由哪些流组成、流的类型、流所在 TS 包的 PID、节目的 PCR

所在包的 PID。通常 PCR 和视频 PES 使用相同的 PID。

条件接收表在 PID 为 0001$_h$ 的 TS 包中传送,提供了条件接收系统的信息、条件接收系统对应的 EMM(授权管理信息)所在 TS 包的 PID、节目加密的方式等。

网络信息表在 MPEG-2 标准中未做具体规定,但是在一些扩展的标准(如 DVB-SI)中,NIT 可提供网络名称、调谐方式等信息。

传送流描述表在 PID 为 0002$_h$ 的 TS 包中传送,包含了对于传送流中的节目及节目的视频、音频内容的更具体描述。

数字电视接收机在获得传送流之后,首先要经过解复用(demultiplex),从传送流中分离出各路视频、音频 PES 包,然后才能调用视频、音频解码器对这些 PES 包进行解码。接收机中解复用器模块的作用是从输入的传送流中过滤出那些 PID 为特定值的包,并将其有效内容输出到解码器专用的存储器中。

电视接收端准备播放传送流中某一路节目时,一般采用如下的软件控制流程。

(1)将解复用器过滤的 PID 值设为 0000$_h$,即 PAT 的 PID,则可得到 PAT 的数据;

(2)分析 PAT 数据,得到传送流中包含的节目个数,每一路节目都对应一个 PMT,PMT 的 PID 在 PAT 中给出;

(3)欲播放某一路节目时,需要设置解复用器过滤的 PID 值为该路节目对应的 PMT 的 PID,则可得到 PMT 的数据;

(4)分析 PMT 数据,可得到该路节目包含的视频、音频、数据各自所在传送包的 PID;

(5)将解复用器过滤的 PID 值分别设置为视频、一路音频以及数据的传送包的 PID,以便解复用器把各路 PES 送往相应的解码器。

2. 业务信息

PSI 表为数字电视接收机正常播放传送流中的节目提供了充分必要的信息,但是在实际应用中还存在频道的搜索、电子节目指南的获取、数据广播等多种需要,此时基本的 PSI 表就不能满足要求,需要发送端提供额外的描述系统和节目的信息。业务信息(Service Information,SI)是指在符合 MPEG-2 系统层标准的传送流中插入的某些特殊信息,用于描述广播系统和节目。

由于数字电视广播不仅提供与传统电视广播同样的音频、视频内容,而且可提供传统电视广播不具备的数据型增值内容,因此数字电视广播提供的全部内容称为业务(service),而音频、视频内容称为节目(program)。事件(event)则是一段给定了起始时间和结束时间,属于同一业务的基本广播数据流;一个节目可以分为多个事件。

业务信息的应用非常广泛,一方面为解码器构成电子节目指南;另一方面能够辅助接收机的自动频道搜索,同时还提供了有关网络、节目级别控制、字幕显示等许多信息。ATSC 标准中的业务信息规范为节目与系统信息协议(Program and System Information Protocol,PSIP),而 DVB 标准则定义了 SI 规范。因为我国的业务信息规范基本沿用 DVB-SI 规范的内容,所以这里仅对 DVB-SI 进行介绍。

DVB-SI 定义的表主要包括:网络信息表(Network Information Table,NIT)、业务群关联表(Bouquet Association Table,BAT)、业务描述表(Service Description Table,SDT)、事件信息表(Event Information Table,EIT)、时间日期表(Time and Date Table,TDT)、时间偏移表(Time Offset Table,TOT)、运行状态表(Running Status Table,RST)等。

数字电视广播的网络(network)是指可以传输一组传送流的一个传输系统,例如,某个有线电视系统中的所有数字频道,网络信息表提供了网络中的一组传送流的信息及其相关的调谐信息等,主要用于接收机的自动节目搜索和初始化过程。业务群关联表提供了其相关的可能属于不同网络的一组业务(称为业务群)的信息,如名称等,还包括节目业务群所包含的节目业务清单。业务描述表主要提供业务名称、业务提供者名称、当前的运行状态(运行、未运行、几秒后开始运行、暂停等)、业务是否加扰、当前传送流中是否存在与该业务对应的 EIT 等信息。事件信息表按时间顺序提供每一个节目业务中包含事件的信息,分为只包含现行传送流或其他传送流中指定业务的正在播出的事件和其后的一个事件(NVOD 业务除外)的当前/后续事件信息表(EIT Present/Following),以及包含除当前/后续事件外的按时间顺序排列的其他事件表的事件日程表(EIT Schedule);事件日程表可分割成片段(segment)来传送,每个片段列出在一个 3 小时的时段中应该开始播出的所有事件,而事件日程表能够提供的最长节目预告时间约为 64 天。由于播出时间表的变化,事件的播出时间可能提前或延后,当播出时间表改变时,运行状态表能够迅速地更新一个或多个事件的状态。

数字电视接收机可以利用业务信息实现数字电视广播特有的电子节目指南(Electronic Programme Guide,EPG)功能。EPG 的作用类似数字化的广播电视报,不仅提供了各个频道在不同时间段播出的节目列表,而且允许用户进行节目的分类与检索。用户甚至可以在 EPG 中选取感兴趣的节目,接收机将在节目播出时自动切换到相应的频道或是自动录制该节目。

业务信息的组织方式如图 5-8 所示,业务信息表在传送流中传输时是被拆分成一个或多个段(section)后插入 TS 包中进行传输的。不同类型的业务信息表是通过不同的PID 来区分的,但有的表还被分为更细的类型,例如,SDT 分为描述当前传送流的表和描述其他传送流的表,因此还要用表 ID 来细分,DVB-SI 规定了表 ID 的分配。一个表可以由若干个子表构成,具有相同的扩展表 ID 和相同的版本号的段构成同一个子表。

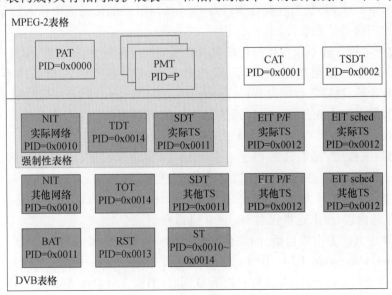

图 5-8　业务信息的组织方式

5.2 ATSC 数字电视制式

5.2.1 ATSC 制概述

1. 美国对数字高清晰度电视制式的要求

如 4.1.2 节中所述,ATSC 制是美国率先研制成功的一种数字电视制式。前面还曾提到,ATSC 制的前身是 HDTV 大联盟(GA)制式。当时根据 FCC 的要求,它要实现的目标包含如下几个方面。

(1)高质量的 HDTV 的图像和伴音。

(2)能在 6MHz 频道内传输,以便有效利用频谱并符合分配给电视广播用的频率的配置方案。

(3)须用低功率和低干扰的信号,从而可在与现今 NTSC 台相同的频率配置下实现同播而不对已有广播业务产生超标的干扰。同播所用的频道通常是会对别的 NTSC 台产生太多干扰而不适宜发射 NTSC 信号的禁用频道。

(4)接收机的复杂性应最小化,使厂家能以不致阻碍 HDTV 迅速发展的价格向消费者提供产品。

(5)具有对计算机和通信的互操作性。

为了实现与计算机和数据通信的互操作性,GA 制式采用了 3 个基本的系统原理,即分层的数字系统结构;可提供极大灵活性的为数据流配置头/描述符的方法;每一层设计成有可能与其他系统在相应层上实现互操作,例如,与计算机友好的方像素和顺序扫描和与 ATM 通信友好的数据打包格式等。

2. ATSC 制的视频格式

数字电视系统的第 1 层是信源层。为了实现高质量的 HDTV 图像,GA 制研发了两种视频格式:1080 行,每行 1920 像素,图像速率(指帧频或场频)60Hz(隔行扫描)、30Hz 或 24Hz(逐行扫描);720 行,每行 1280 像素,图像速率 60Hz、30Hz 或 24Hz(均逐行扫描)。两种格式的幅型比均为 16∶9,像素形状为方形。

为了便于与电影、NTSC 制以及计算机等所采用的不同图像格式间的交互操作,ATSC 制在每帧有效行数与每行有效像素数、图像速率、隔行或逐行、幅型比等方面允许多格式,总共有 18 种之多,如表 5-1 所列。其中,每种图像速率均允许双重频率值,即 60Hz 或 59.94Hz(参看 3.2.1 节);30Hz 或 29.97Hz;24Hz 或 23.98Hz。另外还可看出,在两种 HDTV 格式间存在着简单的 3∶2 关系;而 HDTV 与 640×480VGA(Video Graphic Array,视频图形阵列)之间也有另一个 3∶2 关系(还应计及幅型比的不同)。在实际应用中,通过适当的技术和设备便可实现格式间的转换。

表 5-1 ATSC 制的视频格式

水平×垂直有效像素	幅型比	60/59.94 逐行	60/59.94 隔行	30/29.97 逐行	24/23.98 逐行
1920×1080(方像素)	16∶9		√	√	√
1280×720(方像素)	16∶9	√		√	√

（续）

水平×垂直有效像素	幅型比	60/59.94 逐行	60/59.94 隔行	30/29.97 逐行	24/23.98 逐行
704×480（宽屏）	16：9	√	√	√	√
704×480（ITU-R BT.601）	4：3	√	√	√	√
640×480（VGA，方像素）	4：3	√	√	√	√

由上述可见，全数字的 GA 制开始是为实现地面 HDTV 广播而设计的，但最后形成并被批准为美国标准的 ATSC DTV 标准则包含了非 HDTV 的图像规格。现在，数字电视在国际范围内主要因经济因素首先在 SDTV 领域得到推广应用，从而引发了电视工业界的技术革命。但是，要从电视一词本身的含意来讲，从人们视听器官的感受来讲，继黑白电视和第一代彩色电视之后的新一代电视还应该是国际会议有严格定义的高清晰度电视。

分层的数字电视系统的其他 3 层在后几节中介绍。

3. ATSC 制的系统结构

ATSC 制的系统结构可用图 5-1 所示的 ITU-R 数字地面电视广播模型来表述。

ATSC 制的信源编码和压缩子系统采用国际标准 MPEG-2 的视频压缩编码（HDTV 视频码率约为 19Mb/s）和 Dolby AC-3 标准的音频压缩编码（以 384kb/s 码率提供 5.1 声道环绕声）。

ATSC 制的 TS 包采用了 MPEG-2 标准的打包和复用句法，实际上它是 MPEG-2 标准中系统部分规范的一个兼容子集。ATSC 规定了 PSIP 协议来传输业务信息。

ATSC 制的调制子系统有两种工作模式，即采用 8VSB 调制的地面广播模式（码率约 19Mb/s）和采用 16VSB 调制的有线高码率（约 38Mb/s）模式。

5.2.2 前向纠错信道编码概述

数字电视信号在信道传输中，往往会受到各种干扰和叠加上各种噪声，严重时在接收端会导致"1"和"0"的错误判决，即产生误码。误码较轻时会引起图像的不稳定，严重时可能使图像根本无法接收。特别是原始数字电视信号经信源编码和调制压缩带宽以后，抗御误码的能力已降低，例如预测编码中的误码会使差错扩散到一个较大的空间和时间范围。因此，经信源编码后的数字电视信号还必须通过具有差错控制功能的信道编码，才能在信道中传输，以确保传输的可靠性。

数字电视中的差错控制采用前向纠错（Forward Error Correction，FEC）方式，在这种方式中，接收端能够根据所接收到的码元自动检知错误和纠正错误。纠错编码的基本思想是在所要传输的信息序列上附加一些码元，附加的码元与信息码元之间以某种确定的规则相关联。接收端按照这种规则对接收的码元进行检验，一旦发现码元之间的确定关系受到破坏，便可通过恢复原有确定关系的方法来纠正误码。信道中由噪声引起的误码一般分为两类：一类是由随机噪声引起的随机性误码；另一类是由冲击噪声引起的突发性误码。针对这种情况，ATSC 制的前向纠错信道编码包括 4 个部分，即能量扩散（energy dispersal）、RS 编码（Reed-Solomon coding）、交织（interleaving）和卷积编码（convolutional coding）。以 RS 码为外码、卷积码为内码的级联编码对随机性误码和突发性误码有很强的纠错能力,接收端经纠错译码后一般可达到 $10^{-10} \sim 10^{-11}$ bit 误码率(Bit Error Rate, BER)。交织处理使可能出现的长串误码分散到多个 RS 编码帧中,使之处于 RS 码的纠错能力之内。即使有个别误码不能完全纠正,由于零星地分散在图像各处,也能达到视觉不敏感的掩错效果。能量扩散实际上是使数据随机化,使序列中无长串的连"1"或连"0"出现。这样,一方面可减轻对其他信道的干扰,另一方面便于从码流中提取时钟信号。图 5-9 示出了 ATSC 制信道编码和调制方框图。

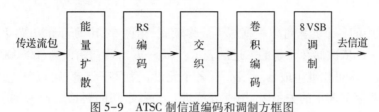

图 5-9 ATSC 制信道编码和调制方框图

5.2.3 RS 码的编码及其纠错译码

1. RS 编码

RS 码是一种线性分组循环码,它以长度为 n 的一组符号为一个编码单位或称编码字。组中的 n 个符号是由 $k<n$ 个欲传送的信息符号和 $(n-k)$ 个用作误码保护的校验符号按一定的关联关系生成的,编码形式用 RS(n,k)表示。数字电视中的一个 RS 编码符号对应一个 8 位的字节,总共有 $2^8 = 256$ 种字节,对应于十进制数的 0~255。这 256 种字节组成一个有限域或称伽罗华域(Galois Field),用 GF(2^8)表示。GF(2^8)RS 码的编码字长度 $n = 2^8 - 1 = 255$,若取 $n-k = 2t$,则 RS 码可纠正 t 个字节的错误。所谓一个字节的错误,可以是指字节中的一位发生了误码,也可以是指符号中的若干位甚至所有位都发生了误码。这样,GF(2^8)RS 码可纠正连续 $8t$ 个位的误码,因此具有很强的纠正随机误码和突发性误码的能力。

在 ATSC 制中使用的 RS 码为 RS(207,187),包括 187 个信息字节和 20 个校验字节,纠错能力为 10 个字节。它可看作是由在 187 个信息字节前加上 48 个"0"字节所编成的RS(255,235)码缩短而成的。这些附加的"0"字节在编码以后并不发生变化,因此把它们去掉以后,并不影响编码和译码。RS(207,187)信息字节的长度为 187 个字节,再加上一个同步字节,正好是一个传送包的长度,这样可使传送层与 FEC 的数据格式匹配,即 TS包中除包同步外的 187 个字节可直接作为信息字节的内容。

定义伽罗华域 GF(2^8)中的符号或称元素要用到如下的 8 次域生成多项式:

$$P(x) = x^8 + x^4 + x^3 + x^2 + 1 \tag{5-1}$$

设 α 是 $P(x)$ 的一个本原根,由式(5-1)有

$$\alpha^8 + \alpha^4 + \alpha^3 + \alpha^2 + 1 = 0 \tag{5-2}$$

GF(2^8)中的元素由 0 和 α^i,$i = 0, 1, \cdots, 254$ 组成。在伽罗华域中定义了加法和乘法两种运算,其中加法是指模 2 加,即二进制中的异或运算,式(5-1)和式(5-2)中的加法也是指模 2 加。一个元素与 0 相乘的积为 0,两个非 0 元素相乘时,其积的指数为两元素的指数相加再模 255,即

$$\alpha^i \alpha^j = \alpha^{(i+j)\bmod 255} \tag{5-3}$$

根据上述运算规则,元素间相加和相乘的运算结果仍然在这个有限域中。

$\mathrm{GF}(2^8)$ 中的元素都能根据域生成多项式化成如下形式:

$$\alpha^i = d_7\alpha^7 + d_6\alpha^6 + \cdots + d_1\alpha + d_0; d_l = 0 \text{ 或 } 1, l = 0,1,\cdots,7 \tag{5-4}$$

式中:$(d_7 d_6 \cdots d_0)$ 称为该元素的二进制表示或字节表示,其相应的十进制数是该元素的十进制表示。例如,由式(5-2),$\alpha^8 = \alpha^4 + \alpha^3 + \alpha^2 + 1$,$\alpha^8$ 的二进制表示为(00011101),十进制表示为 29。

$\mathrm{GF}(2^8)$ 中的各个元素可以根据域生成多项式,由图 5-10 所示的电路生成。图中寄存器单元 $x^7 \sim x^0$ 依次储存元素的二进制表示$(d_7 d_6 \cdots d_0)$,若初始值为(00000001),相当于 α^0,则每移位一次可相继生成 $\alpha,\alpha^2,\alpha^3,\cdots$ 各个元素。为便于运算,可以事先用 ROM 建立一个元素与其字节表示的关系表,用查表法进行二者之间的转换。作为例子,表 5-2 示出了 $\alpha^0 \sim \alpha^8$ 的字节表示和十进制表示。

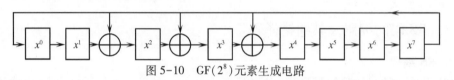

图 5-10　$\mathrm{GF}(2^8)$ 元素生成电路

表 5-2　$\alpha^0 \sim \alpha^8$ 的字节表示

元素	字节表示	十进制表示
α^0	0 0 0 0 0 0 0 1	1
α^1	0 0 0 0 0 0 1 0	2
α^2	0 0 0 0 0 1 0 0	4
α^3	0 0 0 0 1 0 0 0	8
α^4	0 0 0 1 0 0 0 0	16
α^5	0 0 1 0 0 0 0 0	32
α^6	0 1 0 0 0 0 0 0	64
α^7	1 0 0 0 0 0 0 0	128
α^8	0 0 0 1 1 1 0 1	29
α^i	$d_7 d_6 d_5 d_4 d_3 d_2 d_1 d_0$	

一个未经缩短的 $\mathrm{RS}(n,k)$ 的码字 $(c_{n-1},c_{n-2},\cdots,c_0)$ 可用码字多项式表示为

$$c(x) = c_{n-1}x^{n-1} + c_{n-2}x^{n-2} + \cdots + c_1 x + c_0 \tag{5-5}$$

其中 k 个信息字节 $(m_{k-1},m_{k-2},\cdots,m_0)$ 可用信息多项式表示为

$$m(x) = m_{k-1}x^{k-1} + m_{k-2}x^{k-2} + \cdots + m_1 x + m_0 \tag{5-6}$$

它是最高为 $(k-1)$ 次的多项式。生成 $\mathrm{RS}(n,k)$ 码要用到一个 $2t = (n-k)$ 次的校验生成多项式 $g(x)$,即

$$g(x) = (x+1)(x+\alpha)\cdots(x+\alpha^{2t-1}) \tag{5-7}$$

要求这 3 个多项式之间满足如下关系:

$$c(x) = x^{2t}m(x) + r(x) = q(x)g(x) \tag{5-8}$$

其中 $q(x)$ 是 $x^{2t}m(x)$ 除以 $g(x)$ 所得的商式，$r(x)$ 是所得的余式，其次数不大于 $(2t-1)$，可如下表示：

$$r(x) = r_{2t-1}x^{2t-1} + r_{2t-2}x^{2t-2} + \cdots + r_0 \tag{5-9}$$

$r(x)$ 称为校验多项式，其系数构成 $2t$ 个校验字节 $(r_{2t-1}, r_{2t-2}, \cdots, r_0)$。由式(5-8)可见，信息字节与校验字节在 RS$(n,k)$ 码中前后分开，不相混淆，如图 5-11 所示。这样的 RS 码称为系统 RS 码。若 k 个信息字节的前部固定有若干个 0 字节，则经上述 RS 编码后这些 0 字节仍位于编码字的前部，无需传输。另外，由式(5-8)可见，这些 0 字节对求校验多项式也没有影响。因此，系统 RS 码是可以缩短的。

n 个码字字节 $n=k+2t$

k 个信息字节	$2t$ 个校验字节

图 5-11　系统 RS 码的结构

由上面的分析可见，RS 编码实际上只需求出 $2t$ 个校验字节，把它们放在 k 个信息字节的后面即可。ATSC 制采用 RS$(207,187)$ 码：

$$(c_{206}, c_{205}, \cdots, c_0) = (m_{186}, m_{185}, \cdots, m_0, r_{19}, r_{18}, \cdots, r_0) \tag{5-10}$$

其中包括 187 个信息字节 $(m_{186}, m_{185}, \cdots, m_0)$ 和 20 个校验字节 $(r_{19}, r_{18}, \cdots, r_0)$。由式(5-7)，校验生成多项式 $g(x)$ 为

$$g(x) = \prod_{i=0}^{19}(x + \alpha^i) = x^{20} + \alpha^{17}x^{19} + \alpha^{60}x^{18} + \cdots + \alpha^{212}x^2 + \alpha^{188}x + \alpha^{190}$$
$$= x^{20} + 152x^{19} + 185x^{18} + \cdots + 121x^2 + 165x + 174 \tag{5-11}$$

信息多项式为

$$m(x) = m_{186}x^{186} + m_{185}x^{185} + \cdots + m_1 x + m_0 \tag{5-12}$$

根据式(5-8)，校验字节是通过用 $x^{20}m(x)$ 除以 $g(x)$ 所得的余式得到的：

$$r(x) = x^{20}m(x) \bmod g(x) = r_{19}x^{19} + r_{18}x^{18} + \cdots + r_0 \tag{5-13}$$

因此，可用如图 5-12 所示的"多项式除法"编码电路实现 RS$(207,187)$ 编码。图中的加法是指模 2 加，乘法是指伽罗华域 GF(2^8) 中的乘法。各寄存器储存的是 1 个字节，初始状态为 0。图中的两个开关对于前 187 个信息字节均接到 A，对于后 20 个校验字节均接到 B。

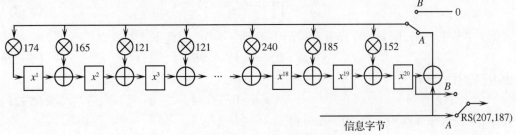

图 5-12　RS$(207,187)$ 编码电路

2. RS 纠错译码

可以用不同的方法实现 RS 纠错译码,通常采用时域纠错译码算法,但该方法比较复杂。这里介绍一种频域纠错译码算法,主要目的在于说明 RS 码的可纠错性。

设编码端发送的 RS(207,187)码的码字为 $(c_{206}, c_{205}, \cdots, c_0)$,接收端接收到的可能有误码的码字为 $(a_{206}, a_{205}, \cdots, a_0)$,在它们的前面加上 48 个在编码时舍弃的"0"字节,使之变成 RS(255,235)码,表示为 $\boldsymbol{c} = (c_{254}, c_{253}, \cdots, c_0)$,$\boldsymbol{a} = (a_{254}, a_{253}, \cdots, a_0)$。

设误码样式为 $\boldsymbol{e} = \boldsymbol{c} + \boldsymbol{a} = (e_{254}, e_{253}, \cdots, e_0)$,其中的"+"指模 2 加,显然有

$$\boldsymbol{a} = \boldsymbol{c} + \boldsymbol{e} \tag{5-14}$$

伽罗华域数组 $\boldsymbol{v} = (v_{254}, v_{253}, \cdots, v_0)$ 的离散傅里叶变换(DFT)$\boldsymbol{V} = (V_{254}, V_{253}, \cdots, V_0)$ 及其逆变换(IDFT)分别定义如下:

$$V_k = \sum_{i=0}^{254} v_i \alpha^{ik}, \quad k = 0, 1, \cdots, 254 \tag{5-15}$$

$$v_i = \sum_{k=0}^{254} V_k \alpha^{-ik}, \quad i = 0, 1, \cdots, 254 \tag{5-16}$$

以上两式的乘法和加法都是在伽罗华域进行的。对式(5-14)两端进行上述 DFT,有

$$\boldsymbol{A} = \boldsymbol{C} + \boldsymbol{E} \tag{5-17}$$

由式(5-7)和式(5-8)可见,$\{\alpha^k, k = 0, 1, \cdots, 19\}$ 是 $c(x)$ 的根,因此

$$C_k = \sum_{i=0}^{254} c_i \alpha^{ki} = 0, \quad k = 0, 1, \cdots, 19 \tag{5-18}$$

由式(5-17)可得

$$A_k = E_k, \quad k = 0, 1, \cdots, 19 \tag{5-19}$$

这就是说,通过接收码字的 DFT 可得到错误样式的 20 个谱分量。数组 $(A_{19}, A_{18}, \cdots, A_0)$ 称为接收码字的伴随式。

设错误发生在第 $i_1, i_2, \cdots, i_v (v \leqslant 10)$ 字节,定义错位多项式:

$$\Lambda(x) = \prod_{\ell=1}^{v} (1 + \alpha^{i_\ell} x) = \Lambda_v x^v + \Lambda_{v-1} x^{v-1} + \cdots + \Lambda_0 \tag{5-20}$$

其中,$\Lambda_0 = 1$。记长度为 255 的数组 $\Lambda = (0, 0, \cdots, 0, \Lambda_v, \Lambda_{v-1}, \cdots, \Lambda_1, \Lambda_0)$,$\Lambda$ 的 IDFT 为

$$\lambda_i = \sum_{k=0}^{254} \Lambda_k \alpha^{-ik} = \Lambda_v \alpha^{-iv} + \Lambda_{v-1} \alpha^{-i(v-1)} + \cdots + \Lambda_0$$

由式(5-20)得到

$$\lambda_i = \prod_{\ell=1}^{v} (1 + \alpha^{i_\ell - i}) \tag{5-21}$$

若第 i 字节未出错,则 $e_i = 0$;若第 i 字节出错,则 $\lambda_i = 0$。因此下式总成立:

$$\lambda_i \cdot e_i = 0, i = 0, 1, \cdots, 254 \tag{5-22}$$

由 DFT 的性质有

$$\Lambda * E = 0 \tag{5-23}$$

其中,* 表示循环卷积。由式(5-23)得

$$\sum_{k=1}^{10} \Lambda_k E_{j-k} = E_j, j = 10, 11, \cdots, 19 \tag{5-24}$$

由式(5-19)有

$$\sum_{k=1}^{10} \Lambda_k A_{j-k} = A_j, j = 10, 11, \cdots, 19 \tag{5-25}$$

由式(5-25)表示的 10 阶联立方程组可解出 $\Lambda_1 \sim \Lambda_{10}$。

求出 $\Lambda_1 \sim \Lambda_{10}$ 以后，可由递推法求出所有未知的 $E_k, k = 20, 21, \cdots, 254$。由式(5-23)得递推公式：

$$\sum_{j=1}^{10} \Lambda_j E_{k-j} = E_k, k = 20, 21, \cdots, 254 \tag{5-26}$$

由式(5-19)，递推 E_{20} 时的初始值为

$$E_{20-j} = A_{20-j}, j = 1, 2, \cdots, 10 \tag{5-27}$$

图 5-13 示出了递推 E_k 的方框图。求出所有的 E_k 后，由式(5-17)得到

$$C_k = A_k + E_k, k = 20, 21, \cdots, 254 \tag{5-28}$$

对 C_k 进行 IDFT

$$c_i = \sum_{k=20}^{254} C_k \alpha^{-ik}, i = 20, 21, \cdots, 206 \tag{5-29}$$

由此得到纠错后的信息码：

$$m_i = c_{i+20}, i = 0, 1, \cdots, 186 \tag{5-30}$$

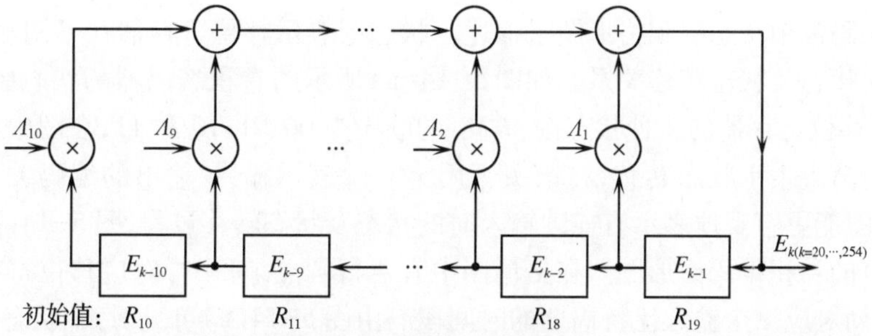

图 5-13　递推 E_k 的方框图

5.2.4　卷积编码及维特比(Viterbi)译码

1. 卷积编码

卷积码是数字电视信道编码中所使用的另一种纠错码。RS 码在码组之间没有运算关系，而卷积码任何位置的码元与一定范围的相邻码元之间都有约束关系。卷积编码就是靠这种约束关系来实现纠错的。卷积编码器是一个由移位寄存器和异或门构成的卷积系统。与 RS 码一样，卷积码也是靠在传输码流中增加一些差错控制比特来实现纠错的。若通过卷积编码 1bit 的输入产生 $n$bit 的输出，称为 $1/n$ 编码率的卷积码。若移位寄存器的长度为 m，则对应 $M = 2^m$ 种不同的寄存器状态，称为 M 状态卷积编码器。在 ATSC 制中使用的一个 1/2 编码率 4 状态反馈卷积编码器如图 5-14(a)所示。图中每输入一个比特 $x(j)$，输出两个比特 $y_0(j)$ 和 $y_1(j)$，用了两个移位寄存器，其输入与输出的关系为

$$y_1(j) = x(j) \tag{5-31}$$
$$y_0(j) = x(j-1) + y_0(j-2) \tag{5-32}$$

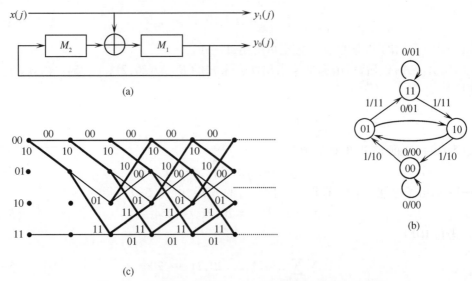

图 5-14　用于 ATSC 制的 1/2 比率 4 状态反馈卷积编码器
(a)编码器结构图;(b)状态图;(c)格形图。

卷积编码常用状态图和格形图来描述。状态图表示移位寄存器在不同输入、输出情况下的不同状态及状态转移关系。如图 5-14(a)所示的卷积编码器的状态图如图 5-14(b)所示。移位寄存器的 4 种状态按 $M_2 M_1$ 的顺序为 00、01、10 和 11,在图中用小圆圈表示。图中的箭头表示状态转移,在箭头旁用 $x/y_1 y_0$ 表示输入/输出的编码关系。除状态图外,格形图能更直观地表示有连续输入时的状态及状态转移过程,图 5-14(c)是对应于图 5-14(a)的卷积编码格形图。在格形图中有 4 行圆点,每一行对应移位寄存器的一种状态,每一列对应一个输入比特周期的时间段。由图 5-14(c)可见,每个状态有两条转移路径,粗线是输入为 1 的转移路径,细线是输入为 0 的转移路径,线旁的数字表示相应的输出。从寄存器 00 状态开始,只要知道输入比特流,很容易从格形图中找到对应的状态转移路径及相应的编码输出。当希望编码结束时寄存器回到 00 状态,需要在输入比特流后面再增加 2bit。

2. 维特比(Viterbi)译码

卷积码传送到接收端可能存在误码。对于长度为 L 的比特序列,由于误码,存在 2^L 条不同的可能路径。维特比译码的基本思想是从这些可能的不同路径中找到编码时走过的路径,进而推算出编码时的输入比特。维特比译码是最大似然译码,它从所产生的各种可能路径中通过特定的判决规则找出一条最大似然路径,使沿着这条路径得到的 $y_1 y_0$ 序列与接收的码序列相同或差别最小。

判决规则分为硬判决和软判决。在硬判决中,首先将接收到的脉冲波形与一个适当的判决电平进行比较,再生出由 0、1 组成的比特序列 $\{r_i\}$,然后将 $\{r_i\}$ 与格形图路径上的比特序列 $\{y_i\}$ 进行比较,用汉明(Hamming)距离作为两个序列之间差别测度。汉明距离定义为

$$\Delta_{\mathrm{H}} = \sum_i |r_i - y_i| \tag{5-33}$$

例如,当$\{r_i\}=\{101001\}$,$\{y_i\}=\{100110\}$时,$d_H=4$。

从格形图上可以看出,在两个状态间至少需要经过3个时间段才有不同的编码路径。对于从00状态开始、00状态结束的卷积编码,采用硬判决的维特比译码过程如下:

(1)从00状态开始,画出经3个时间段转移的所有路径。对于进入每种状态的两条路径分别计算出与所接收的比特序列的汉明距离,每种状态只保留一条汉明距离最小的幸存路径,当汉明距离相等时任取一条。

(2)从第3个时间段到第(L-1)个时间段,重复进行下述工作:①将路径按格形图延伸到下一个时间段。②对于进入每一种状态的两条路径只保留一条累积汉明距离为最小的幸存路径,当汉明距离相等时任取一条。

(3)从第L到$L+1$时间段,在回到00状态的4条路径中,选留累积汉明距离为最小的一条路径为最大似然路径。

(4)按$\{x\}$与$\{y_1y_0\}$的编码关系沿最大似然路径推出$\{x\}$,完成维特比纠错译码。

现在以一个例子来具体说明上述译码过程。设信息比特序列为1011,为使卷积编码以00状态结束,在后面补上"01",这样,输入比特序列为101101,由图5-14(c)的格形图得到的卷积编码为100110100110。设接收端接收并再生得到的比特序列为110110100110,其中存在1bit的误码。对于这个比特序列的维特比译码过程示于图5-15。在图5-15(a)中,计算经3个时间段转移后各条路径的汉明距离。对于进入每种状态的2条路径,只取与所接收比特序列的汉明距离较小的路径为幸存路径。例如,进入00状态的两条路径中,上面的一条汉明距离为4,下面一条为1,因此下面一条为幸存路径。对进入其他状态的路径也照此办理。在图5-15(b)中,在只保留上一步骤确定的幸存路径的基础上,向下一段状态延伸,取进入某一状态的2条路径中汉明距离较小的为幸存路径。至此,信息比特已输入完毕,有4条待选路径。在图5-15(c)中,只延伸回到00状态的4条路径,经比较汉明距离后,保存下来1条最大似然路径,如图5-15(d)中的折线所示。这条路径的汉明距离为1,所经历的寄存器状态为00,01,10,00,01,10,00,路径上的$\{y_1y_0\}$序列为10,01,10,10,01,10。根据$\{x\}$与$\{y_1y_0\}$的关系并舍弃最后2bit得到的维特比译码输出为1011,实现了纠错译码。

卷积码的纠错能力决定于从一个状态出发又回到同一状态的所有路径的最小自由距离d_{free},可以纠正的错误比特数为

$$t=(d_{free}-1)/2 \tag{5-34}$$

例如,如图5-14所示的卷积编码,仅考虑从一个状态出发经过3个时间段又回到一个共同状态的所有路径,此时的$d_{free}=3$,$t=1$,即在3个时间段的6个比特中能纠正1个比特的错误。

软判决与硬判决的区别是,首先将接收到的脉冲波形编成3比特码,即量化为8个等级$\{0,1/7,2/7,\cdots,1\}$,形成序列$\{d_i\}$。然后用$\{d_i\}$与格形图路径上的比特序列$\{y_i\}$之间的欧几里得(Euclid)距离作为两个序列之间差别测度。欧几里得距离定义为

$$\Delta_E=\sqrt{\sum_i(y_i-d_i)^2} \tag{5-35}$$

最大似然路径对应欧几里得距离为最小的路径。采用软判决可比硬判决提高2dB编码增益。

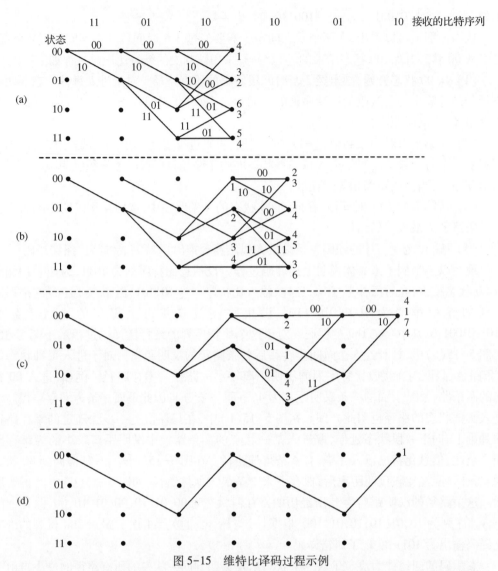

图 5-15　维特比译码过程示例

（a）经 3 个时间段转移后的各条路径及其汉明距离；（b）在第 4 个时间段形成的各条路径及其汉明距离；
（c）在最后两个时间段回到 00 状态的 4 条路径及其汉明距离；（d）保存下来的一条最大似然路径及其汉明距离。

5.2.5　交织

在 ATSC 制中，由一个 RS 码字加上一个同步字节组成一个 208 字节长的纠错编码包，每个纠错编码包能纠正连续 10 个字节的错误。如果不进行交织，时间上连续的突发性误码将集中在少数几个包，可能超出这些包的纠错能力，而其他的包虽有纠错能力却未被利用。通过交织可将连续的误码分散到不同的纠错编码包中，使突发差错转变为处于纠错能力之内的随机差错，以充分发挥纠错编码的作用。在发送端交织位于 RS 编码之后与卷积编码之前，在接收端去交织位于维特比译码之后和 RS 译码之前。这是考虑到维特比译码可能会因超出纠错能力而出现差错扩散，引起突发差错。ATSC 制使用如

图 5-16 所示的卷积交织器和去交织器。

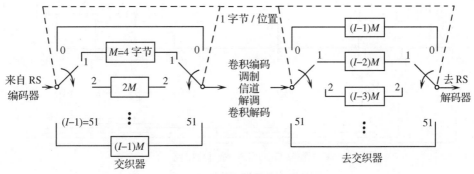

图 5-16　卷积交织器和去交织器

在图 5-16 中,交织器由 $I=52$ 个分支组成,在第 $j(j=0,1,\cdots,I-1)$ 分支上设有容量为 jM 字节的移位寄存器,图中的 $M=4$。交织器的输入开关与输出开关同步工作,以 1 字节/位置的速度进行从分支 0 到分支 $(I-1)$ 的周期性切换。接收端在去交织时,应使每个字节的延时相同,因此采用与交织器结构相似但分支排列次序相反的去交织器。为了只交织数据字节,在交织器中使数据包的同步字节总是由分支 0 发送出去,这由下述关系可以得到保证:

$$N=IM=52\times4=208 \tag{5-36}$$

即 4 个切换周期正好是一个纠错编码包的长度。一个纠错编码包对应一个 VSB 数据段,在图 5-16 中,设交织器输出开关位于位置 0 输出的是第 n 段的第 1 字节,则输出开关位于位置 1 时输出的是第 $(n-1)$ 段的第 2 字节,位于位置 2 时输出的是第 $(n-2)$ 段的第 3 字节,依此类推,因此这种交织器称为段间卷积字节交织器。

段间卷积字节交织器用参数 (N,I) 描述,其中 N 为段长,I 为交织深度。如图 5-16 所示的是 $(208,52)$ 交织器。容易证明,交织前同一数据段的数据在交织后将分散到 52 个数据段中。由于 313 个数据段为一个数据场(参见 5.2.8 节),所以交织深度约为 1/6 个数据场(4ms 深)。另外,在交织器输出的任何长度为 208 的数据串中,不包括交织前序列中距离小于 52 的任何两个数据。由于 $(207,187)$ RS 码能纠正连续 10 字节的错误,因此这种交织器具有纠正 $52\times10=520$ 个字节长的突发错误的能力。

5.2.6　能量扩散

在 ATSC 制中,能量扩散处于信道编码的前端,其作用是使数据随机化,以改善传输频谱特性。来自 MEPG-2 传送复用器的码流采用固定数据包格式,包长 188 字节,其中包括一个位于最前面的同步字节。这个传送流的有效负载数据(不包括同步字节)在如图 5-17 所示的随机化电路中进行能量扩散。随机化电路是一个 16 位最大长度伪随机码发生器,其生成多项式为

$$G(x) = 1+x+x^3+x^6+x^7+x^{11}+x^{12}+x^{13}+x^{16} \tag{5-37}$$

由它生成的伪随机二进序列(Pseudo-Random Binary Sequence,PRBS)与输入数据进行模 2 加,使数据随机化。

如图 5-17 所示,选择 8 个移位寄存器的输出作为随机化字节,此字节的每一个比特

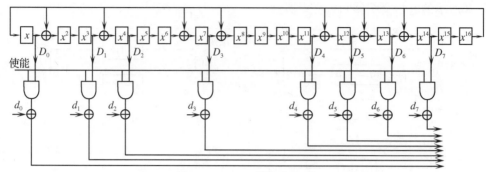

图 5-17　ATSC 随机化电路

用来与对应的输入比特进行高位对高位、低位对低位的异或操作。接收端的去随机化电路与此相同,将 PRBS 与接收的已随机化数据进行模 2 加,便可恢复随机化以前的数据。

为能使发端的随机化与收端的去随机化保持同步,在每个数据场的第 1 个数据段的段同步期间,对移位寄存器初始化一次,初始值设为 F180$_h$,即 x^{16}、x^{15}、x^{14}、x^{13}、x^9、x^8 置 1,其他清零。在数据包同步字节期间,伪随机二进序列继续产生,但输出"使能"端关断,使同步字节保持不变。发送端在进行能量扩散后,再进行 RS 编码。

5.2.7　TCM-8VSB 调制技术

1. 格形编码调制(TCM)

在传统的数字通信系统中,信道编码与调制的设计是相互独立的,解调器先对接收信号进行硬判决,然后再将硬判决的结果送去译码。为了达到误码率指标,只能靠增加发射功率和信号带宽的办法。1982 年,G. Ungerboeok 提出格形编码调制(Trellis Code Modulation,TCM),其优点是不必付出额外的频带和功率即可获得编码增益。TCM 的基本思想是将卷积编码与调制作为一个整体进行综合设计;使用软判决即比较接收符号与路径的欧几里得距离进行维特比译码;在码字与传输的调制符号之间进行最佳映射,使编码器以欧几里得距离度量的自由距离(欧几里得自由距离)大于未经编码的调制器星座图的最小欧几里得距离,使接收端更容易对信号进行准确的判决,从而获得编码增益。增加编码器欧几里得距离的办法是使调制器的星座数量加倍,即扩展所传输的符号集。已经证明,符号集扩展到 2 倍时即可获得绝大部分的增益。设格形编码前一个符号的比特数为 m,则编码后一个符号的比特数一般取为 $m+1$,即格形编码器的编码率为 $r = m/m+1$。在 ATSC 制中采用 2/3 编码率($r = 2/3$)的格形编码。其作法是对输入编码器的 2bit 中的 1bit 进行 1/2 编码率的卷积编码生成 2 个比特的输出,用于选择 4 个符号子集中的一个子集。输入的另一个比特进行预编码,用于在所选定的含有 2 个符号的子集中选择一个符号,如图 5-18(a)所示。格形编码器输出的由 8 个电平(符号)组成的信号称为 8VSB。之所以称为 8VSB,是因为用这 8 个电平组成的信号对正弦载波进行 8 幅移键控(Amplitude Shift Keying,ASK)调制,再经过 VSB(残留边带)滤波后形成 VSB 调制信号发射出去。

在 8ASK 调制中,8 个符号对应 8 个不同的幅度的载波(幅度以 $d/2$ 为单位计):

$$A_i cos\omega_c t, A_i = -7, -5, -3, -1, 1, 3, 5, 7$$

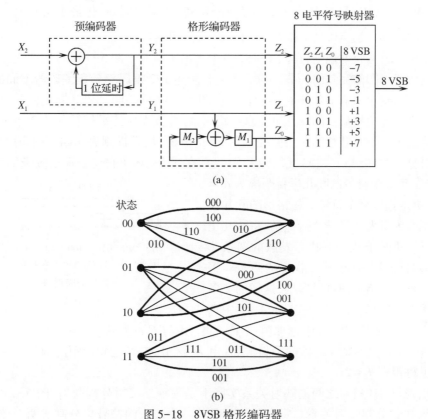

图 5-18　8VSB 格形编码器

（a）格形编码器、预编码器和符号映射器；（b）格形图。

用矢量图可以直观地表示这些已调制信号之间的关系,如图 5-19(a)所示。在数字电视中常用的表示方法是将矢量图的箭头舍去,只画出矢量的端点,这样的图称为星座图,如图 5-19(b)所示。在星座图中,星座点间的距离越大,接收端判决再生时越不容易出现误码,信号的抗干扰能力就越强。星座点间的最小欧几里得距离 d 可表示为信号平均功率 S 的函数。对于 MASK 信号,M 个不同电平按下式选取

$$A_l = (2l-1-M)d/2, l = 1, 2, \cdots, M \tag{5-38}$$

设各信号出现的概率相等,则信号的平均功率为

$$S = \frac{2}{M} \sum_{l=1}^{M/2} \left[(2l-1) \frac{d}{2} \right]^2 = \frac{d^2(M^2-1)}{12} \tag{5-39}$$

归一化最小欧几里得距离为

$$D_0 = d/\sqrt{S} = \sqrt{12/(M^2-1)} \tag{5-40}$$

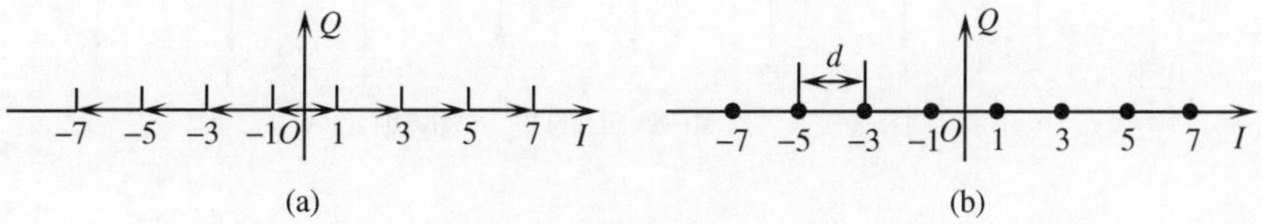

图 5-19　8ASK 星座图

（a）8ASK 调制信号的矢量图表示；（b）8ASK 调制信号的星座图表示。

由式(5-40)可见，D_0 只与 M 有关。对于 4ASK 和 8ASK，其归一化最小欧几里得距离分别为 $D_0 = \sqrt{12(4^2-1)} = 0.894$ 和 $D_0 = \sqrt{12(8^2-1)} = 0.436$。

为了确定符号映射规则，在图 5-18(b)中示出了对应于图 5-18(a)的 2/3 编码率格形编码器的格形图的完整的一节。与 5.2.4 节所述 1/2 编码率卷积编码器不同的是，由于 Z_2 的存在，这里具有 8 组平行的转移。在图 5-20 中示出了 8VSB 卷积码与星座符号的映射关系。为使格形图的欧几里得自由距离最大，首先应使平行转移的 2 条路径的自由距离为最大。平行转移的 2 条路径是由 Z_2 区分的，用十进制表示，4 组不同的平行转移路径对分别为$(0,4),(1,5),(2,6)$ 和 $(3,7)$，在图 5-20 中它们分别对应子集 A、B、C、D。每个子集 2 个符号的欧几里得距离为 $d_2 = 8$，由 Z_2 决定选取哪个符号。使格形图欧几里得自由距离为最大的另一个措施是，将欧几里得距离 $d_1 = 4$ 赋予从某一状态发散的两条非平行转移路径或汇合于某一状态的两条非平行转移路径。从格形图可以看出，这样的 2 条路径是由 Z_1 区分的，由 Z_1 决定从 (A,C) 中选

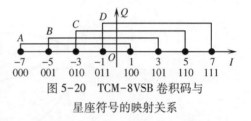

图 5-20　TCM-8VSB 卷积码与星座符号的映射关系

取哪一个子集，或从 (B,D) 中选取哪一个子集。A 与 C 的距离，B 与 D 的距离均为 d_1。(A,C) 和 (B,D) 是两个大一些的子集，二者由 Z_0 区分，二者之间的距离则为星座图的最小欧几里得距离 $d_0 = 2$。

卷积码与星座符号之间的映射关系实际上是一种二叉树分割映射，图 5-21 示出了 TCM-8VSB 集分割映射关系。每次分割都是将一个较大的符号集分割成两个较小的符号集，经过每级分割，子集数加倍，子集内的最小距离加倍。分集是由编码比特进行的。用卷积编码比特选择子集，用预编码比特从子集中选择符号。

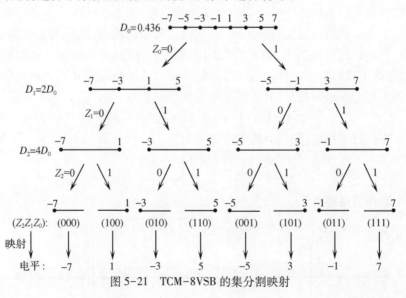

图 5-21　TCM-8VSB 的集分割映射

对于 TCM-8VSB，2 级分割后集内符号归一化最小欧氏距离为 $4D_0$。这也是平行转移的 2 条路径之间的距离。3 段非平行转移后的平方归一化欧几里得距离至少为

$$(2D_0)^2+D_0^2+(2D_0)^2=9D_0^2$$

小于平行转移的平方归一化欧氏距离 $(4D_0)^2=16D_0^2$。格形图的欧几里得自由距离是用平方归一化欧几里得距离的平方根来定义的,因此,TCM-8VSB 的归一化最小欧几里得自由距离为 $d_{\text{free}}=\sqrt{9D_0^2}=3D_0=1.31$,这样,TCM-8VSB 相对于 4ASK 的编码增益为

$$G=20\lg(1.31/0.894)=3.32(\text{dB})$$

即达到同样错误概率时,TCM-8VSB 对信噪比的要求比 4ASK 低 3.32dB。

在图 5-18 中,Z_2 是由 X_2 通过预编码器生成的,即 $Z_2(n)=X_2(n)\oplus Z_2(n-1)$。由于 Z_2 对应格形编码器的最大欧几里得距离 d_2,加入预编码器以后可进一步提高格形编码的增益。接收端通过相应的解码器 $X_2(n)=Z_2(n)\oplus Z_2(n-1)$,即可恢复 X_2。

2. 格形编码中的段内交织和同步

为使格形编码抵抗脉冲噪波和 NTSC 同频道噪波等突发性干扰,ATSC 制还采用段内交织技术,使用 12 个相同的格形编码器和预编码器处理交织的数据字节,如图 5-22 所示。格型编码交织器的输入复用器按每字节 1 位置的速率切换,将来自卷积字节交织器的已交织字节(0,12,24,36,…)作为第 1 组,字节(1,13,25,37,…)作为第 2 组,字节(2,14,26,38,…)作为第 3 组,依此类推,共 12 个字节组,由 12 个格形编码器分别进行格型编码。格形编码器在对字节组进行编码时,首先将每个字节按高位在先的顺序变成串行位:$(D_7,D_6,\cdots,D_0)$,其中比特(D_7,D_5,D_3,D_1)送到预编码器,比特(D_6,D_4,D_2,D_0)送到反馈卷积编码器。格形编码器的 3bit 输出送到如图 5-18 所示的 8 电平符号映射器中,使每个字节映射为 4 个符号。

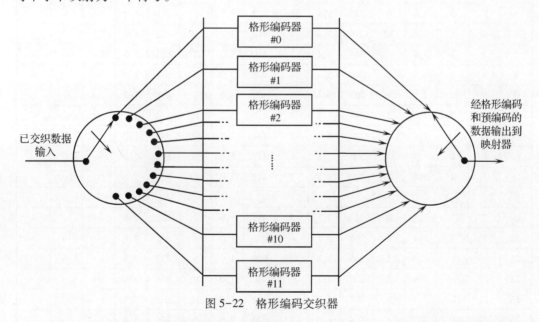

图 5-22　格形编码交织器

一个不包括段同步符的 VSB 数据段的长度为 207 字节,每 4 段为一组进行一个从并行字节到串行比特的完整变换操作,共需要 $207\times4=828$ 个字节,相当于 $828\times8=6624$bit。每 2bit 产生一个数据符号,因此一个完整的变换操作产生 3312 个数据符号。这 3312 个数据符号分配在 12 个格型编码器中,每个格形编码器负责产生 276 个符号,

相当于 69 个字节。不包括场同步一个数据场有 312 个数据段，从数据场的第 0 段开始，每 4 段为一组进行一个完整的变换操作，直到场结束。每场共进行 312/4 = 78 个变换操作。

输出复用器按每符号 1 位置的速率切换，一个切换周期的 12 个符号构成一个符号块。为了在插入数据段同步信号后，使来自每个编码器的符号以每 12 个符号 1 次的规律出现，输出复用器在每个段的起始处超前 4 个符号。在数据场的第 0 段，从复用器输出的符号按正常的顺序，即从编码器#0 到#11，经 69 个符号块后进入第 1 段；第 1 段则要改变顺序，先从编码器#4 到#11，再从#0 到#3 读出符号；第 2 段先从编码器#8 到#11，再从#0 到#7 读出符号。在 1 场的 312 个数据段重复使用这种 3 段模式。表 5-3 详细描述了字节到符号的转换和有关格形编码器复接的情况，这种模式每 12 段重复一次。

表 5-3　字节到符号的转换和格形编码器复用

符号	段 0			段 1			段 2			段 3			段 4		
	格形 Trellis	字节 Byte	比特 Bits	格形 Trellis	字节 Byte	比特 Bits	格形 Trellis	字节 Byte	比特 Bits	格形 Trellis	字节 Byte	比特 Bits	格形 Trellis	字节 Byte	比特 Bits
0	0	0	7,6	4	208	5,4	8	412	3,2	0	616	1,0	4	828	7,6
1	1	1	7,6	5	209	5,4	9	413	3,2	1	617	1,0	5	829	7,6
2	2	2	7,6	6	210	5,4	10	414	3,2	2	618	1,0	6	830	7,6
3	3	3	7,6	7	211	5,4	11	415	3,2	3	619	1,0	⋯	⋯	⋯
4	4	4	7,6	8	212	5,4	0	416	3,2	4	620	1,0	⋯	⋯	⋯
5	5	5	7,6	9	213	5,4	1	417	3,2	5	621	1,0	⋯	⋯	⋯
6	6	6	7,6	10	214	5,4	2	418	3,2	6	622	1,0	⋯	⋯	⋯
7	7	7	7,6	11	215	5,4	3	419	3,2	7	623	1,0	⋯	⋯	⋯
8	8	8	7,6	0	204	5,4	4	408	3,2	8	612	1,0	⋯	⋯	⋯
9	9	9	7,6	1	205	5,4	5	409	3,2	9	613	1,0	⋯	⋯	⋯
10	10	10	7,6	2	206	5,4	6	410	3,2	10	614	1,0	⋯	⋯	⋯
11	11	11	7,6	3	207	5,4	7	411	3,2	11	615	1,0	⋯	⋯	⋯
12	0	0	5,4	4	208	3,2	8	412	1,0	0	624	7,6			
13	1	1	5,4	5	209	3,2	9	413	1,0	1	625	7,6			
⋮	⋮	⋮	⋮	⋮	⋮	⋮	⋮	⋮	⋮	⋮	⋮	⋮	⋮	⋮	⋮
19	7	7	5,4	11	215	3,2	3	419	1,0	7	631	7,6	⋯	⋯	⋯
20	8	8	5,4	0	204	3,2	4	408	1,0	8	632	7,6			
21	9	9	5,4	1	205	3,2	5	409	1,0	9	633	7,6			
22	10	10	5,4	2	206	3,2	6	410	1,0	10	634	7,6			
23	11	11	5,4	3	207	3,2	7	411	1,0	11	635	7,6			
24	0	0	3,2	4	208	1,0	8	420	7,6	0	624	5,4			
25	1	1	3,2	5	209	1,0	9	421	7,6	1	625	5,4			
⋮	⋮	⋮	⋮	⋮	⋮	⋮	⋮	⋮	⋮	⋮	⋮	⋮	⋮	⋮	⋮
31	7	7	3,2	11	215	1,0	3	427	7,6	⋯	⋯	⋯			
32	8	8	3,2	0	204	1,0	4	428	7,6	⋯	⋯	⋯			

（续）

| 符号 | 段0 | | | 段1 | | | 段2 | | | 段3 | | | 段4 | | |
	格形 Trellis	字节 Byte	比特 Bits	格形 Trellis	字节 Byte	比特 Bits	格形 Trellis	字节 Byte	比特 Bits	格形 Trellis	字节 Byte	比特 Bits	格形 Trellis	字节 Byte	比特 Bits
33	9	9	3,2	1	205	1,0	5	429	7,6	…	…	…	…	…	…
34	10	10	3,2	2	206	1,0	6	430	7,6	…	…	…	…	…	…
35	11	11	3,2	3	207	1,0	7	431	7,6	…	…	…	…	…	…
36	0	0	1,0	4	216	7,6	8	420	5,4	…	…	…	…	…	…
37	1	1	1,0	5	217	7,6	9	421	5,4	…	…	…	…	…	…
⋮	⋮	⋮	⋮	⋮	⋮	⋮	⋮	⋮	⋮	⋮	⋮	⋮	⋮	⋮	⋮
767	11	191	1,0	…	…	…									
768	0	192	7,6	…	…	…									
769	1	193	7,6	…	…	…									
⋮	⋮	⋮	⋮	⋮	⋮	⋮									
815	11	203	1,0	3	419	7,6	7	623	5,4	11	827	3,2			
816	0	204	7,6	4	408	5,4	8	612	3,2	0	816	1,0			
817	1	205	7,6	5	409	5,4	9	613	3,2	1	817	1,0			
⋮	⋮	⋮	⋮	⋮	⋮	⋮	⋮	⋮	⋮	⋮	⋮	⋮			
827	11	215	7,6	3	419	5,4	7	623	3,2	11	827	1,0	…	…	…

在复用器中需要插入数据段同步和数据场同步等格形编码信息。数据段同步信号是一个2电平4符号的数据,定义为1001,"1"对应符号"+5","0"对应符号"-5"。它在每个数据段的开始处取代 MPEG 同步字节(即原数据包同步),插入到8电平数据流中,以每77.3μs 间隔发生一次。在每个数据场的第0数据段的前面插入数据场同步。数据场同步是一个完整的数据段,它包括在接收机的均衡器中使用的训练序列 PN511、PN63 和 VSB 模式等,如图 5-23 所示。PN511 是长度为 511 位的伪随机序列,其生成多项式为

$$P(x) = x^9 + x^7 + x^6 + x^4 + x^3 + x + 1 \tag{5-41}$$

初始预置值为 010000000,也是"1"对应符号"+5","0"对应符号"-5"。PN63 是长度为 63 位的伪随机序列,也是"1"对应符号"+5","0"对应符号"-5",其生成多项式为

$$P(x) = x^6 + x + 1 \tag{5-42}$$

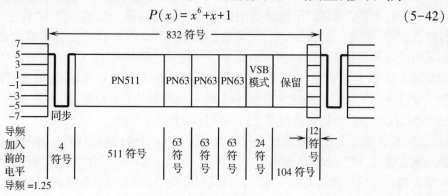

图 5-23　VSB 数据场同步

初始预置值为 100111。此伪随机序列重复 3 次,中间的 PN63 每经过一个数据场求一次反,以此区分一个数据帧中的两个数据场。VSB 模式占 3 个字节,头两个字节作为保留,第 3 个字节定义为 $PABC\ \overline{PABC}$,其中 P 是偶校验位,A、B、C 是实际的模式位。在 8VSB 模式下,此 3 个字节定义为 000010100101111101011010,在 16VSB 模式下,此 3 个字节定义为 000011110000111111000011。最后 104 个符号作为保留,建议填充连续的 PN63 序列。在 8VSB 模式下,其中的 92 个符号作为保留,后面的 12 个符号重复前一段的最后 12 个符号,供预置 NTSC 抑制滤波器用。另外,为产生一个小功率的导频信号,用一个小的直流电平(标称电平 1.25)叠加到每个 8 电平符号($\pm1,\pm3,\pm5,\pm7$)以及同步信号上。

3. 格形解码器

与段内交织格形编码器相匹配,ATSC 格形解码器使用 12 个并行的格形解码器,如图 5-24所示,每个格形解码器每 12 个符号处理一次。

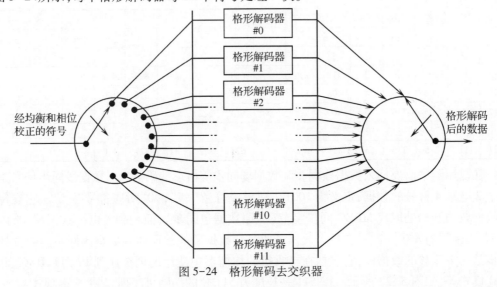

图 5-24　格形解码去交织器

格形解码器有两种模式:一种模式是使用 NTSC 抑制滤波器,用来抑制 NTSC 同频道干扰;另一种模式是不使用 NTSC 抑制滤波器。当只有很少或没有 NTSC 同频道干扰时,就不使用 NTSC 抑制滤波器,用一个优化的格形解码器来解码 4 状态格形编码数据。当存在显著的 NTSC 同频道干扰时,启用 NTSC 抑制滤波器。它是一个 12 符号的前馈减法梳状滤波器,如图 5-25 所示。使用具有记忆的 NTSC 抑制滤波器意味着状态的扩展,必须采用适应其局部响应的格形解码器进行解码。格形编码 12∶1 的交织正好对应 NTSC 抑制滤波器 12 符号延时,对于每个格形解码器只是 1 个符号的延时,因此只需要使用一种优化设计的 8 状态局部响应格形解码器,从而使状态(及硬件)扩展最小化。获得良好的 NTSC 同频道性能的代价仅是在白噪声性能上损失 3dB。

8VSB 数据流中存在的段同步符号没有经过格形编码和预编码,通过梳状滤波器后必须把它去除,以免影响格形解码。图 5-26 示出了 8VSB 接收机的段同步去除电路。图中的复用器通常连接上面的一路输入,将梳状滤波后的数据直接送到格形解码器,而在段同步之后的 12 个符号中的后 4 个符号期间,复用器连接到下面的一路输入,以得到被段同步所影响的 4 个格形编码器正确的差分信号,消除段同步的影响。

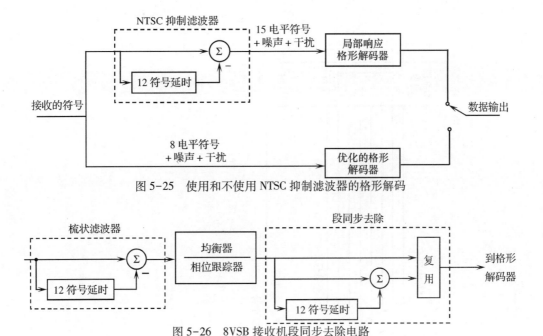

图 5-25 使用和不使用 NTSC 抑制滤波器的格形解码

图 5-26 8VSB 接收机段同步去除电路

5.2.8 VSB 数据帧和 VSB 频谱

1. 发射机框图和 VSB 数据帧

ATSC 制采用 VSB 调制方式,它有两种模式:8VSB 模式(用于地面广播)和 16VSB 模式(用于高数据率的有线电视系统)。

现以地面广播为例,对射频信号的形成作一简介。图 5-27 示出了 8VSB 发射机框图。由图可见,来自传送子系统的数据,在经过随机化(能量扩散)、RS 编码、交织和格形编码等处理后,形成传送数据帧;同时添加上同步信号和插入导频信号,再对一个载波进行 8VSB 调制;最后,射频信号经上变频后发送出去。

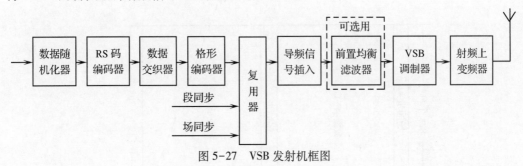

图 5-27 VSB 发射机框图

图 5-28 示出了 VSB 数据帧和段的结构。每一帧由两个数据场组成,每场有 313 个数据段。每场的第 1 个数据段是该场的场同步信号;其余的 312 个数据段中的每一段包含相当于一个传送包长的 188 字节和 FEC 编码所占字节共 208 字节。由于交织处理,实际上每个段的数据是分属于多个传送包的。在每个数据段中有 832 个符号,起始 4 个符号用作段同步,以二进制形式传输,它同时也表示 188 字节 MPEG 兼容传送包的同步字节。

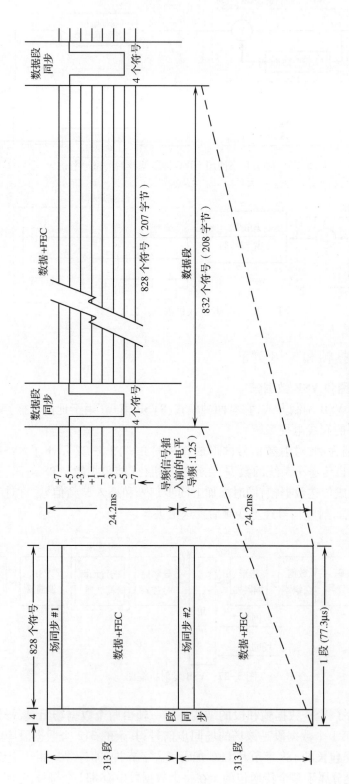

图5-28　VSB数据帧和段的结构

根据如图 5-28 所示数据帧结构,可计算出 8VSB 的符号率 R_s 和有效负载数据率 R_p 如下:

$$R_s = 832 \times (313 \times 2)/(24.2 \times 2 \times 10^{-3}) = 10.76 \text{MS/s} \tag{5-43}$$

$$R_p = (10.76 \times 2) \times 828/832 \times 312/313 \times 187/207 = 19.28 \text{Mb/s} \tag{5-44}$$

式(5-44)考虑了每个格形编码符号携带 2 个信息比特的关系。上列两个速率在频率上应相互锁定。由上述还可以推算出,来自传送子系统的传送流的速率为

$$R_{TS} = 2 \times 10.76 \times 188/208 \times 312/313 = 19.39 \text{Mb/s} \tag{5-45}$$

2. VSB 频谱

在 ATSC 发射机中(图 5-27),经信道编码等处理形成的 8 电平符号和二进制数据段、场同步一起对一个载波进行抑制载波的调制,并在传输之前将大部分下边带去除,从而形成一个 8VSB 已调射频信号,此信号的频谱示于图 5-29。其特点是平坦的中央部分和渐升渐降的两个边缘部分,这种频谱是经平方根升余弦滚降滤波器的滤波形成的。就图示标称幅频特性而言,0.707 以下部分所占带宽为 0.707 以上部分的 11.5%。另外,在离频带低端 310kHz 处,即被抑制载波的频率上有一个小功率的导频信号,它是供接收机恢复载波用的。图的下部还给出了 NTSC 制的频谱,以便作对比。

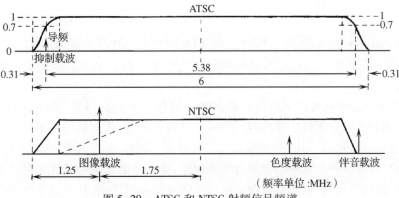

图 5-29 ATSC 和 NTSC 射频信号频谱

需要指出,ATSC 制的 8VSB 射频发送子系统实际上可以有两种工作模式,即基本业务模式和增强 8VSB(E8VSB)模式。如图 5-27 所示为基本业务模式框图,在双模式情况下,图中还要增加一些用于数据处理和附加信道编码的组成部分。这样,8VSB 系统的运行就可以在数据率和性能之间进行权衡。在增强模式下,可从 19.39Mb/s 基本数据率中分出一小部分来用于增强数据传输,而实施了附加信道编码的增强数据对一定的信道损伤具有较强的抗御能力。限于本书篇幅,本节的讨论只限于基本业务模式,对 E8VSB 模式不作更多介绍。

5.2.9 ATSC 制的主要性能

从卫星、有线和地面三种电视广播方式来讲,地面信道最为复杂,较易导致传输信号的失真。另外,当前世界各国采用电视制式的不统一也主要体现在地面广播方面。

国外对欧美不同的地面数字电视广播制式(ATSC 8VSB 制和 DVB-T COFDM 制)的性能已进行过不少测试比较,由于各种因素的影响,认识不尽一致。另外,随着科技的不

断进步,原先的不足之处,除非是制式本身原理性的固有缺陷,就有可能随后得到改进或克服。所以,在这里只是根据有关文献对制式性能给出一些可供参考的简要介绍,决不是结论性的评价。ATSC 8VSB 的主要性能如下述。

(1) 对加性高斯白噪声(Additive White Gaussian Noise, AWGN)信道的抗噪性能较好,载噪比(Carrier to Noise Ratio, C/N)门限值较低。这主要得益于采用了较好的 FEC 编码,包括(207,187)RS 码、深度达 52 段的交织和 2/3 编码率格形编码等。

(2) 多径接收的性能差一些。对于不太强的静止回波,可采用自适应均衡器减小其影响,但经不起强回波、动得快的回波或长的前回波的干扰影响。

(3) 在仅有一个同频道 NTSC 台干扰的情况下,可较简单地采用梳状滤波器或陷波器来抑制来自模拟电视的图像载波、色度副载波和伴音载波的干扰。

(4) 抗同频道数字电视干扰的性能较好,因为数字电视干扰具有 AWGN 的性质。

(5) 抗脉冲干扰(来自电力网、工业电气设备或家用电气装置)的性能较好,这也得益于所采用的 RS 码和交织深度。

(6) 抗连续波干扰的性能较差,因为这种干扰会给 8VSB 调制信号接收时的电平判别带来困难(眼图闭合)。

(7) 在多径、移动接收环境下,抗动回波和多普勒效应的性能较差,难以获得良好的接收效果。

(8) 8VSB 射频信号的峰均功率比主要由频谱成形滤波器的滚降系数决定,当后者为 11.5% 时,此比值较低。这在作为对邻频道的干扰源考虑时,对节省广播频道的发射功率是有利的。

(9) 用 6MHz 带宽可提供传输数字 HDTV 信号所需的比特率,并能启用 NTSC 制的禁用频道,用较小的发射机功率实现同样的广播覆盖范围,频谱利用效率较高。

ATSC 数字电视制式是一个传输制式。它规范了图像格式、压缩和传送句法,以及信号调制方式,对如何产生这样的信号并不作规定,把压缩的实施和硬件实现的细节留给有竞争性的广播设备市场,这样具有服从于市场需求的灵活性,有利于数字电视的发展。

除美国外,采用 ATSC 制的国家还有加拿大和韩国,有关改进与提高 ATSC 制性能的研究工作还在进行中。

5.3 DVB 数字电视制式

5.3.1 DVB 制的视频格式

前已提及,欧洲在放弃模拟高清晰度电视制式 HD-MAC 制之后,启动了 DVB 项目的研究。该项目的主要思路是在对 HD-MAC 制的研发进行总结的基础上,不直接针对高清晰度电视而先从标准清晰度电视入手来推进广播电视的数字化。首先制定的是用于卫星直播的 DVB-S 标准,继之是用于有线电视广播的 DVB-C 标准,然后才是用于地面广播的 DVB-T 标准。另外,还针对由这些主要广播方式派生出来的其他一些方式制定了相应的标准。因此,DVB 标准实际上是一个标准系列。

DVB 制在视频方面采用了 MPEG-2 的视频部分。DVB 制面向各种不同的应用类型,其中最主要的是 25Hz 帧频的 SDTV/HDTV 和 30Hz 帧频的 SDTV/HDTV,包括逐行扫描和隔行扫描,还顾及与模拟电视、电影、计算机等之间的交互操作。在每帧有效行数与每行有效像素数、帧频、隔行或逐行、幅型比等方面,DVB 制涵盖了众多的视频格式,有些帧频还允许双重数值,如 60/59.94、30/29.97、24/23.976、29.97/23.976 等,如表 5-4 所列。

表 5-4　DVB 制的视频格式

水平×垂直有效像素	幅型比	50Hz 逐行	60/59.94Hz 逐行	25Hz 逐行	25Hz 隔行	30/29.97Hz 24/23.976Hz 逐行	30Hz 隔行	29.97Hz, 隔行	29.97/23.976Hz, 逐行
1440×1152	16:9				√				
1920×1080	16:9		√		√	√	√	√	
1920×1035	16:9				√		√	√	
1280×720	16:9	√	√	√		√			
720×576	4:3/16:9	√		√	√				
544 480 352 }×576	4:3/16:9			√	√				
720×480	4:3/16:9		√			√	√	√	
640×480	4:3		√			√			
544 480 352 }×480	4:3/16:9							√	√
352×288	4:3/16:9	√							
352×240	4:3/16:9								√

　　DVB 在音频方面采用了 MPEG 音频标准。当澳大利亚采用 DVB-T 制而音频部分采用 AC-3 后,AC-3 音频也被吸纳入 DVB 标准。在 DVB 制的系列标准中,包含有采用 MPEG-2 系统的实施准则,它对使用 MPEG-2 标准的各层作出了具体规定。

　　在介绍 ATSC 制时已对 PES 包和 TS 包的形成作了较为详细的阐述。DVB 制的传送层同样是遵循 MPEG-2 标准的系统部分,这里就不再对码流的组成与格式进行过多说明。

　　DVB-S、DVB-C 在许多方面与 DVB-T 是相同的,为与 ATSC 制相对应,本节主要介绍 DVB-T 制。

5.3.2　DVB-T 制概述

1. DVB-T 制的设计要求

　　按 DVB-T 制采用的信道编码和射频信号形成的特点,它又被称为编码正交频分复用多载波制式。DVB-T 制的设计要求如下所述。

　　(1) 为使生产厂商能以可能的最低价格生产出 DVB 多制式接收机,DVB-T 应与

DVB-S 和 DVB-C 有尽可能多的相似点。

（2）要支持已用于 DVB-S 和 DVB-C 的"数据容器"模型。采用恰当的信道编码与调制方式，数据容器可以容纳各类数据或其混合（只要容器的容量允许），并在一个频道内实现准无误码（Quasi Error Free，QEF）传输，即在 1h 传输时间内未纠正的误码数不多于 1，相当于在 MPEG-2 解复用处误码率为 $10^{-11} \sim 10^{-10}$。

（3）DVB-T 的数据容器的尺寸应尽可能大，首先要适应 8MHz 的频道。

（4）该制式应设计成在用固定的屋顶天线的情况下可实现全面积覆盖，也支持便携式接收机收看（在固定接收模式下），不要求移动接收。

（5）系统具有单频网（Single-Frequency-Networks，SFN）运行能力。在单频网中，传输绝对相同的数据容器的相邻发射机可以用相同的频率。

（6）应包括作为任选项的分层调制。

2. DVB-T 系统功能框图

DVB-T 制的总体结构同样可以用 ITU-R 数字地面电视广播模型来表达。而从设计要求的主要方面（与 DVB-S 和 DVB-C 有最大共性和用单频网覆盖）考虑，DVB-T 制采用了图 5-30 所示的系统功能框图。其中内交织器之前是信道编码部分，随后是与正交频分复用（Orthogonal Frequency Division Multiplex，OFDM）调制相关的一些单元。总的来讲，为在地面信道传输条件较差的情况下满足设计要求采用了更多的抗干扰和防误码技术措施。图中虚线部分是在需要将码流分为高、低两种优先级传输时使用的，即系统可进行两层信道编码和调制。高优先级码流具有高抗扰性，但频带利用效率低些，而低优先级则相反。这种分层调制技术既可用于同一节目的两部分码流，也可用于内容不同的两个节目，以便在不同的载噪比等接收情况下得到最佳的接收效果。

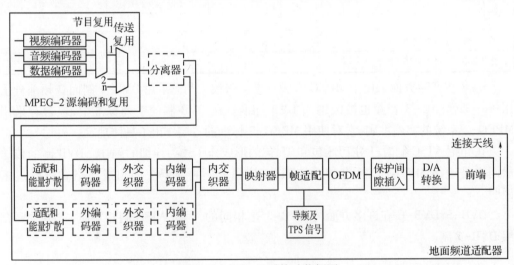

图 5-30　DVB-T 系统功能框图

3. DVB-T 制的抗回波技术

地面广播需要面对严重的回波干扰，特别是在单频网情况下还要面对来自邻近发射机的类似回波的同频道干扰，因此 DVB-T 制采用了具有强抗回波性能的 COFDM 技术。这项技术在此之前已用于欧洲的数字音频广播（Digital Audio Broadcasting，DAB）。

回波之所以会对数字电视广播产生重大影响,其主要原因在于数字电视的数据符号率高,符号持续时间短,在时间上延迟了的回波极易引起严重的符号间干扰(直射波某一符号的起始部分受到延迟了的回波中前一符号的尾部的干扰)。

COFDM 技术的主要措施是把需要传输的串行基带比特流分配到频率上紧密毗邻(频分)的许多独立(正交)的载波上。一组在给定时间内进行了这样处理的载波称为一个 COFDM 符号。由于并行载波的数量非常之大,符号的持续时间 T_s 远比比特流中 1bit 的持续时间大得多,实际上可长达 1ms。这样,延时远小于符号持续时间的回波就不再会引起符号间干扰。对于长延时回波,接收端还可以在符号持续期内留出一段暂停对符号值进行判别的空隙,待回波的影响过去之后再判决,以便消除它的干扰作用。这个时间空隙称为保护间隙(Guard Interval,GI),用 T_g 表示。实际上,在 COFDM 系统中再附加一些技术措施,还可以把回波从有害转变为有用。

在单频网情况下,回波还包括来自邻近地区发射机的相同 COFDM 符号,因此 T_g 越大,允许两发射机间相隔的距离越远。然而 T_g 是信道容量的未利用部分,所占比例不应太大。符号持续期中的有用部分用 T_u 表示,它直接关系到一个 COFDM 符号中各相邻载波间的频率间隔 f_Δ(二者互为倒数)。现举一例,如果 T_g 选为 200μs,以适应两发射机到接收点的最大传输路径长度差为 60km 的情况,而 T_s 取为 1ms,于是 $f_\Delta = 1/800$μs $= 1.25$kHz。在一个 8MHz 频道内将有 6000 多个载波并存,各自承载着一份基带比特流。

在实际中,发射端的 OFDM 调制是通过反离散傅里叶变换(Inverse Discrete Fourier Transform,IDFT)来实现的;在家用接收机中则要用一块可完成实时 DFT 解调的芯片,其处理的数据量一般取为 2 的幂。这样,与 6000 最接近的将是 $2^{13} = 8192 \approx 8$k,当选择 T_g 为 200μs 时,意味着在接收机中要有一个"8k"解调芯片。DVB-T 标准还允许另一种较少复杂性的"2k"工作模式。例如,$T_g = 50$μs,$T_u = 200$μs,$f_\Delta = 5$kHz,8MHz 内的载波数为 1600,取 $2^{11} = 2048$。

5.3.3 DVB-T 的信道编码

1. 能量扩散

DVB-T 的数据随机化(即能量扩散)电路,以及接收机去随机化电路如图 5-31 所示。随机化电路的输入信号是来自 MPEG-2 传送复用器的比特流,采用 188 字节传送包的格式,同步字节为 47_h,以字节最高有效位在前的顺序输入。PRBS 的生成多项式为

$$G(x) = 1 + x^{14} + x^{15} \tag{5-46}$$

移位寄存器每 8 个 MPEG-2 数据包初始化一次,初始值为 100101010000000。这 8 个数据包的第 1 个数据包的同步字节要由 47_h 进行比特翻转,变为 $B8_h$,以标志初始化的时刻。PRBS 的第 1 个比特位于翻转同步字节之后的第 1 个比特。在其他 7 个同步字节期间,PRBS 继续产生,但"使能"关断,使同步字节保持不变。PRBS 周期为 $8 \times 188 - 1 = 1503$ 字节。

2. 外编码

数据流经能量扩散后,信息字节连同同步字节一起进行外编码。DVB-T 制的外码采用 RS(204,188)码,它是由 RS(255,239)码缩短而成的。由于采用的是系统 RS 码,同步字节和信息字节编码后保持不变,只是在它们的后面加上 16 个校验字节,形成 204 字

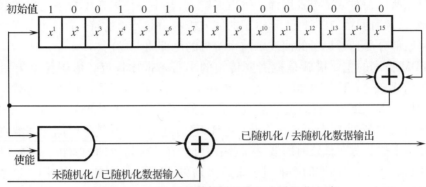

初始值 1 0 0 1 0 1 0 1 0 0 0 0 0 0 0

使能

未随机化/已随机化数据输入

已随机化/去随机化数据输出

图 5-31　DVB-T 的数据随机化和去随机化电路

节的纠错编码包,其纠错能力为 8 个字节。编码原理和域生成多项式与 5.2.3 节所述相同,校验生成多项式 $g(x)$ 为

$$g(x) = \prod_{i=0}^{15} (x - \alpha^i), \alpha = 02_h \qquad (5-47)$$

3. 外交织

数据流经外码编码后送到卷积交织器进行字节交织。DVB-T 制采用(204,12)交织器,交织原理与图 5-16 所示相同,只是 $M=17, I=12, N=IM=204$,交织深度为 12 个纠错编码包。RS(204,188)码经交织后具有纠正 $12 \times 8 = 96$ 字节长的突发错误的能力。同步字节交织后仍处于 204 字节数据包的第 1 个字节。

4. 内编码

内编码采用收缩卷积码,具有若干比特率的收缩卷积码是基于 1/2 编码率 64 状态的基本卷积码生成的。图 5-32 示出了 1/2 比率的基本卷积编码器的结构。基本卷积编码器具有 6 个移位寄存器,每输入 1 个比特 D_j,输出 2 个比特 X_j 和 Y_j,如下所示:

$$X_j = D_j + D_{j-1} + D_{j-2} + D_{j-3} + D_{j-6} \qquad (5-48)$$

$$Y_j = D_j + D_{j-2} + D_{j-3} + D_{j-5} + D_{j-6} \qquad (5-49)$$

用生成多项式可表示为 $X = 1 + x + x^2 + x^3 + x^6$,$Y = 1 + x^2 + x^3 + x^5 + x^6$。前者的系数为 8 进制的 171,记为 171_{oct},后者的系数 133_{oct}。

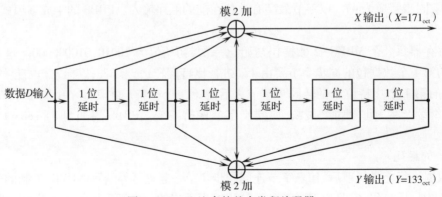

模 2 加　　　　　　　　　　　X 输出（$X=171_{oct}$）

数据 D 输入　1 位延时　1 位延时　1 位延时　1 位延时　1 位延时　1 位延时

模 2 加　　　　　　　　　　　Y 输出（$Y=133_{oct}$）

图 5-32　1/2 比率的基本卷积编码器

基本卷积码在 10^{-5} bit 误码率（BER）下,可获得 5.2dB 的编码增益,但传输比特率较低。为了能够根据给定的服务和比特率选择最适合的误码校正水平,内码编码允许对基本卷积码进行收缩,即不传送其中某些的比特。除 1/2 的基本编码率外,收缩卷积码还可具有 2/3、3/4、5/6 和 7/8 的编码率。在分层模式下两个并行的编码器可以具有各自的编码率。当然,在比特率提高的同时纠错能力也有所下降,路径间的最小自由距离由 1/2 编码率时的 10 分别下降为 6、5、4 和 3。表 5-5 示出了各种编码率的卷积收缩码图样,表中 1 和 0 分别代表传送和不传送的比特。X、Y 经并串（P/S）变换后形成串行比特流输出,X_1 在前。

表 5-5　卷积收缩码图样和输出序列

编码率 r	收缩图样	输出序列（P/S 变换后）
1/2	X:1 Y:1	$X_1 Y_1$
2/3	X:1 0 Y:1 1	$X_1 Y_1 Y_2$
3/4	X:1 0 1 Y:1 1 0	$X_1 Y_1 Y_2 X_3$
5/6	X:1 0 1 0 1 Y:1 1 0 1 0	$X_1 Y_1 Y_2 X_3 Y_4 X_5$
7/8	X:1 0 0 0 1 0 1 Y:1 1 1 1 0 1 0	$X_1 Y_1 Y_2 Y_3 Y_4 X_5 Y_6 X_7$

接收端对各种编码率的收缩卷积码均使用 1/2 编码率的维特比译码器。在将接收的码序列译码之前,首先要恢复收缩前的码序列图样,在被收缩的位置上插入一个特殊的符号"×"（意为 Don't Care）,不算在维特比译码统计的欧几里得距离之内。

5. 内交织

内交织包括比特交织和符号交织,图 5-33 以非分层 16QAM（Quadrature Amplitude Modulation,正交调幅）为例示出了内交织的步骤。首先在比特交织中,对来自内编码器的比特流 $\{x_i\}$ 进行解复用,分解为 v 个比特流 $\{b_{k,j}, k=0,1,\cdots,v-1\}$。$v$ 取决于调制方式,对于 QPSK（Quaternary Phase Shift Keying,四相移键控）,$v=2$;对于 $MQAM$,$v=\log_2 M$。例如对于 16QAM,$v=4$;对于 64-QAM,$v=6$。

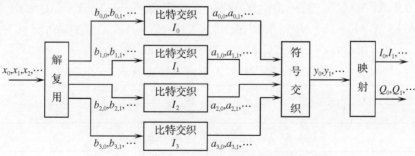

图 5-33　非分层 16QAM 的内交织和映射方框图

在非分层模式下分解关系为

$$x_i = b_{k,j}, k = \lfloor (i \bmod v)/(v/2) \rfloor + 2 \lfloor i \bmod (v/2) \rfloor, j = \lfloor i/v \rfloor \quad (5\text{-}50)$$

其中,符号$\lfloor \cdot \rfloor$表示向下取整运算。

在分层模式下,高优先级比特流$\{x_i'\}$分解为2个比特流$\{b_{k,j}, k=0,1\}$,分解关系为

$$x_i' = b_{k,j}, k = i \bmod 2, j = \lfloor i/2 \rfloor \quad (5\text{-}51)$$

低优先级比特流$\{x_i''\}$分解为$v-2$个比特流$\{b_{k,j}, k=2,3,\cdots,v-1\}$,分解关系为

$$x_i'' = b_{k,j}, k = \lfloor (i \bmod (v-2))/((v-2)/2) \rfloor + 2 \lfloor i \bmod ((v-2)/2) \rfloor + 2, j = \lfloor i/(v-2) \rfloor \quad (5\text{-}52)$$

将v个比特流$\{b_{k,j}\}$分别送入v个比特交织器I_k中,以126比特长的区间为单位进行比特交织。对于2k和8k模式,一个OFDM符号正好分别进行12次和48次比特交织操作。设输入比特向量$\boldsymbol{B}(k) = (b_{k,0}, b_{k,1}, \cdots, b_{k,125})$,交织输出比特矢量$\boldsymbol{A}(k) = (a_{k,0}, a_{k,1}, \cdots, a_{k,125})$,则交织关系为

$$a_{k,j} = b_{k,H_k(j)}, j = 0,1,\cdots,125 \quad (5\text{-}53)$$

式中:$H_k(j)$是交织器I_k的排列函数。当$v=6$时:$H_0(j)=j$;$H_1(j)=(j+63)\bmod 126$;$H_2(j)=(j+105)\bmod 126$;$H_3(j)=(j+42)\bmod 126$;$H_4(j)=(j+21)\bmod 126$;$H_5(j)=(j+84)\bmod 126$。

由v个比特交织器的输出形成数据符号$y_j' = (a_{0,j}, a_{1,j}, \cdots, a_{v-1,j})$,它们被顺序地读出,每$N$个符号形成一个矢量$\boldsymbol{Y}' = (y_0', y_1', \cdots, y_{N-1}')$,其中$N$对于2k和8k模式分别为1512和6048。每个矢量中的符号在符号交织器中进行交织。设$\boldsymbol{Y} = (y_0, y_1, \cdots, y_{N-1})$为符号交织后的矢量,则交织关系为

$$y_{H(2n)} = y_{2n}', y_{2n+1} = y_{H(2n+1)}', n = 0,1,\cdots,N/2-1 \quad (5\text{-}54)$$

其中,$H(q)$是排列函数,由以下程序定义:

$$q = 0;$$
$$\text{for}(i=0; i<M; i=i+1)$$
$$\{H(q) = (i \bmod 2) \cdot 2^{N_r-1} + \sum_{j=0}^{N_r-2} R_i(j) \cdot 2^j;$$
$$\text{if}(H(q)<N) \quad q=q+1;\}$$

其中,对于2k和8k模式M分别为2048和8192,$N_r = \log_2 M$,R_i是一个N_r-1位的二进制字,它是由另一个N_r-1位的二进制字R_i'通过比特重排得到的,表5-6和表5-7分别是2k和8k模式下的比特重排表。R_i'的定义是:

当$i=0,1,R_i'[N_r-2,N_r-3,\cdots,0]=00\cdots00$。当$i=2,R_i'[N_r-2,N_r-3,\cdots,0]=00\cdots01$。当$2<i<M,R_i'[N_r-3,N_r-4,\cdots,0]=R_{i-1}'[N_r-2,N_r-3,\cdots,1]$;$R_i'[9]=R_{i-1}'[0] \oplus R_{i-1}'[3]$(对于2k模式);$R_i'[11]=R_{i-1}'[0] \oplus R_{i-1}'[1] \oplus R_{i-1}'[4] \oplus R_{i-1}'[6]$(对于8k模式)。

表5-6 2k模式下的比特重排表

R_i'比特位置	9	8	7	6	5	4	3	2	1	0
R_i比特位置	0	7	5	1	8	2	6	9	3	4

表5-7 8k模式下的比特重排表

R_i'比特位置	11	10	9	8	7	6	5	4	3	2	1	0
R_i比特位置	5	11	3	0	10	8	6	9	2	4	1	7

6. 信号星座和映射

内交织后的数据符号 $y_q = (y_{0,q}, y_{1,q}, \cdots, y_{v-1,q})$ 被送到符号映射器,每一个符号对应二维星座图上的一个点,从而映射为该星座点坐标所对应的复数 $z_q = I_q + \mathrm{i}Q_q$。$I_q$ 和 Q_q 分别对相互正交的载波 $\cos(2\pi f_k t)$ 和 $\cos(2\pi f_k t + \pi/2) = -\sin(2\pi f_k t)$ 进行幅移键控(Amplitude Shift Keying, ASK)调制,然后相加得到调制载波 $S_{q,k}(t) = I_q \cos(2\pi f_k t) - Q_q \sin(2\pi f_k t)$。一个 OFDM 帧的所有载波均采用同一种星座调制,包括 QPSK、均匀或非均匀的 16QAM 和 64QAM。

在 QPSK 调制中,一个符号包含 2bit,即 $y_q = (y_{0,q}, y_{1,q})$,4 种符号对应星座图上的 4 个点,所映射的 I_q 和 Q_q 有两种取值,即 $I_q, Q_q \in \{1, -1\}$,如图 5-34 所示。$y_{0,q}$ 和 $y_{1,q}$ 取 "0" 对应 I_q 和 Q_q 取 "1";而 $y_{0,q}$ 和 $y_{1,q}$ 取 "1" 对应 I_q 和 Q_q 取 "-1"。由 I_q 和 Q_q 可生成4 种相位不同但幅度相同的调制载波:

$$\sqrt{2}\cos(2\pi f_k t + \pi/4),\ \sqrt{2}\cos(2\pi f_k t - \pi/4),\ \sqrt{2}\cos(2\pi f_k t + 3\pi/4) \ \text{和} \sqrt{2}\cos(2\pi f_k t - 3\pi/4)$$

因此称为四相键控调制即 QPSK。若原始数字序列的比特率为 R,则经 QPSK 调制后的符号率为 $R/2$,提高了信号传输的效率。

在 MQAM 调制中($M = 16, 64$),一个符号包含的比特数为 $\log_2 M$,一共 M 种符号对应星座图上的 M 个点,所映射的 I_q 和 Q_q 有 $\sqrt{M}$ 种取值,即

$$I_q, Q_q \in \{-\alpha - 2k, \alpha + 2k\}, \quad k = 0, 1, \cdots, \sqrt{M}/2 - 1 \tag{5-55}$$

式中,当 $\alpha = 1$ 时,对应均匀 MQAM 星座;当 $\alpha = 2$ 或 $\alpha = 4$ 时,对应非均匀 MQAM 星座。

DVB-T 制在非分层传输时采用 $\alpha = 1$ 的均匀星座,在分层传输时可采用均匀星座,也可采用 $\alpha = 2$ 或 $\alpha = 4$ 的非均匀星座,图 5-35 示出了均匀 16-QAM 星座的例子。星座的映射方式为格雷映射。以均匀 16-QAM 为例,数据符号的比特顺序为 $(y_{0,q}y_{1,q}y_{2,q}y_{3,q})$,其中偶数比特 $(y_{0,q}y_{2,q})$ 和奇数比特 $(y_{1,q}y_{3,q})$ 分别决定 I_q 和 Q_q 的取值,前者的格雷顺序:00,01,11,10,对应后者从大到小的顺序:3,1,-1,-3。

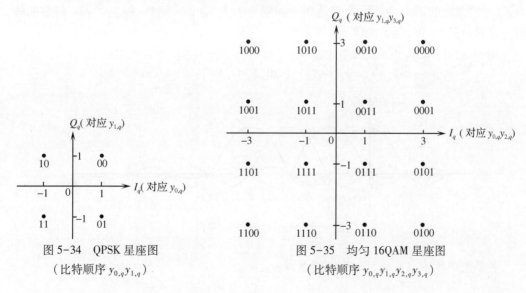

图 5-34　QPSK 星座图
（比特顺序 $y_{0,q}y_{1,q}$）

图 5-35　均匀 16QAM 星座图
（比特顺序 $y_{0,q}y_{1,q}y_{2,q}y_{3,q}$）

由 I_q 和 Q_q 分别对相互正交的载波调制后,可生成 M 种不同相位或不同幅度的调制

载波,因此称为 M 正交幅度调制即 $MQAM(M=16,64)$。若原始数字序列的码率为 R,则经 $MQAM$ 调制后的符号率为 $R/\log_2 M$。M 越大,传输效率越高,但在相同的信号平均功率 S 下,星座点的最小欧氏距离 d 越小,抗误码性能越差。

5.3.4 编码正交频分复用(COFDM)信号的形成与传输

在 5.3.2 节中已定性地介绍过 DVB-T 制采用的抗回波技术,本节对此作进一步的解析讨论。在多径传播下,当多径延时 τ 较大时,相关带宽 $\Delta f = 1/\tau$ 可能小于信号带宽,造成频率选择性衰落。例如,设 $x(t)$ 的频谱为 $X(j2\pi f)$,则 $x(t)+x(t-\tau)$ 的频谱为

$$2e^{-j\pi f/\Delta f}\cos(\pi f/\Delta f)X(j2\pi f)$$

频率选择性衰落相当于信道的冲激响应在时间上展宽,从而产生严重的符号间干扰。正交频分复用(Orthogonal Frequency Division Multiplexing,OFDM)是一种多载波并行传输方式,符号率降低 $1/N$ 的数据符号并行地在 N 路载波中传送,使每路载波的带宽远小于 Δf,从而有效地抑制因频率选择性衰落造成的符号间干扰。但多径传播还会引起平坦性衰落和多普勒频移,使 OFDM 各载波间的正交性受到破坏。COFDM(Coded OFDM)借助编码和交织,使各路载波受到的衰落近似统计独立,从而消除了平坦性衰落及多普勒频移的影响。

1. OFDM 原理

设待传输数据符号的持续时间为 T_u,载波频率为 f_c,则 OFDM 的 0 时刻的 N 个载波单元定义为

$$g_k(t)=\begin{cases}e^{i2\pi f_k t} & 0\leqslant t<T_u,k=0,1,\cdots,N-1 \\ 0 & 其他\end{cases} \tag{5-56}$$

其中

$$f_k=f_c+k/T_u,k=0,1,\cdots,N-1 \tag{5-57}$$

$\{g_k(t)\}$ 的频谱如图 5-36 所示,它是 N 个间隔为 $1/T_u$ 的 sinc 函数,每一个 sinc 函数的峰值正好对应其他 sinc 函数的零点。

用 $\{\psi_{j,k}(t)\}$ 表示全部载波单元,其中

$$\psi_{j,k}(t)=g_k(t-jT_u),k=0,1,\cdots,N-1;-\infty<j<\infty$$

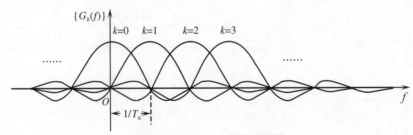

图 5-36 $\{g_k(t)\}$ 信号的频谱

各载波单元 $\psi_{j,k}(t)$ 满足如下正交条件:

$$\int_{-\infty}^{\infty}\psi_{j,k}(t)\psi_{j',k'}^*(t)\mathrm{d}t=\begin{cases}0 & j\neq j' \text{ 或 } k\neq k' \\ T_u & j=j' \text{ 和 } k=k'\end{cases} \tag{5-58}$$

式中:符号"$*$"表示复共轭。设$\{c_{j,k}\}_{k=0,1,\cdots,N-1}$是$jT_u$时刻用复数表示的待传输的数字信号,则它对载波单元$\{\psi_{j,k}(t)\}_{k=0,1,\cdots,N-1}$调制得到的复用信号称为该时刻的 OFDM 符号:

$$c_j(t) = \sum_{k=0}^{N-1} c_{j,k}\psi_{j,k}(t) \tag{5-59}$$

整个 OFDM 信号为

$$c(t) = \sum_{j=-\infty}^{\infty} c_j(t) \tag{5-60}$$

利用$\{\psi_{j,k}\}$的正交性,在接收端可由下式解调出$c_{j,k}$:

$$c_{j,k} = \frac{1}{T_u}\int_{-\infty}^{\infty} c(t)\psi_{j,k}^*(t)\mathrm{d}t \tag{5-61}$$

式(5-59)中,当$j=0$时,相当于当前的 OFDM 信号,令$d_k=c_{0,k}=a_k+\mathrm{i}b_k$,则此时

$$c(t) = c_0(t) = \sum_{k=0}^{N-1} d_k\mathrm{e}^{\mathrm{i}2\pi f_k t}$$

$$= \sum_{k=0}^{N-1}(a_k\cos2\pi f_k t - b_k\sin2\pi f_k t) + \mathrm{i}\sum_{k=0}^{N-1}(a_k\cos2\pi f_k t + b_k\sin2\pi f_k t), 0 \leqslant t < T_u \tag{5-62}$$

实际传输的 OFDM 信号只是$c(t)$的实部,即

$$c_r(t) = \mathrm{Re}\Big[\sum_{k=0}^{N-1} d_k\mathrm{e}^{\mathrm{i}2\pi f_k t}\Big] = \mathrm{Re}[\mathrm{e}^{\mathrm{i}2\pi f_c t}D(t)] \tag{5-63}$$

其中

$$D(t) = \sum_{k=0}^{N-1} d_k\mathrm{e}^{\mathrm{i}2\pi\frac{k}{T_u}t} \tag{5-64}$$

以T_u/N为间隔对$D(t)$采样,得到

$$D_n = \sum_{k=0}^{N-1} d_k\mathrm{e}^{\mathrm{i}2\pi kn/N} = \mathrm{IFFT}[d_k] \tag{5-65}$$

即D_n是复数序列d_k的逆离散傅里叶变换。使D_n通过一个通带为$[0, N/T_u]$的低通滤波器就可以得到$D(t)$。由式(5-63)对$D(t)$的实部和虚部进行正交调制即可得到实际传输的 OFDM 信号:

$$c_r(t) = \mathrm{Re}[\mathrm{e}^{\mathrm{i}2\pi f_c t}D(t)] = \mathrm{Re}[D(t)]\cos2\pi f_c t - \mathrm{Im}[D(t)]\sin2\pi f_c t \tag{5-66}$$

对每一路载波采用 QPSK 调制(即d_k是 QPSK 的符号)时,称为 QPSK-OFDM;而采用 QAM 调制(即d_k是 QAM 的符号)时,称为 QAM-OFDM。

与此过程相反,接收端先通过正交解调,得到$D(t)$的实部和虚部,离散化后再用 FFT 解调出复数序列d_k。

OFDM 与一般传统频分复用(Frequency Division Multiplex,FDM)的主要区别是,由于存在正交性,它的不同载波的频谱可以如图 5-35 那样相互交叠,从而获得最佳的频谱利用率(每单位带宽的比特率)。

2. 保护间隙和用 FFT 实现的 OFDM 系统

地面数字电视的传输频谱很宽,而在具体实现中,OFDM 的载波数目N是有一定限制的,因而可能存在残余的频率选择性衰落。多径反射的回波相当于信道冲激响应的展宽,使前一个符号的尾部拖延到后一个符号的开始部分。因此可以在每个单元信号之前设置

保护间隙 T_g,在接收机中对每个符号开始的 T_g 时间内的信号不予考虑,以此来消除多径延时小于 T_g 的码间干扰。保护间隙的插入使频谱利用率略有下降。此时传送符号的持续期

$$T_s = T_u + T_g \tag{5-67}$$

式中:T_u 为有效符号持续期,取 T_g 大于信道冲激响应 $h(t)$ 的弥散时间 τ,如图 5-37 所示。

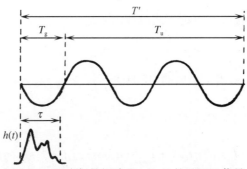

图 5-37　具有保护间隙 $T_g = T_u/4$ 的 OFDM 信号

由图 5-37 可见,插入保护间隙的方法是 IFFT 尾部的数据复制到 T_g 部分。

在 DVB-T 标准中,保护间隙 T_g 可取为有效符号时间 T_u 的 1/4、1/8、1/16 或 1/32。另外,二者都表示为某一基本时间 T 的整数倍,对应于 8MHz、7MHz 和 6MHz 的频道,T 的取值分别为 7/64μs、1/8μs 和 7/48μs。表 5-8 示出了在 8MHz 频道情况下标准允许的 T_g、T_u 和 T_s 的取值。由表中数据可见,8k 模式可经受强的长延时回波,可支持在大地区范围内采用单频网覆盖。

表 5-8　允许的 T_g、T_u 和 T_s 的取值

模式	8k				2k			
T_g/T_u	1/4	1/8	1/16	1/32	1/4	1/8	1/16	1/32
T_u	8192T,896μs				2048T,224μs			
T_g	2048T	1024T	512T	256T	512T	256T	128T	64T
	224μs	122μs	56μs	28μs	56μs	28μs	14μs	7μs
$T_s = T_u + T_g$	10240T	9216T	8704T	8448T	2560T	2304T	2176T	2112T
	1120μs	1008μs	952μs	924μs	280μs	252μs	238μs	231μs

图 5-38 示出了用 IFFT 实现的 OFDM 系统发送端方框图。

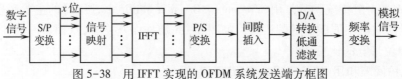

图 5-38　用 IFFT 实现的 OFDM 系统发送端方框图

在图 5-38 中,输入数据首先进行 1 路至 N 路的串/并(S/P)变换,然后将每 x 位分为一组,每组映射到二维星座图中的一个复数。N 路复数在 IFFT 处理单元进行逆快速傅

里叶变换,然后由并行再变换回串行数据,并插入保护间隙 T_g,经 D/A 变换、低通滤波和频率变换(正交调制)后形成 OFDM 信号。

3. COFDM

OFDM 解决了多径环境中的频率选择性衰落,但对信道的平坦性衰落,即各载波幅度服从端利分布的衰落还不能有效地克服。采用信道编码与 OFDM 相结合的 COFDM 可以较好地解决这个问题。由式(5-58)可知,理论上只要 j 或 k 不同,$\psi_{j,k}$ 之间都是正交的。但当 j 或 k 相差较小时,或者说子信号在时间上或频率上较接近时,由于信道平坦性衰落的影响,会破坏它们之间的正交性而造成码间干扰。COFDM 实际上就是包含 5.3.3 节所述内交织的 OFDM 系统。内交织实现的是频率交织(对应符号交织)和时间交织(对应比特交织),使高比特率的相继的数据信号分布在距离较远的 $\psi_{j,k}$ 上,用内编码将它们相连,这样就可使编码后数据信号所受到的衰落具有统计独立性,倾向于互相补偿和抵消。图 5-38 示出了一个 COFDM 系统发送端的方框图。

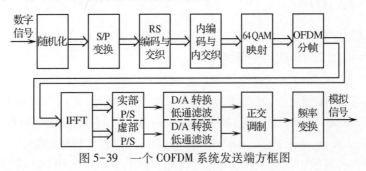

图 5-39　一个 COFDM 系统发送端方框图

在图 5-39 所示 COFDM 调制器中,数据码流首先进行数据随机化(即能量扩散),然后进行串/并变换形成字长 8 位的并行数据。并行的数据流首先进行 RS 外编码与交织,然后进行卷积内编码与内交织,以抑制信号的平坦性衰落。内交织以后的符号进行 64QAM 星座映射。在 OFDM 分帧中包括插入为接收端解调所需要的同步定时信息。N 路信号组成的 N 维复矢量进行 IFFT,对 IFFT 输出的复矢量的实部和虚部分别进行并/串变换、插入保护间隙、D/A 转换和低通滤波。随后对虚部信号和实部信号进行正交调制,即分别乘以 $\cos 2\pi f_c$ 和 $-\sin 2\pi f_c$ 后再相加,在 f_c 所规定的中频频带上形成 COFDM 信号。正交调制后的信号最后经频率变换搬移到射频,馈送至天线发射出去。

在接收机中对 COFDM 信号的解调按与上述调制过程相反的顺序进行。

4. 传输帧的结构

插入保护间隙 T_g 后,有效载波单元 $\psi'_{j,k}(t)$ 和传送载波单元 $\psi_{j,k}(t)$ 可分别表示为

$$\psi'_{j,k}(t) = g_k(t-jT_s) \tag{5-68}$$

$$\psi_{j,k}(t) = g'_k(t-jT_s) \tag{5-69}$$

其中

$$g'_k(t) = \begin{cases} e^{i2\pi f_k(t-T_g)} & 0 \leqslant t < T_s, k=0,1,\cdots,N-1 \\ 0 & \text{其他} \end{cases} \tag{5-70}$$

OFDM 信号为

$$c(t) = \sum_{j=-\infty}^{\infty} \sum_{k=0}^{N-1} c_{j,k} \psi_{j,k}(t) \tag{5-71}$$

理论上,在接收端 $c_{j,k}$ 由下式恢复:

$$c_{j,k} = \frac{1}{T_u} \int_{-\infty}^{\infty} c(t) \psi'^{*}_{j,k}(t) \mathrm{d}t \tag{5-72}$$

DVB-T 的射频发送信号由帧组成。每帧含 68 个 COFDM 符号,每 4 帧组成一个超帧。令一个符号中的最小载波序号为 = 0,最大载波序号为 K_{max},则在 8k 模式下 K_{max} = 6816,在 2k 模式下 $K_{max} = 1704$。发射信号可表示为

$$c_r(t) = \mathrm{Re}\Big\{ \sum_{m=0}^{\infty} \sum_{l=0}^{67} \sum_{k=0}^{K_{max}} c_{m,l,k} \psi_{m,l,k}(t) \Big\} \tag{5-73}$$

式中

$$\psi_{m,l,k}(t) = \begin{cases} e^{i2\pi f_k[t-(l+68m)T_s]}, & (l+68mT_s) \leqslant t \leqslant (l+68m+1)T_s \\ 0, & \text{其他} \end{cases} \tag{5-74}$$

式中:m 为传输帧序号;l 为 COFDM 符号序号;k 为载波序号;$c_{m,l,k}$ 为用复数表示的第 m 帧中数据符号 l 的载波 k 个所传输的数字信号。

在 COFDM 帧中,除传输电视节目等业务数据外,还需为接收端提供实现良好接收所需要的其他信息,例如帧同步、频率同步、时间同步、信道估计、传输方式和参数,以及相位噪声跟踪等。为此在 DVB-T 的传输帧中插入了参考信号(包括分散导频和连续导频)和传输参数信号(Transmission Parameter Signalling,TPS),而且前者以加强的功率发射。

分散导频在传输帧中的插入位置遵循这样的规律:在一个 COFDM 符号中的每第 12 个载波处出现 1 个。同时,在下一个符号中出现导频的载波序号偏移 3。其位置每 4 个符号重复一次,如图 5-40 所示。图中圆圈表示数据,黑点表示用加强的功率。连续导频的传输被选定在传输帧中一些固定的载波位置上,在 2k 模式下共插入 45 个连续导频,其所在位置的载波序号依次是 0,48,54,87,141,…,1323,1377,1491,1683,1704。在 8k 模式下共插入 177 个连续导频,其所在位置的载波序号除上述 45 个外,再加上 1752,1758,1791,1845,1860,…,6435,6489,6603,6795,6816 等 132 个。连续导频与分散导频有部分是重叠的。连续导频未在图 5-40 中示明。

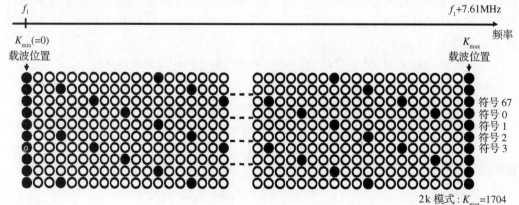

图 5-40　DVB-T 传输帧的结构

TPS 中包含的信息主要有:载波调制方式、内编码比特率、保护间隙、2k/8k 模式和超帧中的帧数等。一个 TPS 块包括 68 个比特,它由每一传输帧中每个 COFDM 符号传送的 1 个 TPS 比特组成。它们的功能是 1 比特用于初始化,16 比特用于同步,37 比特用于传送信息,14 比特用于误码保护。其中,37 个信息比特尚未全部使用。

在 2k 和 8k 模式下,每个 COFDM 符号中分别有 17 个和 68 个载波(前者序号为 34,50,209,…,1687,后者再加上 1738,1754,1913,…,6799)用于传输 TPS。每个符号中的所有 TPS 载波都传送相同的信息比特,采用的调制方式是差分二进制相移键控(Differential Binary Phase Shift Keying,DBPSK)并以标称功率发送。TPS 未在图 5-39 中示明。

5. 数据传输效率

在 DVB-T 中,数据符号中各载波的调制方式可以是 QPSK、16QAM 或 64QAM。不同的方式对应不同的数据传输容量和不同的抗御噪声和干扰的能力。另外,选择不同的卷积编码的编码率还可对系统的性能作进一步的协调。表 5-9 列出了在一个 8MHz 频道内,对于各种可能的调制方式与编码率 r 的组合,DVB-T 在有效负载数据传输效率方面的性能(已考虑插入导频等影响效率的各种因素;T_g 取为 $T_u/4$)。2k 和 8k 模式具有相同性能。

表 5-9　DVB-T 制的有效负载数据传输效率

编码率 r 调制方式	1/2	2/3	3/4	5/6	7/8
QPSK	0.62	0.83	0.93	1.04	1.09
16QAM	1.24	1.66	1.87	2.07	2.18
64QAM	1.87	2.49	2.80	3.11	3.27
注:表内数据单位为每 1Hz 频带以 b/s 计量的传输速率					

5.3.5　DVB-T 制的主要性能

DVB-T 制的主要性能如下述。

(1) 多径接收的性能好。能够抗御高电平(0dB)、长延时的回波干扰。

(2) 可用于移动接收。为了可靠的移动接收,最好采用编码率 r 为 1/2 或 2/3 的 QPSK 或 r 为 1/2 的 16QAM 和 2k 工作模式。这时的比特率虽难以达到 HDTV 的要求,但能提供 SDTV 和多媒体业务。由于移动和固定接收要求的工作模式不同,如欲在一个频道内同时提供两种业务,则应采用分层调制技术(图 5-29)。

(3) 在 AWGN 信道模型下的载噪比门限值比 ATSC 制的稍高一些。其因素有:①为了实现与 DVB-S 和 DVB-C 的共同性,采用的是 RS(204,188)码,交织深度为 12 段,其强度不如 ATSC 制;②也是为了共同性采用了收缩卷积码,而 ATSC 制采用的是 $r=2/3$ 的格形编码;③为了快速多径信道跟踪和抗干扰而采取的措施(如插入用加强功率发射的导频等)带来的负面影响。

(4) 频谱利用效率方面的长处和短处。①多载波的 OFDM 信号,其频谱曲线两侧陡峭,频带利用效率比单载波的高;②保护间隙和导频的采用,减小了信道容量的有效利用;③单频网可在频谱规划上节省大量频谱资源。

（5）在6MHz带宽下可提供的传输数字电视信号的比特率稍低些。DVB-T制原来是针对8MHz频道设计的,如果对有关频率作适当调整,也可将其用于7MHz或6MHz频道。然而,由于其存在保护间隙和导频等不利于有效利用信道容量的因素,在用与ATSC制相当的信道编码的情况下,可提供的传输码率要低些。

（6）抗同频道模拟电视台的图像载波、色度副载波和伴音载波干扰的性能好,因为在COFDM符号中的大量载波中只有个别载波受到影响,接收时可将其舍弃不用,这与ATSC制的情况类似。

（7）在采用多频网的情况下,抗同频道数字电视干扰的性能比ATSC制稍差一些,因为这种干扰类似高斯白噪波。

（8）抗脉冲干扰的性能比ATSC制稍差一些。因为所用RS码和交织深度不如ATSC制的强。

（9）抗连续波干扰的性能极好。因为这种干扰是单频或窄带的,对多载波的DVB-T无甚影响。

（10）COFDM射频信号的峰均功率比不太受滤波的影响,比ATSC制的高一些。

目前,作为一种欧洲电视标准的DVB-T制,已被众多的欧洲国家所采用,如英国、法国、德国、西班牙、瑞典、葡萄牙、俄罗斯等。另外,原来采用PAL制或SECAM制模拟电视的其他洲的一些国家,也采用DVB-T制,如澳大利亚、新西兰、印度、新加坡等。

5.3.6 DVB-S制与DVB-C制

1. DVB-S制

DVB-S制规定了在固定卫星业务（Fixed Satellite Service, FSS）和广播卫星业务（Broadcasting Satellite Service, BSS）11/12GHz频段,用于一次和二次卫星数字多路节目TV/HDTV业务分配的信道编码和调制系统。该系统不仅可为消费级综合接收解码器（Integrated Receiving Decoder, IRD）提供直接到户（Direct to Home, DTH）的卫星直播业务,而且可以通过重新调制用于卫星共用天线系统（Satellite Master Antenna Television, SMATV）和有线电视前端。由于卫星广播的功率受到限制,DVB-S重点考虑的是为提供稳定服务所需的信号抗干扰编码与调制。

DVB-S定义了从MPEG-2复用器到射频卫星信道之间,对电视基带信号进行适配处理的各个功能模块,如图5-41所示。图中能量扩散、外编码、卷积交织、内编码等部分与DVB-T制相同。考虑到卫星广播发射功率小、信道干扰大,DVB-S采用平均功率小、星座点欧几里得距离大的QPSK调制方式。为了消除码间串扰,经星座图映射的I、Q信号在调制之前要进行平方根升余弦滚降滤波,即基带成型（图5-41）。滤波器的传递函数为

$$H(f) = \begin{cases} 1, & |f| < f_N(1-\alpha) \\ \left\{ \dfrac{1}{2} + \dfrac{1}{2}\sin\dfrac{\pi}{2f_N}\left[\dfrac{f_N - |f|}{\alpha}\right] \right\}^{\frac{1}{2}}, & f_N(1-\alpha) \leqslant |f| \leqslant f_N(1+\alpha) \\ 0, & |f| > f_N(1+\alpha) \end{cases} \quad (5-75)$$

式中:$f_N = 1/(2T_s) = R_s/2$是奈奎斯特频率,T_s是符号周期,R_s是符号率;$\alpha = 0.35$是滚降

系数。

DVB-S 可提供准无误码的质量指标。

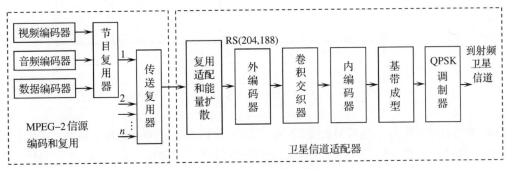

图 5-41 DVB-S 系统功能框图

2. DVB-C 制

DVB-C 制规定了在有线电视系统业务中将基带数字电视信号与有线电视信道特性相适配的信道编码和调制方法。基带数字电视信号源包括卫星广播节目、本地节目或其他外来分配节目。图 5-42 示出了其各个功能模块。

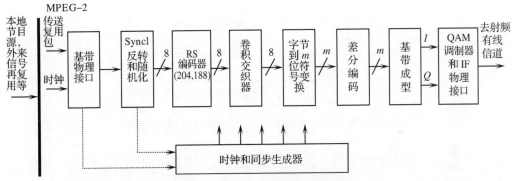

图 5-42 DVB-C 前端系统功能框图

在 DVB-C 系统中,从能量扩散到卷积交织的处理与 DVB-S 制及 DVB-T 制相同,以便于 3 种传输方式间的转换。CATV 的传输环境比较可靠,重点考虑的是提高传输效率。为此,DVB-C 制不再使用卷积编码,调制方式也改用 QAM 调制。

卷积交织后进行字节到符号的映射。如图 5-43 所示,从调制系统的字节边界开始,符号 Z 的最高位(Most Significant Bit,MSB)取自字节 V 的 MSB,一个字节所剩的比特与下一个字节的部分高位组成下一个符号。对于 2^mQAM,将 k 个字节映射到 n 个符号,使得 $8k=nm$。图 5-43 是 64QAM($m=6,k=3,n=4$)的情况。

为了获得 $\pi/2$ 旋转不变的星座图,对每个符号的最高有效位 A_k 和次最高有效位 B_k 进行差分编码:

$$I_k = \overline{(A_k \oplus B_k)}(A_k \oplus I_{k-1}) + (A_k \oplus B_k)(A_k \oplus Q_{k-1}) \tag{5-76}$$

$$Q_k = \overline{(A_k \oplus B_k)}(B_k \oplus Q_{k-1}) + (A_k \oplus B_k)(B_k \oplus I_{k-1}) \tag{5-77}$$

I_k、Q_k 与符号中的其余比特一起进行星座图的映射。星座图可采用 16QAM、32QAM、64QAM、128QAM 或 256QAM,接收机至少应支持 64-QAM 调制。图 5-44 给出了 64-

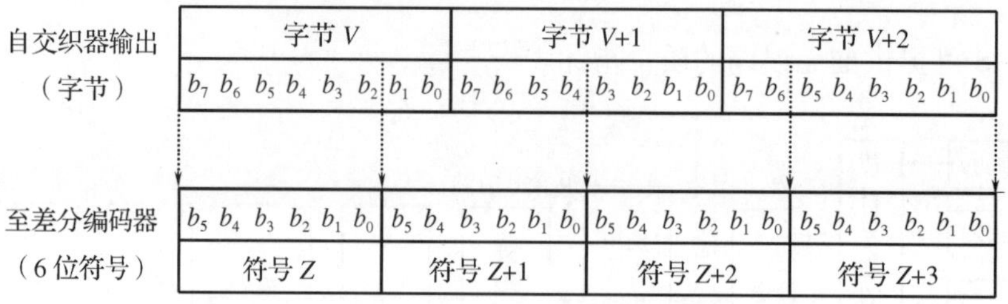

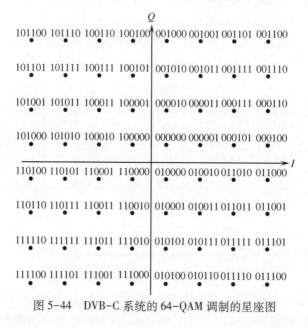

图 5-43 用于 64-QAM 的字节到 m 比特符号变换

QAM 调制的星座图。星座符号的 MSB 和次 MSB 分别为 I_k 和 Q_k，从第 1 到第 4 象限的排列顺序为 00、10、11、01。星座符号的其余比特是四象限对称的。I_k、Q_k 的差分编码与其余比特的对称性使星座图具有 $\pi/2$ 旋转不变性，即使接收机两个相互正交的 QAM 载波由于失锁引起相位旋转 $\pi/2$ 的整数倍，仍可实现正确的 QAM 解调。

图 5-44　DVB-C 系统的 64-QAM 调制的星座图

经星座图映射的 I、Q 信号在调制之前也要进行平方根升余弦滚降滤波，滤波器形式与 DVB-S 相同，只是滚降系数为 $\alpha=0.15$。

5.4　ISDB-T 数字电视制式

日本 NHK 从 1983 年开始就从事综合业务数字广播（Integrated Services Digital Broadcasting, ISDB）方面的研发。这种系统本来是包括地面信道而并非专用于地面信道的。但自美国研究成功用于地面数字电视广播的 ATSC 制和欧洲推出 DVB-T 制之后，日本为了保护本国利益，也于 1998 年推出了 ISDB-T 标准。按其采用的技术特点，它又被称为频带分段传输正交频分复用（Band Segmented Transmission - OFDM, BST-OFDM）制式。与 DVB-T 制一样，它也是一种多载波制式。ISDB-T 制采用 MPEG-2 传送流的标准接口;能在 MPEG-2 传送流的基础上直接进行信号分合处理。

5.4.1　ISDB-T 制的设计要求

日本从实际情况出发,要求数字广播除了能提供高质量的视频和音频业务外,还应该能提供具有吸引力的多媒体业务,所采用的传输方法必须有足够的灵活性和可扩展性。ISDB-T 的设计要求包括:

(1) 能提供各种各样的视频、音频和数据业务;

(2) 足以抗御多径和衰落的干扰,使便携式接收和移动接收成为可能;

(3) 既有专用于电视、声音与数据的单一用途接收机,也有全综合型接收机;

(4) 足以灵活地提供不同的业务组合和保证可灵活地使用传输容量;

(5) 具有足够的可扩展性,以便满足将来的需要;

(6) 适应单频网工作;

(7) 可有效利用尚未占用的频率;

(8) 可以与现有模拟业务和其他数字业务共存。

5.4.2　ISDB-T 制的传输技术

1. 概述

为了满足上述要求,ISDB-T 制除采用 DVB-T 制的正交频分复用多载波和在时域插入保护间隙等技术措施外,它的主要特点是,一个 BTS-OFDM 信道是由一组称为 OFDM 段的频率单元组成的,每一个 OFDM 段可以独立地选定一种共同的载波使用结构(如调制方式与传输参数、内编码码率等)。OFDM 段按帧传输,也称 OFDM 帧。ISDB-T 制通过发送具有不同传输参数的 OFDM 段的分组,可以实现分层发送,总层数为 3。

ISDB-T 系统有窄带(约 430kHz)和宽带(约 5.6MHz)两种。窄带 ISDB-T 用于音频与数据广播。宽带 ISDB-T 的第 1 类应用是发送 HDTV 节目(可包括数据);第 2 类应用是多节目广播,包括固定和移动的 SDTV 和数据业务。另外,在第 2 类应用中,还可以把处于频带中心位置的 OFDM 段规定为传输音频与数据的专用段,供窄带接收机对其进行分离接收。按不同应用场合,接收机的类型有:① 具有 5.6MHz OFDM 解调器和 HDTV 显示器的全综合型接收机,可全面接收宽带和窄带各类业务;② 具有 5.6MHz OFDM 解调器和较小 SDTV 显示器的移动接收机,可接收窄带和宽带第 2 类业务;③ 具有 430kHz OFDM 解调器的专供接收音频与数据业务的轻便型接收机。

2. 传输参数和传输帧

宽带 ISDB-T 的 OFDM 段数 $N_s = 13$,窄带的 $N_s = 1$。每一 OFDM 段的带宽为 3000/7kHz。OFDM 段中载波的调制方式可以是 DQPSK,称为差分调制型 OFDM 段;或 QPSK、16QAM、64QAM,称为相关调制型 OFDM 段。内编码为卷积码,编码率 r 可为 1/2,2/3,3/4,5/6,7/8。外编码用 RS(204,188)。交织处理包括时域和频域。每个时域传输帧(OFDM 帧)包含 204 个符号。根据 OFDM 符号中载波间隔的不同,ISDB-T 有 3 种工作模式,表 5-10 给出了它们的传输参数。

表 5-10　ISDB-T 的传输参数

模式		模式 1	模式 2	模式 3
载波间隔 f_Δ/kHz		250/63 = 3.968	125/63 = 1.984	125/126 = 0.992
频带宽度 $N_s \times 3000/7\text{kHz} + f_\Delta$/kHz	（宽带）	5575	5573	5572
	（窄带）	432.5	430.5	429.5
差分调制型 OFDM 段的数目		n_d		
相关调制型 OFDM 段的数目		$n_s = N_s - n_d$		
承载各种信息的载波的数目	总数	$108N_s + 1 = 1405$	$216N_s + 1 = 2809$	$432N_s + 1 = 5617$
	数据	$96N_s = 1248$	$192N_s = 2496$	$384N_s = 4992$
	SP	$9n_s$	$18n_s$	$36n_s$
	CP	$n_d + 1$		
	TMCC	$n_s + 5n_d$	$2n_s + 10n_d$	$4n_s + 20n_d$
	AC1	$2N_s = 26$	$4N_s = 52$	$8N_s = 104$
	AC2	$4n_d$	$9n_d$	$19n_d$
有效符号时间 T_u/μs		252	504	1008
保护间隙 T_g/μs	$T_u/4$	63	126	252
	$T_u/8$	31.5	63	126
	$T_u/16$	15.75	31.5	63
	$T_u/32$	7.875	15.75	31.5
帧持续时间/ms	$T_g = T_u/4$	64.26	128.52	257.04
	$T_g = T_u/8$	57.834	115.668	231.336
	$T_g = T_u/16$	54.621	109.242	218.464
	$T_g = T_u/32$	53.0145	106.029	212.058
传送流速率	（宽带）/Mb/s	3.651(DQPSK, $r=1/2$, $T_g=T_u/4$) ~ 23.234(64QAM, $r=7/8$, $T_g=T_u/32$)		
	（窄带）/kb/s	280.85(DQPSK, $r=1/2$, $T_g=T_u/4$) ~ 1787.28(64QAM, $r=7/8$, $T_g=T_u/32$)		

由表 5-10 可见,OFDM 帧中的载波除用于传输数据外,还用于传输如下一些信号:分散导频(Scattered Pilot,SP)、连续导频(Continual Pilot,CP)、传输与复用组合控制(Transmission and Multiplexing Configuration Control,TMCC)、辅助频道 1(Auxiliary Channel 1,AC1)和辅助频道 2(AC2)。其中 SP 主要用于信道估计,CP、AC1、AC2 和 TMCC 主要用于频率同步。另外,TMCC 还携带传输参数信息,如载波调制方式和内编码码率等;也用于 OFDM 帧的同步。如图 5-45 所示为模式 1 的传输帧的例子(每个 OFDM 段含 108 个载波)。

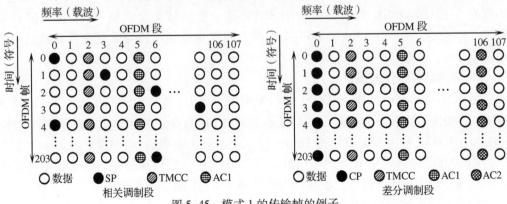

图 5-45　模式 1 的传输帧的例子

3. 复用帧

为了和其他媒体有共同性,ISDB-T 系统传送层也采用 MPEG-2 传送流。而且对于所有调制方式和内编码码率的组合,一个 OFDM 帧中的数据符号均可传输整数个传送包,如表 5-11 所列。另外,ISDB-T 制还赋予传送流一个名为"复用帧"的帧结构,以便其适用于分层传输。

表 5-11　一个 OFDM 段在一帧中传输的传送流包的数目

调制方式	内编码比率	模式 1	模式 2	模式 3
DQPSK QPSK	1/2	12	24	48
	2/3	16	32	64
	3/4	18	36	72
	5/6	20	40	80
	7/8	21	42	84
16QAM	1/2	24	48	96
	2/3	32	64	128
	3/4	36	72	144
	5/6	40	80	160
	7/8	42	84	168
64QAM	1/2	36	72	144
	2/3	48	96	192
	3/4	54	108	216
	5/6	60	120	240
	7/8	63	126	252

构成一个复用帧的传送包的数目列于表 5-12 中。复用帧与 OFDM 帧是同步的。虽然 OFDM 信号所传输的传送包的数目会因 OFDM 段的特性而有变化,但通过插入足够数量的零包,可使传送流以单一固定时钟把 RS 解码器和传送流解码器连接起来。在接收机中,OFDM 信号和传送流可采用一个共同的时钟。

表 5-12　一个复用帧中的传送包数目

系统	模式	$T_g = T_u/4$	$T_g = T_u/8$	$T_g = T_u/16$	$T_g = T_u/32$
窄带 ISDB-T	1	80	72	68	66
	2	160	144	136	132
	3	320	288	272	264
宽带 ISDB-T	1	1280	1152	1088	1056
	2	2560	2304	2176	2112
	3	5120	4608	4352	4224

在一个复用帧中的传送包的配置是确定的,因而接收端很容易再生出正确的传送流。图 5-46 示出一个具有帧结构的传送流的例子。图中 TSP_A 和 TSP_B 分别表示属于 A 层和 B 层的传送包;TSP_{null} 表示零传送包;s 表示同步字。

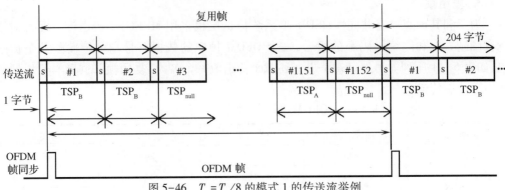

图 5-46　$T_g = T_u/8$ 的模式 1 的传送流举例

5.4.3　ISDB-T 制的主要性能

ISDB-T 制的主要性能与 DVB-T 制的类似,可概述如下。

(1) 多径接收性能好。能抗高电平(0dB)、长延时的动、静回波的干扰,但很近的回波会对窄带 ISDB-T 系统产生显著影响。

(2) 移动接收性能好。ISDB-T 制在设计中就考虑了移动接收的要求,它可以选用长达 0.5s 的时间交织来改善移动接收质量。并可将 DQPSK 和载波数较少的两种工作模式用于移动业务,以提高可靠性和简化接收机(如手持小型电池供电接收机)。当然,这会使传送流的速率受到限制。另外,如欲在一个频道内同时提供固定和移动业务,则应采用分层传输。

(3) 在 AWGN 信道模型下的载噪比门限值比 ATSC 制的稍高一些。其原因与DVB-T制类同。

(4) 因采用了保护间隙和发送导频等技术措施,在 6MHz 频道下的数据容量比 ATSC制的低一些。ISDB-T 制也可用于 7MHz 和 8MHz 的频道。

(5) 在频谱利用效率方面的长处与短处、射频信号的峰均功率比、抗同频道模拟台干扰的性能、在多频网下抗同频道数字电视干扰的性能,以及抗连续波干扰的性能均与DVB-T 制类同。

(6) ISDB-T 制有长时间交织的可选项,可把抗脉冲干扰的性能增强到与 ATSC 制差不多。

日本已于 2003 年 12 月开始地面数字电视广播。

5.5　DTMB 数字电视制式

5.5.1　概述

2006 年 8 月 30 日,国家标准化管理委员会发布了《数字电视地面广播传输系统帧结构、信道编码和调制》标准(标准号 GB20600—2006)。该标准的英文缩写为 DTMB(Digital Terrestrial Multimedia Broadcast),原名 DMB-T/H(Digital Multimedia Broadcast-Terrestrial/Handheld）。DTMB 标准为国家强制性标准,批准日期为 2006 年 8 月 18 日,于 2007 年 8 月 1 日起正式实施。2011 年 12 月 6 日,ITU-R(国际电信联盟无线通信局)第六研究组正式通过对《地面数字电视广播的纠错、数据成帧、调制和发射方法》和《甚高频/超高频(VHF/UHF)频段内地面数字电视业务的规划准则》两项国际标准的修订,将中国 DTMB 标准纳入其中,这标志着中国的 DTMB 标准成为继美国的 ATSC 标准、欧洲的 DVB-T 标准和日本的 ISDB-T 标准之后的第四个国际地面数字电视标准。目前,采用 DTMB 的国家和地区有中国大陆及香港、澳门、古巴、老挝、柬埔寨等。

DTMB 包含了单载波和多载波两种模式,支持在 8MHz 电视带宽内传输 4.813~32.486Mb/s 的净荷数据率,支持固定接收和移动接收模式。标准支持多频网和单频网的组网模式。

DTMB 系统发送端原理如图 5-47 所示,输入数据码流经过随机化、前向纠错编码、星座映射、交织后形成基本数据块;基本数据块与系统信息组合后,经过帧体数据处理形成帧体;帧体与相应的帧头复接为信号帧,根据帧地址组帧单元构建与绝对时间日、时、分、秒同步的复帧结构;经过基带后处理转换为基带输出信号,再经正交上变频转换为射频信号。

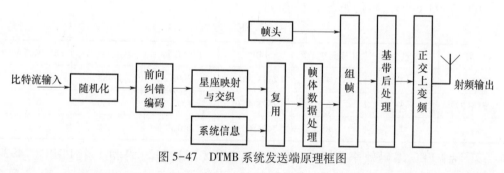

图 5-47　DTMB 系统发送端原理框图

DTMB 的数据接口格式为 DVB 标准规定的 SPI、ASI、SSI 接口,数据为符合 MPEG-2 系统层标准的 188 字节的 TS 包,但 DTMB 不仅支持 MPEG-2 标准,而且支持国标 AVS 标准。

DTMB 的数据随机化电路采用的扰码序列生成多项式以及初始相位与 DVB-T 相同,在此不再介绍。区别是在国家标准中,输入数据流的扰码周期为一个信号帧长度,根据调制方式、编码效率的不同,扰码周期分别为 2~12 个 TS 包不等,而在 DVB-T 系统中,扰码周期长度固定为 8 个 TS 包。

5.5.2　前向纠错编码(FEC)

纠错编码技术是 DTMB 与国外现有的三个地面数字电视广播标准的主要区别之一,国家标准中采用的 FEC 是由外码和内码级联实现的,如图 5-48 所示。

DTMB 采用 BCH(762,752)码作为外码。BCH(762,752)码由 BCH(1023,1013)码缩短而

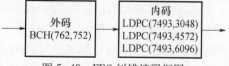

图 5-48　FEC 纠错编码框图

成,系统首先在经过扰码的 752bit 数据前添加 261bit"0",形成长度为 1013bit 的信息数据,然后编码成 1023bitBCH(1023,1013)码块(信息位在前,校验位在后),最后去除前 261bit"0",形成 BCH(762,752)码字。一个 BCH(762,752)码块能够纠正 1bit 误码。BCH 码的生成多项式为

$$G_{BCH}(x) = 1 + x^3 + x^{10} \tag{5-78}$$

DTMB 采用低密度奇偶校验码(LDPC)作为内码,LDPC 码输出码长度固定。LDPC 码的生成矩阵 $\boldsymbol{G}_{qc}$ 为

$$\boldsymbol{G}_{qc} = \begin{bmatrix} \boldsymbol{G}_{0,0} & \boldsymbol{G}_{0,1} & \cdots & \boldsymbol{G}_{0,c-1} & \boldsymbol{I} & \boldsymbol{O} & \cdots & \boldsymbol{O} \\ \boldsymbol{G}_{1,0} & \boldsymbol{G}_{1,1} & \cdots & \boldsymbol{G}_{1,c-1} & \boldsymbol{O} & \boldsymbol{I} & \cdots & \boldsymbol{O} \\ \vdots & \vdots & \boldsymbol{G}_{i,j} & \vdots & \vdots & \vdots & \ddots & \vdots \\ \boldsymbol{G}_{k-1,0} & \boldsymbol{G}_{k-1,1} & \cdots & \boldsymbol{G}_{k-1,c-1} & \boldsymbol{O} & \boldsymbol{O} & \cdots & \boldsymbol{I} \end{bmatrix} \tag{5-79}$$

式中:$\boldsymbol{I}$ 为 $b \times b$ 阶单位矩阵;$\boldsymbol{O}$ 为 $b \times b$ 阶零阵;$\boldsymbol{G}_{i,j}$ 为 $b \times b$ 循环矩阵,取 $0 \le i \le k-1$,$0 \le j \le c-1$。BCH 码字按顺序输入 LDPC 编码器时,最前面的比特是信息序列矢量的第一个元素。LDPC 编码器输出的码字信息位在后,校验位在前。

DTMB 采用了 3 种不同效率的 LDPC 编码,即 LDPC(7493,3048)、LDPC(7493,4572) 和 LDPC(7493,6096),参数如表 5-13 所列。

表 5-13 FEC 参数

编码方式	TS 包个数	BCH 码块个数	LDPC	信息比特	块长/比特	FEC 编码效率
码率 1	2	4	(7493,3048)	3008	7488	0.4
码率 2	3	6	(7493,4572)	4512	7488	0.6
码率 3	4	8	(7493,6096)	6016	7488	0.8

第一种 FEC 编码效率为 0.4,先由 4 个 BCH(762,752)码和 1 个 LDPC(7493,3048)码级联构成,然后将 LDPC(7493,3048)码前面的 5 个校验位删除,形成 FEC(7488,3008),其中 LDPC(7493,3048)码的生成矩阵 $\boldsymbol{G}_{i,j}$ 的参数为 $k = 24$,$c = 35$ 和 $b = 127$。

第二种 FEC 编码效率为 0.6,先由 6 个 BCH(762,752)码和 1 个 LDPC(7493,4572)码级联构成,然后将 LDPC(7493,4572)前面的 5 个校验位删除,形成 FEC(7488,4512),其中 LDPC(7493,4512)的生成矩阵 $\boldsymbol{G}_{i,j}$ 的参数为 $k = 36$,$c = 23$ 和 $b = 127$。

第三种 FEC 编码效率为 0.8,先由 8 个 BCH(762,752)码和 LDPC(7493,6096)码级联构成,然后将 LDPC(7493,6096)前面的 5 个校验位删除,形成 FEC(7488,6016),其中 LDPC(7493,4512)的生成矩阵 $\boldsymbol{G}_{i,j}$ 的参数为 $k = 48$,$c = 11$ 和 $b = 127$。

5.5.3 符号星座映射

前向纠错编码后的比特流要转换成均匀的 nQAM 符号流(最先进入的比特是符号码字的最低有效位)。DTMB 包含以下 5 种符号映射关系:64QAM、32QAM、16QAM、4QAM 和 4QAM-NR。64QAM 模式的频谱利用率最高,最高传输速率可达 32.4Mb/s,可用于固定接入和固定广播等领域。16QAM 模式是适应高效传输和高速移动的一种折中,能提供

较高性能的移动特性,可作为大中城市中小范围(半径 20~50km)移动覆盖使用。4QAM 与 4QAM-NR 模式提供了较高的抗干扰能力、灵敏度和移动特性,其接收灵敏度为 -97dBm,C/N 门限为 1.9dB,能支持每小时几百千米的高速移动,可用于大范围、高接通率的覆盖。

DTMB 采用的不同 QAM 调制方式的星座映射图如图 5-49 所示,各种符号映射加入相应的功率归一化因子,因而平均功率趋同。

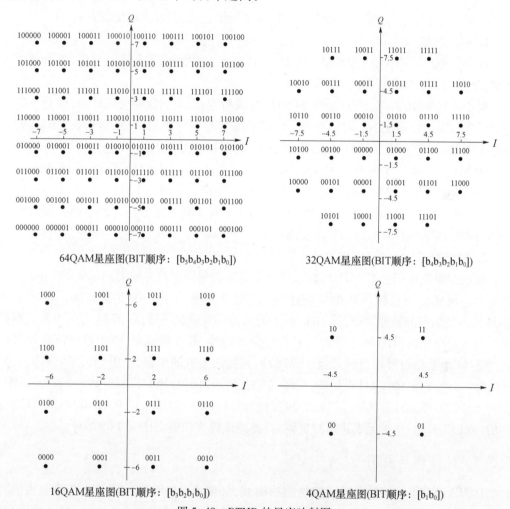

图 5-49 DTMB 的星座映射图

对于 64QAM,每 6bit 对应 1 个星座符号。FEC 编码输出的比特数据被拆分成 6bit 为一组的符号($b_5b_4b_3b_2b_1b_0$),该符号的星座映射是同相分量 $I = b_2b_1b_0$,正交分量 $Q = b_5b_4b_3$,星座点坐标对应的 I 和 Q 的取值为 $\{-7,-5,-3,-1,1,3,5,7\}$。

对于 32QAM,每 5bit 对应 1 个星座符号($b_4b_3b_2b_1b_0$),星座点坐标对应的同相分量 I 和正交分量 Q 的取值为 $\{-7.5,-4.5,-1.5,1.5,4.5,7.5\}$。

对于 16QAM,每 4bit 对应 1 个星座符号($b_3b_2b_1b_0$),该符号的星座映射是同相分量 $I = b_1b_0$,正交分量 $Q = b_3b_2$,星座点坐标对应的 I 和 Q 的取值为 $\{-6,-2,2,6\}$。

对于 4QAM,每 2bit 对应于 1 个星座符号(b_1b_0),该符号的星座映射是同相分量 $I=b_0$,正交分量 $Q=b_1$,星座点坐标对应的 I 和 Q 的取值为 $\{-4.5,4.5\}$。4QAM-NR 映射方式实质上是在 4QAM 符号映射之前增加一个编码效率为 1/2 的 Nordstrom Robinson 准正交编码,因此它的符号星座图与 4QAM 相同。

5.5.4 交织方式

DTMB 规定了比特交织、符号交织两种时域交织方式,以及频域交织方式。

1. 时域交织

在采用 4QAM-NR 映射方式时,首先必须对输出的数据流进行比特交织,然后再进行映射,映射后的符号无需再次交织。

对于 4QAM、16QAM、32QAM 和 64QAM 等映射方式,无需比特交织处理,而是在映射完成后进行时域符号交织。时域符号交织编码采用卷积交织器,交织器和去交织器的设计参见图 5-16,区别在于 DTMB 交织器的输入为时域符号而不是 TS 包。

DTMB 标准规定了两种符号交织模式,模式 1:$I=52$,$M=240$ 符号;模式 2:$I=52$,$M=720$ 符号。交织/解交织的总时延为 $M\times(I-1)\times I$ 符号周期。由此可见,上述两种时域符号交织模式的交织/解交织总延迟分别为 170 个和 510 个信号帧,交织/解交织总时延分别为 100ms 和 300ms。

2. 频域交织

频域交织仅适用于 $C=3780$ 模式,目的是将调制星座点符号映射到帧体的 3780 个子载波上。频域交织在帧体数据处理中进行,交织大小等于子载波数 3780。设数组 X[3780]为交织前的帧体数据,其中前 36 个元素为系统信息符号,后 3744 个元素为数据符号。为了使交织输出的 36 个系统信息符号位置连续,首先将这个 36 个系统信息符号插入到 3744 个数据符号中得到数组 Z[3780],其插入位置的集合为 $\{0,140,279,419,420,$ $560,699,839,840,980,1119,1259,1260,1400,1539,1670,1680,1820,1959,2099,2100,$ $2240,2379,2519,2520,2660,2799,2939,2940,3080,3219,3359,3360,3500,3639,3779\}$;然后再对 Z[3780]中的元素进行位置调换,得到最终交织输出序列 Y[3780]。

5.5.5 帧结构与复用

DTMB 的数据帧结构采用了四层结构模式,如图 5-50 所示。其中基本帧称为信号帧,一组信号帧构成了时长为 125ms 的超帧,480 个超帧构成了时长为 1min 的分帧,1440 个分帧构成了日帧。日帧的周期为 24h,且与自然时间保持同步。

交织后的数据符号和系统信息一起组成信号帧。信号帧由帧头和帧体两部分组成,符号率为 7.56MS/s。帧体部分包含 36 个符号的系统信息和 3744 个符号的数据,共 3780 个符号,时长为 500μs。系统信息为每个信号帧提供必要的解调和解码信息,包括符号星座映射模式、LDPC 编码的码率、交织模式、帧体信息模式等。国家标准中采用 6 个信息比特($s_5s_4s_3s_2s_1s_0$)来表示 64 种不同的系统信息模式,具体定义如表 5-14 所列。

6bit 系统信息($s_5s_4s_3s_2s_1s_0$)采用扩频技术变成为 32bit 长的系统信息矢量,这 32bit 通过 I、Q 相同的 4QAM 映射变为 32 个复符号;为了区分数据帧体模式,用 4bit"0000"表

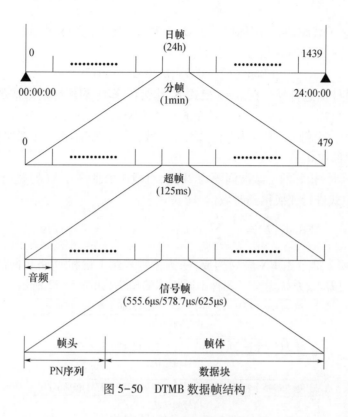

图 5-50　DTMB 数据帧结构

表 5-14　系统信息定义

s_5	s_4	$s_3s_2s_1s_0$
保留	0:交织模式 1 1:交织模式 2	0000:奇数编号的超帧的首帧指示符号
		0001:4QAM，LDPC 码率 1
		0010:4QAM，LDPC 码率 2
		0011:4QAM，LDPC 码率 3
		0100/0101/0110:保留
		0111:4QAM-NR，LDPC 码率 3
		1000:保留
		1001:16QAM，LDPC 码率 1
		1010:16QAM，LDPC 码率 2
		1011:16QAM，LDPC 码率 3
		1100:32QAM，LDPC 码率 3
		1101:64QAM，LDPC 码率 1
		1110:64QAM，LDPC 码率 2
		1111:64QAM，LDPC 码率 3

示 $C=1$ 模式,用"1111"表示 $C=3780$ 模式,这 4bit 也采用 I、Q 相同的 4QAM 映射变为 4 个复符号,置于帧体的开头。36 个系统信息符号连续排列于帧体数据的前 36 个符号位置,如图 5-51 所示。

4个帧体模式指示符号	32个调制和码率等模式指示符号	3744个数据符号

图 5-51　帧体信息结构

帧体用 C 个子载波调制,国标提供了 $C=1$ 和 $C=3780$ 的两种模式。

当 $C=1$ 时,生成的时域信号可表示为

$$\text{FBody}(k)=X(k),k=0,1,\cdots,3779 \tag{5-80}$$

式中:$X(k)$ 为帧体信息符号。在 $C=1$ 模式下,作为可选项,对组帧后形成的基带数据在 $\pm$ 0.5 符号速率位置插入双导频。两个导频的总功率相对数据的总功率为 -16dB。插入方式为从日帧的第一个符号(编号为 0)开始,在奇数符号上实部加 1,虚部加 0;在偶数符号上实部加 -1,虚部加 0。

当 $C=3780$ 时,相邻的子载波间隔为 2kHz,对帧体信息符号 $X(k)$ 进行频域交织得到 $X(n)$,然后按下式进行变换得到时域信号。

$$\text{FBody}(k)=\frac{1}{\sqrt{C}}\sum_{n=1}^{C}X(n)\text{e}^{\text{j}2\pi n\frac{k}{C}},k=0,1,\cdots,3779 \tag{5-81}$$

信号帧的帧头部分由 PN 序列构成,帧头信号采用 I 路和 Q 路相同的 4QAM 调制。为适应不同应用需求,系统定义了 3 种不同模式的帧头,如图 5-52 所示。

帧头(420个符号)(55.6μs)	帧体(3780个符号)(500μs)

信号帧结构1

帧头(595个符号)(78.7μs)	帧体(3780个符号)(500μs)

信号帧结构2

帧头(945个符号)(125μs)	帧体(3780个符号)(500μs)

信号帧结构3

图 5-52　3 种信号帧结构

帧头模式 1 采用的 PN 序列为循环扩展的 8 阶 m 序列,帧头信号长度为 420 个符号,由一个前同步、一个 PN255 序列和一个后同步构成;PN255 的生成多项式为 $G_{255}(x)=1+x+x^5+x^6+x^8$。帧头模式 2 采用 10 阶最大长度的伪随机二进制序列截短而成,帧头信号的长度为 595 个符号,是长度为 1023 的 m 序列的前 595 个码片;m 序列的生成多项式为 $G_{1023}(x)=1+x^3+x^{10}$。帧头模式 3 采用的 PN 序列为循环扩展的 9 阶 m 序列,帧头信号长度为 945 个符号,由一个前同步、一个 PN511 序列和一个后同步构成;PN511 的生成多项式为 $G_{511}(x)=1+x^2+x^7+x^8+x^9$。国标规定,模式 1 和模式 3 的帧头信号平均功率是帧体信号平均功率的 2 倍,模式 2 的帧头信号平均功率与帧体相同。

基于目前的接收技术,国家标准中帧头功能类似于 DVB-T 系统的循环前缀,因此不同的帧头长度决定了地面数字电视系统单频网的最大设台距离,如表 5-15 所列。

对应于 3 种不同的帧头类型,信号帧也有 3 种不同的结构,时长分别为 555.6μs、578.7μs 和 625μs。由于超帧的时长固定为 125ms,因此根据信号帧结构的不同,组成超帧的信号帧数量也各不同。帧结构 1 的一个超帧包含 225 个信号帧,帧结构 2 的一个超帧包含 216 个信号帧,帧结构 3 的一个超帧包含 200 个信号帧。

表 5-15　单频网最大设台距离

帧头结构	帧头时长/μs	最大设台距离/km
PN420	55.6	16.7
PN595	78.7	23.6
PN945	125	37.5

5.5.6 DTMB 制的主要性能

DTMB 制是对 DMB-T/TDS-OFDM 多载波系统和 ADTB-T/OQAM 单载波系统及其他先进技术进行融合的产物,提供了 $C=1$ 和 $C=3780$ 两种载波方式。$C=1$ 即为单载波方式,$C=3780$ 为多载波方式。两种载波方式具有统一的带宽、传输码率、定时时钟、系统信息和帧结构,在实现时的区别仅在于 IFFT 的处理算法不尽相同。除 IFFT 单元之外,系统其他功能单元完全一样,具有相同的实现结构,系统可根据应用需要在单载波与多载波之间进行简单切换,因此可更好地适应我国不同市场对地面数字电视的需求。

在国标中具有自主创新特点并能提高系统性能的主要关键技术有 TDS-OFDM 技术、和绝对时间同步的复帧结构、信号帧的帧头和帧体保护技术、LDPC 的使用等。经过实际对比测试,DTMB 在灵敏度和 C/N 门限方面都优于 DVB-T 和 ATSC。最新的欧洲 DVB-T2 标准在 DVB-T 的基础上有了很大改进,性能也有了明显改善,因此我国也相应地开始了 DTMB 标准演进系统 DTMB-A 的研发,在总体性能上已达到或超越 DVB-T2:传输码率更高,接收门限更低,支持多业务更方便,单频组网更简单。

随着我国 AVS 视频编码标准的发展成熟,于 2011 年 6 月颁布的中国地面数字电视接收器和接收机的国家推荐标准规定:从 2010 年 11 月 1 日起一年内,视频解码推荐 MPEG-2 和 AVS 两种标准,而从 2012 年 11 月 1 日起只推荐 AVS,不再推荐 MPEG-2,而 H.264 视频编码则不是推荐标准。目前,实现"双国标"地面数字电视广播已成为内地约半数省级广电部门发展的重点。

习题与思考题

5.1 PES 包指什么? 它除传送接收者需要的视听信息处还携带什么信息?

5.2 传送包与 PES 包是什么关系? 试说明其主要格式。

5.3 试阐明传送包包头的结构及其主要功能。

5.4 已知有限域 $GF(2^2)$ 的域生成多项式为 $P(x)=x^2+x+1$。

(1) 试求域中的元素及用两个比特表示一个字节的字节表示,用列表的方式写出各个元素间加法和乘法的运算结果;

(2) 在该域中进行 RS(3,1) 编码,设信息字节为 2,试写出其信息多项式,校验生成多项式,校验多项式,以及所编成的 RS 码字。

5.5 已知伽罗华域 $GF(2^3)$ 的域生成多项式为 $P(x)=x^3+x+1$。

(1) 试求 RS(7,3) 的校验生成多项式 $g(x)$;

(2) 设信息字节为 $(4,1,2)$,试求其校验字节;

(3) 若在所接收的 RS(7,3) 码中校验字节未出错,信息字节出错为 $(3,1,2)$,试写出 RS 纠错译码过程。

5.6 已知一个 1/2 比率的 4 状态卷积编码器,每输入一个比特 $x(j)$,输出两个比特 $y_0(j)$ 和 $y_1(j)$,其输入与输出的关系为

$$y_1(j)=x(j)+x(j-1)+x(j-2), y_0(j)=x(j)+x(j-2)$$

(1) 画出该编码器的结构图、状态图和格形图;

（2）设信息比特序列为 1011，试求从 00 状态开始、00 状态结束的卷积编码；

（3）设信道错误样式为 010010000000，试画出维特比译码过程；

（4）这个编码器的最小自由距离是多少？可以纠正的几个比特的错误？

5.7 卷积交织器的作用是什么？试画出（204，12）交织器的结构框图。

5.8 为什么说要使 TCM-8VSB 格形图的欧氏自由距离最大，首先应使平行转移的 2 条路径的自由距离为最大？

5.9 ATSC 制采用怎样的数据帧结构？与 NTSC 制有何联系？

5.10 ATSC 制有哪些主要优点和缺点？

5.11 DVB-T 制为何有 2k 和 8k 两种模式？

5.12 DVB-T 制采用什么技术来提高抗回波能力？其代价是什么？

5.13 DVB-T 的外码采用由 RS（255，239）码缩短而成的 RS（204，188）码，试参照图 5-12 画出 RS 编码的多项式除法电路。

5.14 DVB-T 采用的收缩卷积码有几种比率？为什么需要收缩？为什么能够收缩？

5.15 DVB-T 在对来自内编码器的码流内交织前需要进行解复用。具体写出对于 QPSK、分层和非分层的 16-QAM、分层和非分层的 64-QAM 情况下的分解关系。

5.16 在 DVB-T 的比特交织中，输出比特 $a_{2,60}$ 和 $a_{4,120}$ 所对应的输入比特是什么？

5.17 在 2K 模式 DVB-T 的符号交织中，输出符号 y_{200} 和 y_{411} 所对应的输入符号是什么？

5.18 设送到符号映射器的符号序列为（01）、（00）、（10）、（11），每符号持续时间为 T，载波频率 $f_k = 2/T$。试画出 QPSK 调制的波形图。

5.19 分别写出当 $\alpha = 1,2,4$ 时，16-QAM 和 64-QAM 调制的 I_q 和 Q_q 取值。

5.20 分别画出当 $\alpha = 2,4$ 时，非均匀 16-QAM 和非均匀 64-QAM 调制的星座图。

5.21 若原始数字序列的码率为 R，则经 256-QAM 调制后的符号率为多少？

5.22 设送到符号映射器的符号序列为（0110）、（0011）、（1010）、（1100），每符号持续时间为 T，载波频率 $f_k = 2/T$。试画出均匀 16-QAM 调制的波形图。

5.23 设 OFDM 有 6 路调制载波 $f_k = k/T_u$，$k = 0,1,\cdots,5$，T_u 为有效符号持续期，6 路 QPSK 调制的星座点为 $\{d_k\} = \{1-i, -1+i, 1+i, 1+i, -1-i, 1-i\}$，不考虑保护间隙。试画出一个 T_u 期间各路载波的调制波形，并定性画出 OFDM 信号波形。

5.24 在 OFDM 系统中采用 FFT 的优点是什么？

5.25 COFDM 与 OFDM 相比有哪些区别？其优点是什么？

5.26 试说明 DVB-T 制传输帧结构的特点。除业务数据外还包含什么信号，其用途是什么？

5.27 DVB-T 制在频谱利用效率方面的性能如何？

5.28 DVB-S 和 DVB-C 为什么采用不同的调制方式？它们在信道编码方面还有什么不同之处？

5.29 DVB-C 的 64-QAM 星座图的特点是什么？这样的星座图有什么优点？

5.30 ISDB-T 制的有特色的设计要求是什么？

5.31 试简述 ISDB-T 制采的最关键的传输技术。

5.32 试说明 ISDB-T 制采用的"复用帧"传送流及其应用的意义。

5.33 ISDB-T 制与 DVB-T 制相比，其主要性能有何异同？

第6章 数字电视的接收原理

6.1 数字电视信号的接收

根据传输信道的不同,数字电视分为卫星、有线和地面广播3种不同的类型,每一种类型又有不同的制式。关于解传送复用和视频信源解码在前面的章节已有所论述,有关这部分内容以及有线和卫星数字电视信号的接收技术,在6.3节介绍数字电视机顶盒时还要做进一步的说明。本节主要介绍3种类型的数字电视信号的信道解码和解调方案,以大联盟的VSB接收机样机为例,重点介绍在数字地面广播电视信号接收中涉及的技术问题。

6.1.1 数字地面广播电视信号的接收

图6-1示出了VSB接收机信道解码和解调部分的方框图。下面对其中各部分的原理作简要的说明。

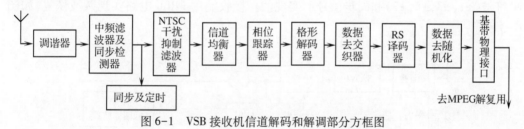

图 6-1　VSB 接收机信道解码和解调部分方框图

1. 调谐器

图6-2示出了一个ATSC接收机调谐器的方框图,这是一个具有两个中频的双转换型调谐器。

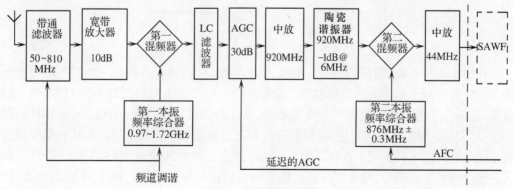

图 6-2　调谐器方框图

在图 6-2 中,第一中频和第二中频频率分别为 920MHz 和 44MHz。带通滤波器通带为 50~810MHz,允许处于该频率范围内的 6MHz 带宽的数字电视信号进入调谐器,而滤除其他干扰。另外,有一个宽带跟踪滤波器负责滤除非所选频道而功率又很大的其他电视信号。输入信号经 10dB 增益的宽带射频放大器放大后进入第一混频器。该混频器采用高线性双平衡设计,由一个 0.97~1.72GHz 低相位噪声的频率综合本振驱动。频道调谐和宽带跟踪滤波都由微处理器控制。这个调谐器能够调谐全部 VHF 和 UHF 广播频段以及所有标准的增量相关载波(Increment Related Carrier,IRC)和谐波相关载波(Harmonic Related Carrier,HRC)有线频段。在第一混频器的后面有一个 LC 滤波器和一个 920MHz 窄带通陶瓷谐振器,LC 滤波器具有对陶瓷谐振器谐波寄生响应的选择作用,陶瓷谐振器的-1dB 带宽大约为 6MHz。一个 30dB 范围的延迟 AGC 和一个 920MHz 的中频放大器位于这两个滤波器之间,AGC 电路保护后面各级免受大信号的过载。第二混频器由一个 876MHz 的电压控制 SAW 本振驱动,这个本振由频率和相位锁定环(Frequency and Phase Locked Loop,FPLL)同步检波器控制。从第二混频器输出的 44MHz 第二中频信号驱动一个固定增益的 44MHz 放大器。最后,调谐器的输出馈送给中频 SAW 滤波器和同步检波电路。

2. 信道滤波和 VSB 载波恢复

在 5.2.7 节中已经提到,为使接收机恢复载波,发送端在被抑制载波频率上设一个小功率的导频信号,它是靠在形成数据帧时将一个小的直流电平(1.25)叠加到每个 8 电平符号($\pm1,\pm3,\pm5,\pm7$)和同步信号上实现的。接收端用 FPLL 电路实现载波恢复,如图 6-3 所示。

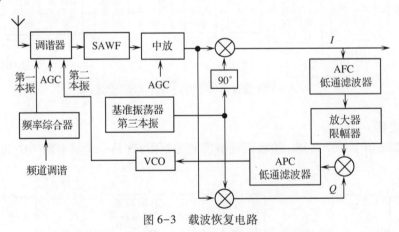

图 6-3 载波恢复电路

在图 6-3 中,除前面提到的第一本振、第二本振以外,第三本振是一个固定的基准振荡器。任何相对于标定值的偏移由第二本振补偿。对第二本振的控制来自 FPLL 同步检波器,它包含一个频率环路和一个锁相环,频率环路的牵引范围为 $\pm100kHz$,锁相环的带宽小于 2kHz。频率环路同时使用同相位(I)和正交相位(Q)导频信号。在接收机中所有其他的数据处理电路仅用 I 通道信号。在相位锁定之前,AFC 低通滤波器滤出 VCO 与输入导频之间的差拍信号,放大器限幅器将导频拍频信号限制为恒定幅度(±1)的方波,用它与正交信号相乘得到一个具有 S 曲线 AFC 特性的误差信号,其极性取决于 VCO 频率比输入中频信号高还是低。自动相位控制(Automatic Phase Control,APC)低通滤波器对误差信号滤波和积分,用得到的 DC 信号调节第二本振以减少频率差。当频率差接近 0 时,APC 环路将输入中频信号锁相到第三本振,构成一个双相位稳定的锁相环路。正确的相位锁定极性是靠迫使导频的极性与已知传输的正极性相一致决定的。一旦锁定,检测到的导频信号是恒定的,放大器限幅器的输出恒定为+1,这时只有 PLL 是工作的,频率环路自动失效。

3. 段同步和符号时钟恢复

段同步和符号时钟恢复电路如图 6-4 所示。在图 6-4 中,来自同步检测器的 10.76MS/s 的 I 通道同步和数据复合基带信号由 A/D 转换器转换为数字信号。PLL 用于提供一个规则的 10.76MHz 符号时钟。数据段同步检测器含有一个 4 符号同步相关器,在 PLL 自由运行时,由它来寻找以指定频度重复出现的 2 电平段同步信号,使 PLL 与来自 A/D 转换器的已抽样段同步信号锁定,从而实现数据符号时钟同步。当置信度计数器判定段同步已达到预定的置信度时,开通后续的接收机电路。在载波和时钟同步前,若有任何信号(锁定信号、非锁定信号或噪声、干扰)使 A/D 转换器过载,则非耦合 AGC 运行,使中频和射频增益相应地减小。当已检

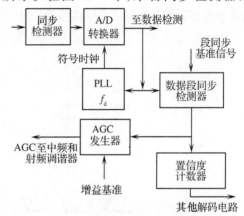

图 6-4 具有 AGC 的段同步和符号时钟恢复电路

测到段同步时,将它们与基准值进行比较,产生耦合 AGC,用积分误差控制中频和射频增益,以提供正确的同步幅度。

4. 数据场同步检测

图 6-5 示出了数据场同步检测电路。图中每个来自 A/D 转换器并经过干扰抑制滤波的接收的数据段,与接收机中场#1 和场#2 基准信号逐符号地进行差值运算,最小积分误差段由置信度计数器计数,当达到预定的置信度时,数据场同步就被检测出来。用一个逐场交替的 PN63 序列的极性确定场#1 和场#2。

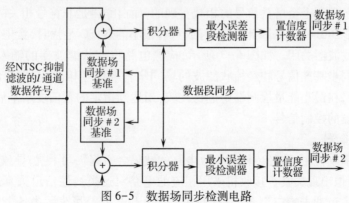

图 6-5 数据场同步检测电路

5. 干扰抑制滤波器

NTSC干扰抑制滤波器的作用是抑制当数字电视与模拟电视同播时所受到的来自后者的干扰。图6-6(a)和(c)示出了在6MHz的电视频带内3个NTSC基本分量的位置和大致幅度。图像载波(V)位于距离频带低端边缘1.25MHz处,彩色副载波(C)位于比V高3.58MHz处,伴音载波(A)位于比V高4.5MHz处。NTSC干扰抑制滤波器是一个单抽头线性前馈梳状滤波器,如图6-7所示。梳状滤波器具有12符号周期(1.115μs)的响应时间,其频率响应示于图6-6(b),具有间隔57f_H(10.762MHz/12)的周期频谱零位。V和A分别位于从频带低端算起的第2和第7零位附近,C则刚好位于第6零位处,这些NTSC分量通过梳状滤波器后将被抑制掉。值得注意的是,梳状滤波器在抑制NTSC干扰的同时,使数据由8电平转换为15电平。被修改的数据靠适应其局部响应的格形解码器进行解码。

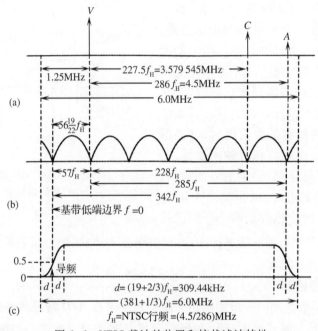

图6-6　NTSC载波的位置和梳状滤波特性
(a)NTSC基本分量的位置和大致幅度;(b)梳状滤波器的频率响应;(c)ATSC频带示意图。

梳状滤波是靠两个全增益信号的相减实现的,而白噪声是非符号相关的,梳状滤波会降低白噪声性能3dB以上。因此,当没有或只有很小的NTSC干扰时,希望有一个自动检测电路使梳状滤波器关闭。如图6-7所示,检测电路将梳状滤波器的输入和输出信号,分别与数据场同步基准信号和经梳状滤波的场同步基准信号相减,产生的两个误差信号经平方、积分后,在最小能量检测器中进行比较,当达到指定的置信度水平后,输出接通或关闭梳状滤波器的控制信号。

6. 信道均衡器

在地面广播电视中,多径传输或接收电路的缺陷会引起码间干扰,导致频率选择性衰落,使显示的图像出现失真。接收机采用相应的电路对这类线性信道失真进行补偿称为信道均衡。设信道冲击响应为$h(t)$,接收机的输入信号$r(t)$可表示为各个发送符号x_i的

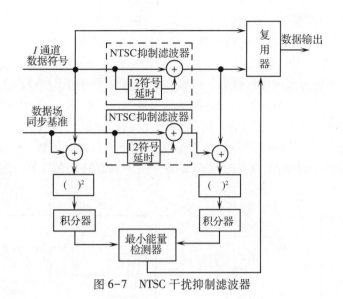

图 6-7　NTSC 干扰抑制滤波器

信道响应之和并叠加白噪声 $n(t)$，即

$$r(t) = \sum_j x_j h(t - jT) + n(t) \tag{6-1}$$

式中：T 为符号周期。如果在 t_0+kT 对 $r(t)$ 进行采样判决，则

$$r(t_0 + kT) = x_k h(t_0) + \sum_{j \neq k} x_j h(t_0 + kT - jT) + n(t_0 + kT) \tag{6-2}$$

式（6-2）中：$x_k h(t_0)$ 是所期望得到的信号；$\sum_{j \neq k} x_j h(t_0 + kT - jT)$ 是码间干扰。只有当 $j \neq k$ 时，满足 $h(t_0+kT-jT) = 0$ 的条件，才不存在码间干扰。设信道的频率响应为 $H(f)$，考虑到因采样产生的频谱折叠，这个条件在频域等效于

$$\sum_n H(f - n/T) = 常数, |f| \leqslant 1/(2T) \tag{6-3}$$

在多径干扰的情况下，这个条件是不能自然满足的。信道均衡器是一种能够自适应地调节脉冲响应的线性数字滤波器，它将接收到的信号 $r(t_0+kT)$ 进行多级时间为 T 的延迟，信号及各延迟信号用抽头系数 w_n 加权并相加产生输出 y_k，即

$$y_k = \sum_n w_n r(t_0 + kT - nT) \tag{6-4}$$

设均衡器的频率响应为 $W(f)$，在理想情况下，通过自适应地调节 w_n，可使

$$W(f) \sum_n H(f - n/T) = 1, |f| \leqslant 1/(2T) \tag{6-5}$$

从而可消除码间干扰，此时均衡器输出与原始信号的误差仅为叠加的白噪声。实际上由于均衡器的抽头数目有限，信号又具有随机性，码间干扰并不能完全消除，然而可以做到使均衡器输出的均方误差 $E[e_k^2] = E[(y_k - x_k)^2]$ 为最小（$E[\cdot]$ 表示取平均值的运算），使均衡后的信号最大限度地逼近原始发送信号。根据最小均方误差准则设计的自适应调节抽头系数 w_n 的算法称为最小均方（Least Mean Square，LMS）算法。

　　基于 LMS 算法的信道均衡器如图 6-8 所示。输入信号的直流偏置在均衡前通过减法去除。直流偏置主要是基带数字电视信号的零频导频成分，它随接收机切换频道或多

径接收条件的改变而变化。直流偏置的跟踪是由测量训练信号的直流值实现的。均衡器由两部分组成,在一个 64 抽头的前馈横向滤波器之后,接着一个 192 抽头的判决反馈滤波器。均衡器工作于 10.762MS/s 的符号率,即均衡器的采样周期为 T。输入信号首先被减去直流偏置,然后进入前馈滤波器。前馈与反馈滤波器的输出相减产生均衡器的输出。均衡器的参考信号由复用器输出,一方面送到反馈滤波器的输入端;另一方面与输出信号相减产生误差信号。误差信号与输入信号(对于前馈滤波器)和输出信号(对于反馈滤波器)进行相关运算,得到的相关值乘以步长参数 μ,用于调节抽头系数 w_n。各个抽头系数是通过可调延迟器逐个调节的,其延时即 nT 的设定由所调节的 w_n 的序号 n 进行控制。

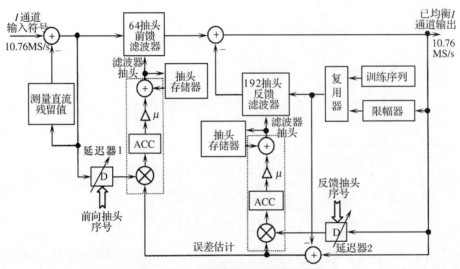

图 6-8 基于 LMS 算法的信道均衡器

复用器输出的参考信号根据 3 种均衡模式可以有不同的选择。在利用数据场同步的线性均衡模式中,参考信号为基准的场同步数据段,通过它与接收信号中未经编码处理的、带有信道失真的场同步数据段进行比较,产生精确的误差估计,实现信道均衡。在比较中起主要作用的是场同步数据段中的 PN511 和 PN63 伪随机训练序列。伪随机性使它们不受固有相关噪声和来自场同步其他部分回波干扰的影响。训练信号是以大约 24ms 周期重复的,在存在动态重影情况下,接收机只靠训练序列还不能快速地进行动态均衡。因此,一旦建立了均衡,均衡器就转向使用整帧数据符号的判决反馈均衡模式。此时参考信号由输出信号经 8 电平限幅器(使用梳状滤波器时为 15 电平限幅器)产生。当存在快速动态重影而使训练信号无效时,必须用盲均衡模式实现信道均衡。此时参考信号由输出信号经 2 电平限幅器产生,只指示信号的极性。随着均衡的进行,2 电平限幅器可逐渐转为 4 电平和 8 电平限幅器。后两种均衡模式需要在限幅信号中重新插入训练信号和段同步信号。

7. 相位跟踪环

相位跟踪环是一个附加的判决反馈环路,其作用是进一步去除在基于导频的中频 PLL 中尚未完全消除的相位噪声。图 6-9 示出了相位跟踪环方框图。工作于 I 信号的均衡器的输出信号经乘法器进行增益控制后,送入一个基于希尔伯特变换(Hilbert Transform,HT)的有限脉冲响应(Finite Impulse Response,FIR)滤波器,重建出一个近似的 Q 信号。该信号与延迟的 *I* 信号一起送入复数乘法器(去旋器),以去除相位噪声。去旋量由取自去旋器输出的判决反馈数据控制,增益乘法器也由判决反馈控制。相位跟踪环工作于 10.76MS/s 的数据率,具有约 60kHz 的跟踪带宽。

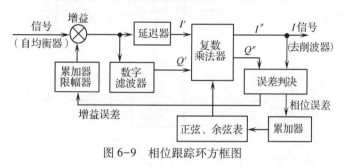

图 6-9 相位跟踪环方框图

8. 其他信道解码器

格形解码器的任务是数据削波和卷积解码。为了抗御脉冲噪声、NTSC 同频道干扰等短时突发干扰,与发射机中的格形编码器相对应,接收机中采用 12 路并行的格形解码器。在格形解码器处理 8VSB 信号之前需要去除段同步信号。接收机将是否插入 NTSC 抑制滤波器的信息传给格形解码器,使格形解码器可工作在两种相应的工作模式之一。第 5.2.7 节已对格形解码作了详细的说明。

卷积去交织器完成与发射机卷积交织器相反的功能,对(208,52)的卷积交织码进行去交织。去交织器使用数据场同步信号来同步数据场的第一个数据字节。RS 译码器对 RS(207,187)码进行译码。任何因脉冲噪声、NTSC 同频道干扰或格形解码错误引起的突发误码,都可通过去交织和 RS 译码的联合处理使其大为减少。数据去随机化电路将与发射机中相同的 PRBS 码作用于误码校正后的数据字节,使之去随机化。PRBS 锁定于可靠重建的数据场同步信号,因此能够精确地与数据同步。以上内容在第 5.2.6 节有更详细的介绍。去随机化后即完成了数字电视信号的信道解码,然后通过基带物理接口输送到 MPEG 解复用部分。解复用后再进行视频信源解码和音频信源解码,完成数字电视信号的接收过程。

6.1.2 数字卫星电视信号的接收

DVB-S 数字卫星电视接收机的调谐器部分示于图 6-10。从卫星转发器下行的 Ku 频段(11.7~12.75GHz)数字信号经电视天线接收后,在接收机室外单元低噪声盒(Low Noise Box,LNB)中被转换为 950~2050MHz 的第一中频信号,馈送给接收机室内单元的调谐器。调谐器将所选择的频道的数字信号转换为 479.5MHz 的第二中频信号,馈送给如图 6-11 所示的接收机信道解码部分。

在图 6-11 中,来自调谐器的第二中频数字信号首先在 QPSK 解调器中解调出 *I* 和 *Q* 两路信号,然后 *I*、*Q* 信号经基带滤波和 A/D 转换被送到解收缩器和维特比译码器,形成单路比特序列。该序列在同步字节检测器中检出同步字节,从而实现 8 位/字节划分。然后进行去交织、RS 译码和解能量扩散(即去随机化),完成基带数字信号的信道解码,经基带物理接口输出到 MPEG 解复用部分。

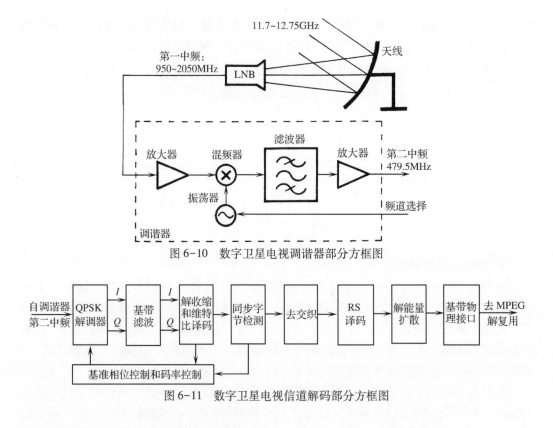

图 6-10　数字卫星电视调谐器部分方框图

图 6-11　数字卫星电视信道解码部分方框图

6.1.3　数字有线电视信号的接收

图 6-12 示出了 DVB-C 数字有线电视接收机信道解码部分的方框图。来自有线电视前端的 VHF 频段(48.5~350MHz)数字信号,在接收机调谐器中转换为 36.15MHz 的中频,通过中频接口,在 QAM 解调器中解调为 I、Q 两路基带信号。这两路基带信号在匹配滤波器中进行均衡放大,以补偿近似与频率平方根成正比的电缆损耗,从而减少码间干扰。I、Q 信号经判决再生后映射为 m 比特的符号。m 的数值对于 64QAM、32QAM 和 16QAM 分别为 6、5 和 4。与发射机相对应,m 比特符号的两个高位比特需要进行差分解码处理。这样,即使接收机两个相互正交的 QAM 载波由于失锁和再恢复使相位旋转了 90°,仍可实现正确的 QAM 解调。差分解码后的 m 比特符号变换成以 8 位长度划分的字节,送到去交织器,然后再经过 RS 译码、同步反转和解能量扩散完成基带数字信号的信道解码。最后经基带物理接口输出到 MPEG 解复用部分。

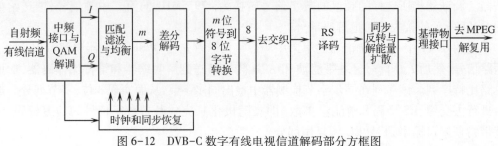

图 6-12　DVB-C 数字有线电视信道解码部分方框图

6.2　数字电视广播中的条件接收

6.2.1　条件接收概述

条件接收（Conditional Access，CA）是数字电视广播的有偿服务，条件接收系统（Conditional Access System，CAS）通过对播出的数字电视节目内容进行数字加扰，建立有效的收费体系，使已付费的用户能正常接收所订购的电视节目和增值业务，如视频点播、软件下载、网上游戏、高速互联网接入、可视电话、按次付费（Pay Per View，PPV）、电视会议等，而未付费的用户则无法正常接收。CAS 能够保障节目供应商和电视运营商的合法利益，是推动数字电视走向市场成功的重要环节。

条件接收技术的发展大致经历了以下历程。

（1）模拟电视 CAS——第一代 CAS。其加扰原理主要是破坏水平和垂直的同步信号，通常采用视频倒相、水平同步重叠、数字随机视频行抖动等方法。这种 CAS 的缺点是：使信号受到损伤，图像质量下降；加扰时一套节目占一个频道，频道不能复用；一个网络不能兼容两种不同的 CA 系统。这样就会产生垄断，造成不公平竞争。

（2）数字嵌入式 CAS——第二代 CAS。其特点是解密解扰操作控制模块与芯片一起固化在用户端的机顶盒中，体现了一体化的设计思想。缺点是如果运营商想要更换加密算法或者算法一旦被攻破，就必须将整个用户机顶盒全部收回更换，这样无论对运营商还是用户都会受到严重的经济损失。

（3）可分离式 CA 安全系统——第三代 CAS。其特点是将解密和解扰模块与 MPEG-2 传送流解复用及音频、视频解码器分离，做成一个可插拔的独立的 CA 控制模块。这种 CAS 在灵活性和可升级性方面有了极大的改善。可分离式 CA 模块可支持多密工作模式。

（4）软件 CA 平台——第四代 CAS。软件 CAS 撇开了硬件系统所必需的专用芯片单元，把加密体系建立在通用运算平台上，采用软件加扰、解扰算法。其特点是利用软件可以不断更新的优势，通过网络对加密算法、密钥按照一定规律进行更换，从而提高了系统的安全性。软件加密方案能够适应业务扩展，支持新的标准和新的应用。运营商可以对不同的业务选择不同的加密方案，不同的加密方案可以兼容，完全不必依赖某个 CA 厂商，使电视广播网络成为一个开放的体系。

6.2.2　数字电视广播 CAS 结构及原理

1. 加扰、解扰原理

加扰是指对传送流中的视频比特流、音频比特流或辅助数据进行有规律的扰乱，使得未经授权的用户无法对视频、音频比特流进行解码，从而防止节目的自由接收。对视频、音频比特流进行实时加扰，通常选用能够满足实时性要求的序列密码算法。加扰器中使用的序列密码算法框架如图 6-13 所示。

图 6-13 中的 Mi 是被加密的数据流，Ki 是

图 6-13　加扰器中的序列密码算法框架

密钥序列,Ci 是加密后的数据流,中间的运算是 XOR(模 2 加)运算。可以证明,若 Ki 是随机的,则在只知道 Ci 的情况下,该加密算法是不可破译的。其前提要求随机的 Ki 和 Mi 具有相同的长度,然而这是不可行的。实际上是由伪随机二进制序列发生器(PRBSG),产生伪随机二进制序列(Pseudo-Random Bit Sequence,PRBS)作为密钥序列。在接收端,使用一个和发送端结构相同的 PRBSG,只要收发两端的伪随机序列同步(即用同一个初始值启动),则接收端产生的 PRBS 就和发送端的完全一样。用这个 PRBS 作为解扰序列,与被加扰的数据流做同样的模 2 加运算,就可恢复出加扰前的原始数据流。由此可见,解扰的关键是得到用于同步收发两端伪随机序列的初始值(一个随机数),这个初始值就称为控制字(Control Word,CW)。

采用 PRBS 加密的数据流还是有可能被破译的,为了保证安全,在可能被破译之前需要更换 CW。更换频率的确定通常需要考虑以下两个因素:同步时间和数据量。设更换时间间隔为 t,则当用户切换到某一个经过加扰的节目时,最多要等待 t,平均要等待 $t/2$ 才能开始解扰。因此,更换时间间隔不能过长。而如果间隔时间太短,控制字的数据量会很大,所占用传输带宽的开销就大,也增加了产生控制字的难度。通常控制字每隔5~20s更换一次。

MPEG-2 标准中不推荐任何具体的加扰算法,只对传送流中运用的加扰方案规定了框架。然而国际上主要的数字电视标准已经规定或推荐了一些有效的算法,例如,欧洲的 DVB 规定了采用 64 位控制字的通用加扰(Common Scrambling)技术规范,美国的 ATSC 选择了采用 168 位控制字的 3-DES(Data Encryption Standard)算法等。显然,为了增强互操作性和降低机顶盒的成本,使用标准的或推荐的算法是最好的方式。

DVB 通用加扰算法包括块加密和流加密两种加密算法。块加密算法利用可逆密码分组链模式对 8 字节数据的单位块进行加密,流加密是用一个 PRBSG 产生的字节进行加密,如图 6-14 所示。首先将欲加扰的传送流包中的有效负载数据按每块 8 字节分为字节块,如果该传送流包没有适配区,则除包头以外的 184 个字节可分成 23 个字节块,采用可逆密码分组链加密方法对这 23 个字节块进行块加密。然后再用控制字对经块加密后的中间块进行流加密,也就是按前面所讲的方法用控制字产生 PRBS 对有关数据进行加密。其中,块加密所用到的密钥"Key"是控制字通过不同的调度算法得到的数据密钥。基于这种算法,解扰算法需要从流解密开始,然后进行块解密最终达到对传送流包的有效负载数据进行解扰。

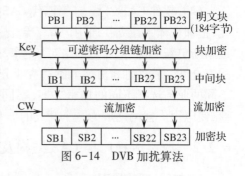

图 6-14 DVB 加扰算法

2. 控制字加密与传输控制

从前面的加扰与解扰原理可以看出,CA 系统安全的关键是采用多重密钥传送机制将控制字安全地传送到经过授权的用户端。

数字电视广播中的 CAS 结构如图 6-15 所示。CAS 主要分为加解扰和接收控制两部分,通常采用三重密钥传输机制,即控制字、业务密钥(Service Key,SK)和个人分配密钥(Personal Distributed Key,PDK)。

发送端的加密步骤是,由控制字发生器通过安全算法产生加扰密钥 CW,用来控制加

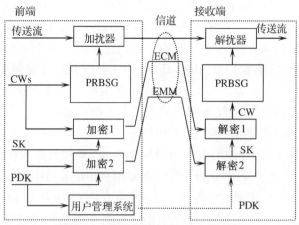

图 6-15 数字电视广播 CA 系统框图

扰器对来自复用器的 MPEG-2 传送流进行加扰;利用 SK 对 CW 进行加密,生成授权控制信息(Entitlement Control Message,ECM);利用 PDK 对 SK 以及用户的账户信息进行加密形成授权管理信息(Entitlement Management Message,EMM)。

加扰后的传送流、授权控制信息以及授权管理信息被重新复用成新的传送流在信道中传送。用户管理系统(Subscriber Management System,SMS)根据用户被授权的情况发放含有用户私人密钥的智能卡给用户。

接收端的解密步骤是,从传送流中找到条件接收表(Conditional Access Table,CAT),CAT 的 PID 为 0x0001,在 CAT 中找到相应加密的 EMM;通过智能卡中用户私人密钥解密 EMM,并根据解出的 EMM 信息来判断本智能卡是否被授权收看该套节目,如果没有授权将不能解密出 SK,用户就不能收看该套节目,如果该智能卡已被授权,则可以通过解密 EMM 得到 SK;利用 SK 解密相应的 ECM,从而得到加扰节目的控制字;控制字被用来触发和发送端相同的 PRBSG 产生伪随机序列,该序列再通过解扰器对节目实现解扰,使节目能够被正常收看。

在任何时间只有一个有效的业务密钥,在新旧密钥更迭期间,一些授权用户将获得新密钥,而尚未授权用户仍是原来的旧密钥。寻址用户并分发密钥的时间由整个系统的用户数目和系统的带宽决定,存在一个过渡期间。为解决过渡期间的解密问题,给每个用户储存两个密钥,一个当前使用,一个下一次使用。这两个密钥分别称为偶密钥和奇密钥,其中含有识别它为偶或奇的特征比特,解扰器接收到后将其储存在适当位置。如果当前使用偶密钥加密,而同时分配的新密钥为奇密钥,则在系统确定所有用户收到新密钥后偶密钥失效,新分配的奇密钥就可用来解密数据。为了让随时接入的用户也能收看到当前的节目,系统一般也会寻址播出当前的密钥。

3. 智能卡(Smard Card)

智能卡内嵌 CPU、ROM(EPROM,EEPROM)和 RAM 等集成电路。专用的掩膜过的 ROM 用来储存用户地址、解密算法和操作程序,是不可读的。如果想用电子显微镜来扫描芯片,其中的信息将被擦除。数据流在存储器之间的流动也不可能被直接检测出来。这就从根本上解决了智能卡的安全问题。而且,芯片内部寻址的数据是加密的,存储区域可以分成若干独立的小区,每个小区都有自己的保密代码,保密代码可以作为私人口令使用。智能卡内的数据和位置结构随卡的不同而不同;智能卡与外界通过异步总线连接,芯片内的存储器不能直接从外部访问,可以有效地防止非法攻击者侵入。

智能卡的软件包括基本 COS(Card Order System)功能、标准通信接口、ECM 处理、EMM 处理、解扰控制字生成等。其中,基本 COS 功能包括文件管理系统和基本的 I/O 处理等;标准通信接口是基于 ISO7816 接口协议的相关接口函数。

4. 数字电视广播中有条件接收信息的传送

在数字电视广播中,信源编码采用 MPEG-2 标准,条件接收系统的 EMM、ECM 都是按 MPEG-2 传送流打包,与各种业务信息一起复用在传送流包中传输。

在 MPEG-2 的系统规范中,传送流包头中有两位加扰控制标志,这个字段在 MPEG-2 中没有全部定义,在 DVB 标准中作了如表 6-1 所列的规定。

表 6-1　DVB 标准对加扰控制标志的规定

比特值	描述	比特值	描述
00	TS 包不加扰(MPEG-2 规定)	10	传送流包偶密钥加扰
01	预留将来使用	11	传送流包奇密钥加扰

对于加扰的比特流,解码器在每个解扰时段必须完成两个任务,一个是根据当前所拥有的控制字对比特流进行解扰,得到可供 MPEG 解码器解码的视音频码流;另一个是对 ECM 进行解密,得到下一时段所用的控制字,为下一时段的解扰做好准备。为了使控制字和需要用它解扰的比特流在时间上对准,将两个顺序的控制字规定为奇数位和偶数位,即偶密钥加扰和奇密钥加扰。控制字的传输比使用提前到达,以便留出足够的时间对它进行解密。

6.2.3　同密和多密模式

为了使 CAS 具有良好的开放性,DVB 标准定义了同密(Simulcrypt)和多密(Multicrypt)两种加扰方式。同密是指不同的 CAS 在同一个前端上运行,保护相同的节目,管理各自的用户,终端采用支持其中一套 CAS 的机顶盒收看节目。多密是指在同一个网络系统中有多个 CAS 存在,每个 CAS 保护的节目不同,终端采用支持所有 CAS 的机顶盒收看节目。下面对两种模式分别予以说明。

1. 同密系统

同密系统有如下特点:一个加扰器连接两个或两个以上的 CAS,加扰后形成单一的节目流,传输流中含有几套同密 CAS 就有几套 CAS 加密信息,接收端使用不同的机顶盒和智能卡,接收相同的节目内容。同密中的 CAS 对相同节目的加扰使用的是同一控制字,该控制字由加扰器采用通用加扰算法统一产生并供给各 CAS,各 CAS 根据自己的密钥保护体系将控制字安全地传输到机顶盒端,由智能卡将其解密后送给机顶盒解扰芯片。

以两个 CAS 为例,在发送端,CAS1 和 CAS2 同时对进入复用器的所有节目进行条件接收控制处理,所产生的 ECM1、EMM1 和 ECM2、EMM2 信号数据流与节目数据流复合后一同传送给用户。在接收端,装有 CAS1 子系统的接收机,能够对 ECM1 和 EMM1 信号进行解码,接收到该系统授权的节目;而装有 CAS2 子系统的接收机,能够对 ECM2 和 EMM2

信号进行解码,接收到该系统授权的节目。

同密技术的核心是不同厂家采用一个通用的加扰方式,但对各自的密钥数据采用各自的加密算法。我国已经确定采用同密 CAS。

2. 多密技术

多密技术能实现同一机顶盒接收不同 CAS 的加密节目,从用户角度来讲,不会因购买一个厂家的机顶盒而受到限制,用户可以选择不同的 CA 服务。

例如,在发送端,节目供应商提供的第 1 套节目和第 2 套节目分别由 CAS1 和 CAS2 加扰,经调制后传输。在接收端,用户只要在其接收机的公用接口上分别装上 CAS1 和 CAS2 子系统模块,就可以用这个接收机接收到第 1 套和第 2 套节目。而若在接收机上只装有 CAS1 子系统,则该接收机就只能接收第 1 套节目,即使发送端授权该接收机能接收第 2 套节目,但由于没有安装 CAS2 子系统,还是不能接收到第 2 套节目。

6.3 数字电视机顶盒与数字电视中间件

机顶盒(Set-Top Box,STB)是以电视机为显示终端的信号接收与处理设备,因其外形小巧,适于安放在 CRT 电视机的顶部而得名。早期的机顶盒包括完成模拟电视信号接收与转换功能的频道增补器、频道解扰器、频道转发器等。1999 年,微软公司宣布了"维纳斯计划",目标是在中国推广运行简化版 Windows CE 操作系统的机顶盒,使广大电视用户能够通过公众电话交换网(PSTN)或双向有线电视网连接互联网,在 2000—2002 年,国内厂家便推出了数款信息彩电。然而,由于当时网络基础设施不完善,机顶盒使用的处理器的运算能力较低下,电视机显示网页内容的效果较差,以及网络上的娱乐资源不丰富等多重不利因素,"维纳斯计划"和信息彩电便夭折了。随着电视广播的数字化,具有数字电视信号接收与解码功能的数字电视机顶盒大量普及,它解决了用模拟电视机收看数字电视广播的问题,是实现从模拟电视广播向数字电视广播过渡(在我国称为"数字化整体平移")的终端设备。由于我国的普及型数字电视机顶盒为单向的 CATV 机顶盒,没有上行信道,因此无法实现视频点播等交互功能。为了向用户提供更丰富的节目内容以及更灵活的收视方式,广电运营商和电信运营商都推出了 IPTV 业务。IPTV 是通过基于 IP 协议的网络向用户提供的包括电视、视频、音频、文字、图形、数据在内的多媒体业务;IPTV 具有交互性,而且是运行在运营商自有的网络架构之上,比互联网电视(Internet TV)的安全性更高,可靠性更强,服务质量更有保证。IPTV 机顶盒不集成有线电视信号接收器(即 DVB-C 前端),而是通过以太网接口或 Wi-Fi 连接到运营商的网络。

近年来,随着互联网基础设施的不断升级,普通家庭能够获得的互联网接入带宽已经可以支持高质量的视频传输,而且互联网上的多媒体内容极大丰富,所以互联网电视出现了迅猛发展。现在互联网电视也被称为 OTT(Over-The-Top)TV,"over-the-top"源于篮球术语"过顶传球",在这里指的是内容提供商直接在开放的互联网之上运行其视频业务,从而绕过了互联网服务提供商(ISP)的干预,如 2010 年在市场上推出的 Apple TV 及 Google TV 即是此种模式。一般来讲,OTT 机顶盒比 IPTV 机顶盒的功能更全面,例如支持更多的音视频编码格式,可浏览网页等,大部分 OTT 机顶盒还具备媒体播放器的功能,可播放移动硬盘或 U 盘上的多媒体文件。

在我国广播电视和互联网电视的运营受到国家广电总局的监管,所以发展道路与欧洲和美国有很大差异。2011年11月,广电总局发布了《持有互联网电视牌照机构运营管理要求》(广办发网字[2011]181号),开创了互联网电视机顶盒的市场新格局。2012年8月,广电有线运营商和互联网电视牌照商以及三十几家芯片和硬件商联合组建了"DVB+OTT融合创新联盟",目的是推进有线运营商与互联网电视牌照商的合作,推动行业资源的协同与整合,推动商业模式及良性发展生态链的构建,从而为广电行业的发展在三网融合及互联网视频浪潮之下寻找一条可持续发展的路径。

DVB+OTT双模式机顶盒是有线数字电视机顶盒和互联网电视机顶盒的融合,可充分结合广播电视的电视直播优势和互联网电视的灵活性与多样性,以下将对DVB+OTT双模式机顶盒的硬件结构和基于中间件的软件结构进行介绍。

6.3.1 数字电视机顶盒的硬件结构

本小节以基于海思半导体有限公司(HiSilicon)的专用芯片Hi3796C的设计为例介绍DVB+OTT双模式机顶盒的硬件结构。由于Hi3796C是高集成度的单芯片系统(System-on-Chip),仅需连接存储器和少量外围器件便可实现完整的机顶盒功能,因此这里重点介绍Hi3796C芯片内部的各功能单元,如图6-16所示。

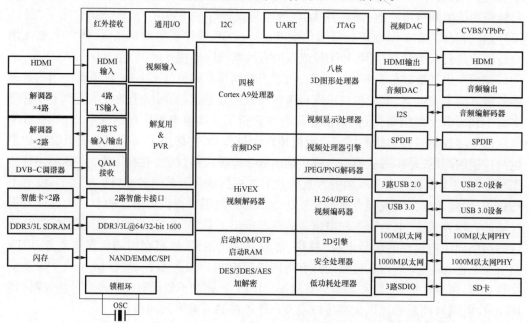

图6-16 Hi3796C功能框图

（1）处理器单元为四核ARM Cortex A9,具备NEON单指令多数据(SIMD)架构扩展、矢量浮点体系结构(VFP),适合进行多媒体数据运算;集成了TrustZone存储器地址空间保护控制器,提高了系统程序的安全性;支持硬件Java加速,在运行Android系统上的Java应用时速度更快。

（2）图形处理单元(GPU)为八核Mali-450 MP高性能GPU,支持OpenGL ES(一种用于嵌入式系统的开源图形库)2.0/1.1/1.0、OpenVG(一种开源矢量图形库)1.1,可用于优化图形用户界面以及游戏显示等。

（3）存储器控制接口支持最大容量 2GB、64bit 宽度、800MHz DDR3/3L SDRAM，支持最大容量 32MB 的 SPI Flash、最大容量 64GB 的 NAND Flash，支持 eMMC（嵌入式多媒体卡）。

（4）视频解码单元（代号 HiVEX）支持的视频格式有：H. 265Main Profile@L5.0 High-tier、H. 264 BP/MP/HP@L5.0、全高清 3D 视频（MVC 格式）、AVS 基准档次@级别 6.0、AVS-P16（AVS+）、MPEG-1、MPEG-2 SP@ML/MP@HL、MPEG-4 SP@L0~3/ASP@L0~5、H. 263 baseline、VC-1 SP@ML/MP@HL/AP@L0~3、VP6/8、M-JPEG Baseline（最高 1080p@30fps），支持 4K×2K@30fps 解码，支持低延时解码，支持多路高清视频同时解码。可以看出，视频解码单元不仅支持所有的数字电视视频格式，而且能支持大多数网络视频格式，包括当下家庭电视最高规格的 H. 265 编码的 4K 视频；同时多路高清视频可以实现画中画（Picture-In-Picture）功能，例如，在观看当前节目的同时以小窗口播放另一频道的节目，或是进行视频聊天，也可以是观看网页中的视频。

（5）视频和图片编码单元支持低延时 H. 264 BP/MP/HP@level 4.2 视频编码和 JPEG 硬件编码，最大为 1080p@30fps，可以实现高质量的可视对讲或视频监控功能。图片解码单元支持最大 6400 万像素的 JPEG 硬件解码以及 PNG 硬件解码，可用于浏览照片或是网页中的图片等。

（6）音频编解码单元集成了音频专用数字信号处理器（DSP），支持 MPEG L1/L2 DRA、Dolby Digital、Dolby True HD、DTS/DTS HD Core、AAC-LC、HE AAC V1/V2、G. 711 (u/a)、APE/FLAC/Ogg/AMR-NB/WB 等格式的音频解码，G. 711(u/a)/AMR-NB/AMR-WB /AAC-LC 等格式的音频编码，以及 Downmix 处理、重采样、高动态两路混音、回波抵消、智能音量控制、高品质卡拉 OK 功能等。除了能播放所有的数字电视和大多数网络节目的音频，还可支持语音通信。

（7）前端和传送流解复用单元内置 1 路 DVB-C QAM 解调器，可直接接 1 路 DVB-C 高频调谐器的中频输入；最多 6 路 TS 输入（可外接集成了高频调谐器和信道解调器的前端器件）和最多 2 路 TS 输出，有 96 个硬件 PID 过滤通道，支持 TS 或 PES 的录制，可实现数字录像机（PVR）功能；具备 DVB CI/CI+接口，可外接条件接收模块实现机卡分离形式的条件接收。

（8）图形及显示处理单元支持 4K×2K@30fps 的视频处理和显示，具备多路图形和视频输入的硬件叠加功能，支持马克及多区域显示、视频和图形混合的镜像功能、图形及视频旋转、幅型比转换的信箱显示（Letter Box）模式和裁切（PanScan）模式、3D 视频处理及显示、视频/图形多阶垂直和水平缩放、抗锯齿与抗闪烁、系数可配置的色彩空间转换、图像增强与去噪、去隔行处理、锐化处理、亮度/色度/对比度/饱和度调节等功能。

（9）视频接口支持 4K×2K@30fps、1080p@60/50/30/24fps、1080i@60/50fps、720p、576p、576i、480p、480i 格式的视频输出，可同时输出相同来源或不同来源的 1 路高清和 1 路标清内容。数字视频接口有一路带有 HDCP（High-bandwidth Digital Content Protection，高带宽数字内容保护）1.2 的 HDMI 1.4 TX 输出和一路 HDMI 1.4 RX 输入。模拟视频接口有 4 路视频 DAC，实现 1 路 CVBS 接口和 1 路 YPbPr 接口。音频接口包括左右声道模拟输出、SPDIF 接口、I2S/PCM 数字音频输入/输出、HDMI 音频输出。

（10）外围设备接口包括数字电视机顶盒必备的 2 个智能卡（SmartCard）接口、1 个红外线接收处理器、1 个 LED 和 KeyPAD 控制接口（用于机顶盒前面板的 LED 显示和按键操作）、多路 I^2C 接口（控制高频头等器件）等；还包括互联网机顶盒以及媒体播放器常用的 1 个 USB3.0 Host 接口、3 个 USB2.0 Host 接口（接移动硬盘等外置存储器）、1 个 SDIO 3.0 接口（可连接数码相机使用的 SD 卡）、1 个 10M/100M/1000M 自适应网口和 1 个 10M/100M 自适应网口（内部集成了 MAC，仅需要外接 PHY 芯片），可通过 USB2.0 接口扩展实现 Wi-Fi 功能。

（11）安全处理单元支持 AES/DES/3DES 的数据加解密处理、下载式 CA（Download CA），以及 TVOS 安全方案和 Android 安全方案。

为了降低机顶盒在待机状态下的功耗，该芯片还集成了专用待机处理器，使待机功耗小于 30mW，远小于各国规定的 0.5~1W 的待机功耗。

6.3.2 数字电视机顶盒基于中间件的软件结构

1. 发展概况

数字电视机顶盒所能提供的功能不仅要依靠特定的硬件模块，而且依赖于 BSP（板级支持包）、RTOS（实时操作系统）和相关的设备驱动程序、功能模块、应用程序等软件。例如，数字电视机顶盒在实现节目的条件接收并向用户提供电子节目指南及图形化操作界面这些最基本的功能时，涉及的软件包括遥控接收、屏显、智能卡、前端、信源解码器、Flash/EEPROM 存储器的驱动程序，图形库、业务信息解析函数库、节目数据库等功能模块以及用户菜单、节目接收、EPG 等应用程序，如图 6-17 所示。

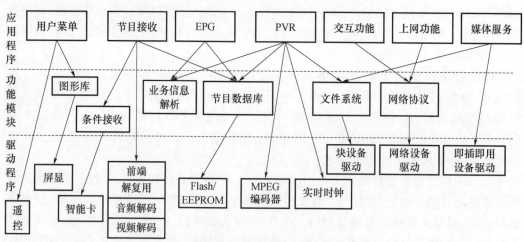

图 6-17 数字电视机顶盒软件模块的依赖关系

数字电视机顶盒的软件结构经历了没有中间件、使用专用的中间件和使用符合国际标准或国家标准的中间件三个阶段，下面做一简要说明。

（1）第一阶段。早期的数字电视机顶盒功能单一，因此软件功能也相对简单，程序开发人员通常是直接在硬件驱动程序和操作系统上构建应用程序。这种软件结构的缺陷是应用程序依赖于特定的操作系统和驱动程序，给程序的移植或升级都带来了很大困难，难以使用第三方提供的程序库，也难以生成可以重用的程序库。随着机顶盒提供的功能不断丰富,这种结构的缺陷越来越突出,已不能适应商业产品开发的需要。

(2)第二阶段。为了将机顶盒软件顶层的应用程序和底层的硬件及网络部件分隔开,需要在两者之间插入一个中间层,即中间件(Middleware)。数字电视中间件可定义为"位于机顶盒的硬件驱动程序和实时操作系统之上,数字交互业务应用程序之下,连接两部分的软件"。中间件在不同的硬件平台和操作系统上为应用程序提供了一致的接口,使应用程序的开发跟底层硬件脱离,保证了应用程序的平台无关性。不仅如此,中间件还将数字电视音视频处理、业务信息接收以及在数字电视系统平台上的数据广播等应用封装成程序库,通过相对简单的应用编程接口提供给上层应用程序,大大降低了应用程序的开发难度。早期的中间件产品分别是不同公司采用各自专有的技术实现的,大多基于C/C++语言和自定义的应用编程接口(API)规范,其特点是采用应用程序解释器实现业务系统在多种平台上运行的能力。早期的中间件产品实际上都提供了从节目播出端到接收端的完整系统,但不同的中间件系统间相互独立,电视业务互不兼容,所以形成了分割的纵向市场,而这种局面的形成阻碍了数字电视产业的进一步发展。

(3)第三阶段。为了解决中间件产品的兼容性问题,一些标准组织制定了中间件标准。开放的中间件标准使广播商可以为其播出端、接收终端和应用分别选择不同的提供商,而不再单纯依赖于某一家的系统方案,因此能够形成一个横向市场,促进竞争,增加用户,降低成本,并可开拓交互电视的免费服务市场。

目前主要的中间件国际标准有:DVB 提出的多媒体家庭平台(Multimedia Home Platform,MHP)标准及其子集全球通用可执行 MHP(Globally Executable MHP,GEM)、ATSC 定义的数字电视应用软件环境(Advanced Common Application Platform,ACAP)、CableLabs 提出的 OpenCable 应用平台(OpenCable Application Platform,OCAP)以及 ARIB(日本广播工商业协会)的 STD-B. 23 等。GEM 是独立于具体的传输网络的、基于 Java 的中间件标准,包含的类有增强型广播、交互式广播、增强型打包介质、交互式打包介质(如蓝光光碟)、IPTV、OTT 等。GEM 已经被 ACAP、OCAP、ARIB B. 23 和蓝光光碟 Java 支持(Blu-ray Disc Java,BD-J)等中间件标准采用。

另外,谷歌公司推出的 Android 系统由于具有开源、免费、生态链完善等优势,不仅占据了智能手机和平板电脑的主要市场份额,而且也成为智能电视和机顶盒的主流操作系统。Android 系统的架构如图 6-18 所示,Android 系统的最底层是 Linux 2.6 内核,其上一层是 C/C++支撑库(实现图形显示、媒体播放、数据库访问、网页显示等功能)与 Android 运行时环境(包括 Java 核心库和 Dalvik 虚拟机),再上一层是应用程序框架(包括视图系统、内容提供器、各类管理程序),最上层是应用程序层(包含谷歌发布的应用和第三方开发的应用)。实际上,也可以把 Android 系统视为包含操作系统、中间件(即 C/C++支撑库与 Android 运行时环境层和应用程序框架层)和典型应用的软件集合。

然而,Android 系统在设计之初主要是为了支持移动通话业务,而不是支持数字电视业务,所以其应用框架缺少信道接收控制、业务信息解析、电子节目指南呈现等功能模块。另外,其应用框架中与移动通信有关的模块对于智能电视来说是冗余的。可见,将 Android系统移植到机顶盒上时,既需要剪裁多余的功能模块,又需要扩展必要的功能模块,而不同厂商对 Android 系统的定制方式有较大差别。另外,从我国对智能电视业务可

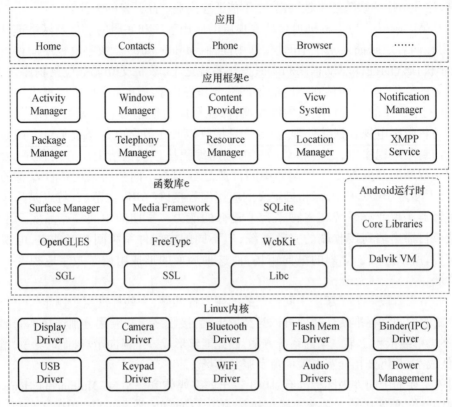

图 6-18　Android 系统架构

管控的要求出发,我国需要自主、安全、可管可控的智能电视操作系统。

2012 年 3 月,国家新闻出版广电总局科技司组织科研院所、设备开发商、网络运营商等 17 家单位成立了下一代广播电视网操作系统(Next Generation Broadcasting network Television Operating System,NGB TVOS)合作开发组,开展 NGB TVOS 的研发工作。2013 年 12 月 26 日,TVOS1.0 通过验收并发布。2014 年 12 月 26 日,TVOS 定名为"悠悠"(英文名称 UUTVOS),在全国多地区的规模应用示范也陆续启动。2015 年 12 月 26 日,以 TVOS1.0 为基础,并集成了阿里巴巴 YunOS 和华为 MediaOS 特性的 TVOS2.0 正式发布。在 TVOS1.0 规模应用试验中,国家新闻出版广电总局规定各有线电视网络公司所采购或集成研发和安装的智能电视机顶盒等终端,应安装使用 TVOS1.0 软件,不得安装除 TVOS 外的其他操作系统。随着试点范围的扩大,TVOS 将成为在广电终端上唯一使用的操作系统,因此本节将以 TVOS 为例对数字电视机顶盒的软件结构进行介绍。

2. TVOS 介绍

TVOS 的软件架构详细设计如图 6-19 所示,TVOS 向上承载 Java 和 HTML 应用,其软件架构按照功能层次从底向上分为 Linux 内核层、硬件抽象层、功能组件层、执行环境层、应用框架层共 5 层。以下对各层的功能做一简单介绍。

(1) Linux 内核层。

Android 基于 Linux 2.6.x,而 TVOS 采用 Linux 3.0.32 作为基础版本,继承沿用 Android 对 Linux 的改进之处。

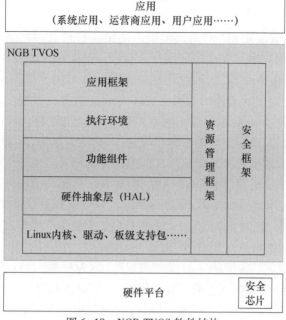

图 6-19　NGB TVOS 软件结构

（2）硬件抽象层。

硬件抽象层（Hardware Abstract Layer,HAL）的作用是对与硬件平台相关部分进行抽象封装,为上层提供统一的 API。HAL 为 TVOS 跨平台移植提供了便利。HAL 对 Wi-Fi、USB、视频解码器、音频解码器、摄像头、电源管理器、调谐解调器等硬件单元进行了封装。

（3）功能组件层。

功能组件是指功能相对独立的软件模块,以系统后台服务或静态函数库的形式存在。功能组件实现 TVOS 核心功能,是用 C/C++语言实现,比 Java 实现运行效率更高。功能组件外露的能力通过应用框架的组合和封装暴露给应用程序。

TVOS 提供的系统服务主要有 DTV、DCAS、VOD、AV 设置等与数字电视相关的服务,有窗口管理、事件管理、人机交互等基本 GUI 服务,以及应用管理、安装包管理、内容管理等系统服务。

TVOS 提供的静态函数库均来自开源项目,主要有 SQLite、FreeType、Surface-Manager、WebKit 等。

（4）执行环境层。

执行环境是指软件代码被解释执行的实时运行环境,TVOS 提供了 Java 和 Web 两种应用执行环境。Java 应用执行环境用于解释执行 Java 字节码（bytecode）,主要包括 Java 虚拟机和 Java 核心库。TVOS 选用了开源的 Dalvik 虚拟机。为支持早期遵循 J2ME 规范开发的数字电视应用,TVOS 改造了 Java 核心库,实现了 CDC 1.1.2（JSR 218）、FP 1.1.2（JSR 219）、PBP 1.1.2（JSR 217）等全部的 J2ME 库。该 Java 执行环境称为 TVM（Television Virtual Machine）,即能支撑数字电视应用的 Java 虚拟机。

Web 应用执行环境本质上是一个 Web 浏览器,用于解释执行由 HTML 标签、CSS 标签、JS 脚本等组成的 Web 页面,其核心功能是由功能组件层的 WebKit 组件实现的。

(5) 应用框架层。

应用框架是指对底层功能组件外露的能力的组合和封装,简化应用程序对底层功能组件的调用,方便应用程序开发。

TVOS 支持 Java 和 Web 应用,因此同时提供了 Java 应用框架和 Web 应用框架。Java 应用框架是指底层功能组件外露的能力在 Java 空间的组合和封装,以 Java 对象的形式存在,应用程序通过调用 Java 对象的方法实现对底层功能组件的访问;Web 应用框架是指底层功能组件的 API 在 Web 空间的组合和封装,以 HTML 标签、JS 对象等形式存在,应用程序通过调用 JS 对象的方法实现对底层功能组件的访问。

Java 应用框架向应用程序提供的 API 遵循 GY/T 267-2012《下一代广播电视网(NGB)终端中间件技术规范》,简称 NGB-J API。Web 应用框架主要包括 HTML 5.0 标签、JS 1.5 对象和扩展 JS 对象,扩展 JS 对象遵循 GY/T 267-2012《下一代广播电视网(NGB)终端中间件技术规范》,简称 NGB-H JS 对象。

此外,TVOS 还制定了各层统一的规则或规范,称为框架。TVOS 制定了全局的资源管理框架,在每个软件层都植入了资源管理模块,任何部件都可按照此框架与资源管理模块对接,实现系统资源的全局高效管理。TVOS 同时制定了全局的安全管理框架,在每个软件层都植入了安全模块,任何部件都可按照此框架与安全模块对接,实现系统安全的全局防控。

6.3.3 数字电视机顶盒与一体机的关系

数字电视一体机是指内部集成了数字电视调谐器和解调器,支持数字电视业务的电视机,即一体机集成了数字电视机顶盒的基本功能。随着电视广播跨入数字时代,数字电视一体机将逐渐取代模拟电视机。以美国为例,从 2007 年 3 月 1 日起,所有在美国市场销售的电视机都必须是数字电视机,不能再销售模拟电视机。因此,只能实现数字电视接收功能的机顶盒将被淘汰。

在我国有线数字电视机顶盒对推行数字电视广播起着关键作用,因为它是大量正使用的模拟电视接收机赖以收看数字电视节目的必要设备,而且对运营商来说,用赠送机顶盒的方式发展用户也是最切实可行的途径。长期以来,我国各地方的电视台和有线网络公司在采用条件接收系统上各自为政,而且使用的数字电视中间件产品规格也不统一,这两方面的不利因素严重制约了有线数字电视一体机的推广,所以市场上的数字电视一体机主要还是能收看未加密的地面数字电视广播的型号。从长远来看,我国数字电视广播网络的整合和中间件标准的统一将使数字电视一体机得到普及。

另外,市场上称为"智能电视"的互联网电视(OTT TV)已经成为主流电视产品。现在,互联网电视的主控制芯片多为单芯片方案,其性能与同时期 OTT 机顶盒的主控制芯片近似,而且整机的成本乃至售价都低于普通电视与 OTT 机顶盒之和,所以 OTT 机顶盒的市场份额会相应减少。

然而,数字电视一体机和互联网电视 60%~80% 的硬件成本在于显示屏幕,整机更新换代周期长;与之相反,成本较低、配置灵活、升级较快的机顶盒更能适应各种新兴的业务。以高清晰度(1080p、4K 等)的大屏幕电视机作为显示设备而由机顶盒实现扩展功能的分工方式在将来仍是具有性价比优势的方案。

习题与思考题

6.1 在 VSB 接收机调谐器中两个中频频率各为多少？选择第一中频频率为 920MHz 的好处是什么？

6.2 在 VSB 接收机中信号载波是如何恢复的？

6.3 在 VSB 接收机中符号时钟、段同步和场同步是如何恢复的？

6.4 试写出如图 6-6(b)所示的梳状滤波器的频率响应的数学表达式。

6.5 在 VSB 接收机中信道均衡器的作用是什么？为什么要用自适应滤波方法进行信道均衡？

6.6 VSB 接收机有几种信道均衡模式？它们各用什么信号作为参考信号？

6.7 VSB 接收机相位跟踪环的作用是什么？

6.8 DVB-S 与 DVB-C 在信道解码方面有何不同？

6.9 简述机顶盒接收与显示数字电视节目的工作过程。

6.10 归纳机顶盒的各种应用,试设想一些可能的新应用。

6.11 何谓电视广播的条件接收？它是如何实现的？

6.12 在 DVB 标准中定义了几种加扰模式？

参 考 文 献

[1] 俞斯乐,侯正信,冯启明,等.电视原理[M].5版.北京:国防工业出版社,2001.

[2] 冯启明.现代电视学[M].武汉:华中理工大学出版社,1988.

[3] 张锟生、杨怀祥、杨王林.彩色电视原理(修订版)[M].南京:南京大学出版社,1997.

[4] 余兆明.数字电视和高清晰度电视[M].北京:人民邮电出版社,1997.

[5] 林祥复,陈谋忠,唐海平.长虹彩色电视原理、使用与维修[M].北京:电子工业出版社,1998.

[6] 陈谋忠.长虹A3、TDA机芯单片彩电原理与维修[M].成都:四川科学技术出版社,1995.

[7] 黄仕机,赵汉鼎.彩电遥控系统原理、应用与维修[M].北京:电子工业出版社,1993.

[8] 高厚琴.彩色电视机新技术原理、应用与维修[M].北京:电子工业出版社,1997.

[9] 郑凤翼,阎双耀,孟庆涛.彩色电视机遥控系统原理与维修[M].北京:人民邮电出版社,1991.

[10] 吕献平.基带延迟线彩色解码原理与分析[J].电视技术,1997(12):80-82.

[11] 安永成,丁启鸿.新型行基延迟线彩色电视解码电路[J].电视技术,1998(12):34-41.

[12] Oppenheim A V,Schafer R W. Digital signal processing[M]. 1st ed. Upper Saddle River,New Jersey:Prentice Hall,1975.

[13] Bernard Grob. Basic television and video systems[M]. New York:McGraw-Hill,1984.

[14] Recommended practice:guide to the use of the ATSC digital television standard:ATSC A/54A:2003[S]:[2003-12-04].

[15] ATSC digital television standard:ATSC A/53:1995[S].[1995-4-12].

[16] 蒋天普,郑世宝,侯永民.DTV有条件接收系统解密解扰模块的设计与实现[J].电视技术,2004(9):36-37,46.

[17] 李红艳,沈士洲,吴国威.同密技术在数字电视系统中的应用[J].电视技术,2004(9):38-40.

[18] 陈晓春,周祖威,王迪.条件接收系统的密钥传输机制分析[J].电视技术,2004(7):24-26.

[19] 余理富,汤晓安,刘雨.信息显示技术[M].北京:电子工业出版社,2004.

[20] 应根裕,胡文波,邱勇.平板显示技术[M].北京:人民邮电出版社,2002.

[21] 贾华,杨兆选.新型多功能LCD显示系统设计与实现[J].电视技术,2003(10):47-50.

[22] 杨兆选,张涛,褚晶辉,等.彩色等离子体显示器设计与实现[J].信号处理,2001(增刊):382-386.

[23] WU C H,YANG Z X,CHU J H. Design of FPD video/graph conversion card[J]. Transactions of Tianjin University,2002(3):187-190.

[24] 田民波.电子显示[M].北京:清华大学出版社,2001.

[25] Generic coding of moving pictures and associated audio information:ISO/IEC 13818:1994[S].[1994-11].

[26] Advanced video coding for generic audiovisual services:ITU-T H.264:2014[S/OL].[2014-02]. http://www.itu.int/rec/T-REC-H.264.

[27] WIEGAND T,SULLIVAN G J,BJØNTEGAARD G,et al. Overview of the H.264/AVC Video Coding Standard[J]. IEEE transactions on circuits and systems for video technology,2003,13(7):560-576.

[28] MARPE D,WIEGAND T,GORDON S H.264/MPEG4-AVC Fidelity Range Extensions:Tools,Profiles,Performance,and Application Areas. IEEE International Conference on Image Processing,September 11-14,2005[C]. Genoa,Italy:IEEE,2005.

[29] SCHWARZ H,MARPE D,WIEGAND T. Overview of the Scalable Video Coding Extension of the H.264/AVC Standard[J]. IEEE transactions on circuits and systems for video technology,2007,17(9):1103-1120.

[30] 虞露,胡倩,易峰.AVS视频的技术特征[J].电视技术,2005(7):8-11.

［31］ 王宝亮. 基于 H. 264 的多视点立体视频关键技术研究［D］. 天津:天津大学,2010.

［32］ VETRO A,WIEGAND T,SULLIVAN G J. Overview of the Stereo and Multiview Video Coding Extensions of the H. 264/MPEG-4 AVC Standard［J］. Proceedings of the IEEE,2011,99（4）:626-642.

［33］ SULLIVAN G J,OHM J-R,HAN W-J,WIEGAND T. Overview of the High Efficiency Video Coding（HEVC）Standard［J］. IEEE transactions on circuits and systems for video technology,2012,22（12）:1649-1668.

［34］ 沈燕飞,李锦涛,朱珍民,等. 高效视频编码［J］. 计算机学报,2013,36(11):2340-2355.

［35］ 冯景锋,刘骏,周兴伟. 国家标准 GB 20600—2006《数字电视地面广播传输系统帧结构、信道编码和调制》解读［J］. 广播与电视技术,2007,34(5):21-28.

［36］ 吕卫. 数字电视终端软件和 MPEG-7 应用技术研究［D］. 天津:天津大学,2003.

［37］ 陈珊,俞斯乐,李华,等. 数字电视接收机的软件系统［J］. 电视技术,2000(9):5-6,10.

［38］ Digital Video Broadcasting（DVB）:Specification for Service Information（SI）in DVB systems:ETSI EN 300 468 V1. 11. 1:2010［S/OL］.［2010-04］. http://www. etsi. org/deliver/etsi_en/300400_300499/300468/01. 11. 01_60/en_300468v011101p. pdf.

［39］ 深圳市海思半导体有限公司. Hi3796C V100 芯片简介［EB/OL］.［2014-10-30］. http://www.hisilicon.com/cn/products/digital.html.

［40］ 仇建中. 中间件在交互电视业务中的应用［J］. 有线电视技术,2001,8(4):1-3.

［41］ 梁莉蓉. 机顶盒中间件与 API［J］. 电视技术,2002,(3):59-61,94.

［42］ 柏岩. NGB 中间件——构建炫彩三网融合电视业务的基石［J］. 广播电视信息,2013(8):64-67.

［43］ 陈德林,黎政,王颖,等. NGB 中间件——NGB TVOS 的软件架构及其主要技术特点［J］. 广播电视信息,2013(10):21-25.

［44］ 陈德林,赵良福,王颖. Android 操作系统与数字电视中间件的对比分析［J］. 广播与电视技术,2012(1):87-91.

［45］ REITMEIER G A,SMITH T R. An overview of the ATSC digital television standard. Proceedings of International Workshop on HDTV,October 8-9,1996［C］. Los Angeles:SMPTE,1996.

［46］ HOPKINS R. Digital HDTV broadcasting［J］. IEEE transactions on broadcasting,1997,37（4）:123-127.

［47］ HOPKINS R. Progress on HDTV broadcasting standards in United states［J］. Signal Processing:Image Communication,1993,(5):355-378.

［48］ HOPKINS R. Digital HDTV System［J］. IEEE transactions on consumer electronics,1994,40（3）:185-198.

［49］ PETAJON E. The HDTV Grand Alliance System［J］. IEEE Communications Magazine,1996,34（6）:126-132.

［50］ 郑志航,惠新标,叶楠. 数字电视原理与应用［M］. 北京:中国广播电视出版社,2001.

［51］ 卢官明,宗昉. 数字电视［M］. 2 版. 北京:机械工业出版社,2009.

［52］ BRETL W E,et al. E-VSB - An 8-VSB compatible system with improved white noise and multipath performance［J］. IEEE transactions on consumer electronics,2001,47（3）:307-312.

［53］ WU Y,et al. Comparison of terrestrial DTV transmission systems:The ATSC 8-VSB, the DVB-T COFDM, and the ISDB-T BST-OFDM［J］. IEEE transactions on broadcasting,2000,46（2）:101-113.

［54］ WOOD D. The DVB project:Philosophy and core system［J］. Electronics & communication engineering journal,1997,9(1):5-10.

［55］ Digital Video Broadcasting（DVB）:Framing structure,channel coding and modulation for digital terrestrial television:ETSI EN 300 744 V1. 6. 1:2009［S/OL］.［2009-01］. http://www. etsi. org/deliver/etsi_en/300700_300799/300744/01. 06. 01_60/en_300744v010601p. pdf.

［56］ REIMERS U. DVB-T:The COFDM-based system for terrestrial television［J］. Electronics & communication engineering journal,1997,9（1）:28-32.

［57］ ARMADA A G,et al. Parameter optimization and simulated performance of a DVB-T digital television broadcasting system［J］. IEEE transactions on broadcasting,1998,44（1）:131-138.

［58］ NAVARRO A. Technical aspects of European digital terrestrial Television. Proceedings of IEEE MELECON,May 7-9,2002［C］. Cairo:IEEE,2002.

［59］ SUN Y,et al. A joint channel estimation and unequal error protection scheme for video transmission in OFDM systems.

Proceedings of IEEE International Conference on Image Processing, September 22−24,2002[C]. Rochester, New York: IEEE,2002.

[60]   UEHARA M,TAKADA M,KURODA T. Transmission scheme for terrestrial ISDB system[J]. IEEE transactions on consumer electronics,1999,45 (1):101−106.

[61]   Cabled distribution systems for television, sound and interactive multimedia signals Part 9: Interfaces for CATV/SMATV headends and similar professional equipment for DVB/MPEG−2 transport streams:EN 50083−9:1997[S]. [1997−03].

[62]   Studio encoding parameters of digital television for standard 4:3 and wide−screen 16:9 aspect ratios:Recommendation ITU−R BT. 601−7:2011[S/OL]. [2011−03]. http://www. itu. int/dms_pubrec/itu−r/rec/bt/R−REC−BT. 601−7−201103−I%21%21PDF−E. pdf.

[63]   Interface for digital component video signals in 525−line and 625−line television systems operating at the 4:2:2 level of Recommendation ITU− R BT. 601: Recommendation ITU − R BT. 656 − 5: 2007 [S/OL]. [2007 − 12]. http://www. itu. int/dms_pubrec/itu−r/rec/bt/R−REC−BT. 656−5−200712−I!! PDF−E. pdf.

[64]   Parameter values for the HDTV standards for production and international programme exchange:Recommendation ITU−R BT. 709− 5: 2002 [S/OL]. [2002 − 04]. http://www. itu. int/dms _ pubrec/itu − r/rec/bt/R − REC − BT. 709 − 5−200204−S!! PDF−E. pdf.

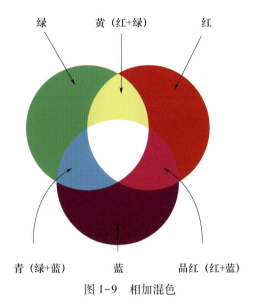

图 1-9　相加混色

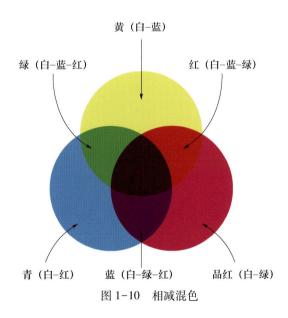

图 1-10　相减混色